제0차 세계대전,
러일전쟁의 기원

제0차 세계대전, 러일전쟁의 기원

2019년 12월 3일 초판 1쇄 인쇄
2019년 12월 10일 초판 1쇄 발행

지은이　　김석구
펴낸이　　김영호
펴낸곳　　아이워크북
등　록　　제313-2004-000186
주　소　　(우 03962) 서울시 마포구 월드컵로 163-3
전　화　　(02)335-2630
전　송　　(02)335-2640
이메일　　yh4321@gmail.com

ISBN 978-89-91581-36-4 03390

The Great Game and Origin of the Russo-Japanese War(1904-1905)

제0차 세계대전
러일전쟁의 기원

김석구 지음

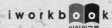

iworkbook
아이워크북

머 리 말

 필자가 구한말 망국(亡國)의 역사에 관심을 갖게 된 것은 육사 생
도 시절이었다. 누군가가―아마도 역사 교관이 아니면 초빙강사였을
것임― "조선은 청일전쟁과 러일전쟁을 치르면서 망해 버렸다"라고
젊은 생도들에게 말했는데, 그 말이 필자의 잠재적 문제의식 속에 오
랜 세월 동안 살아 있었다.

 2005~2006년 미 국방대학원 산하 국립전쟁대학원(National War
College)에서 국가안보전략학 전공 시, 필자가 살던 집 근처에 큰 서점
이 하나 있었는데, 우연히 전시대(展示臺)에 놓인 온갖 종류의 서적 중,
사라 페인 교수가 저술한 *The Sino-Japanese War of 1894-95, Perce tion,
Power, and Primacy*가 눈에 들어왔다. 도미 기간 중에는 바빠서 못 읽었
고, 귀국 후 연대장·참모생활 하느라 못 읽다가, 육군군사연구소에
보직되었을 때에 읽을 수 있었다.

 청일전쟁에 대해 체계적으로 배우지 못한 필자로서는 전임자가
2013년 사업계획에 반영한 "중일전쟁(1937~)" 연구·편찬 사업을 "청
일전쟁(1894~1895)"으로 조정했다. 이후 갈등을 해소라도 하듯 청일전
쟁 관련 국내외 서적을 닥치는 대로 읽고 고민했다. 그래서 2014년
가을에 간행된 책자가 육군본부의 청일전쟁사로서, 당시 1만여 권을
간행하여 군 내부 및 군 외부(국가 주요 행정기관, 국립대학, 국립·공립
도서관 등)에 배부하였다.

 오늘날의 세태(世態)를 돌아볼 때, 우리는 구한말의 상황이 현재와

무엇이 같고 무엇이 다른지조차 관심이 없고, 우리의 시각에서 이 문제를 분석 · 서술한 변변한 공간사(公刊史)도 하나 갖고 있지 않다는 현실을 인정하지 않을 수 없다. 필자가 2020년이면 60세가 되는데, 필자의 동년배들도 구한말 세계 정치에 관심을 갖지 않는다면, 그들 역시 청일 · 러일전쟁에 대해 올바로 그리고 깊이 있게 알고 있지 못할 것이다. 결과적으로, 국민의 대다수가 조선 왕국의 망국의 원인 · 과정에 대해 백치(白痴) 상태에 있는 것은 아닐까 하는 우려를 하게 된다. 역사는 그 속성상 반복되므로 과거가 아니라 미래학에 속하는 것이 당연한 이치인데, 백치(白痴)가 정상인 또는 전문가와 제대로 경쟁할 수 있을까?

이러한 문제 인식 하에 필자는 자신의 아들과 딸, 그들의 세대, 더 나아가 그 세대에 이어지는 후손들을 위해 무엇인가 의미 있는 일을 해보고자 한다. 2015년 말 군에서 전역한 필자는 청일전쟁의 연장선에서 벌어진 러일전쟁에 대한 연구를 지속해 오고 있다. 청일전쟁 종료 후 10년이 지나 한반도 및 만주의 이권을 놓고서 러시아와 일본이 격돌한 러일전쟁의 배경 · 원인 · 진행과정 · 결과는 무엇인가 하는 지적 호기심에서 주경야독의 자세로 개인적 연구를 진행해 오고 있다.

참고로, 필자는 지구 위에 분포된 땅과 바다의 지리적 특성(대륙 대 해양 세력의 대립구도), 인간의 이기적 본성과 불완전성(전쟁을 통한 권력욕 성취), 제한된 부와 자원(전쟁의 불가피성) 등을 고려하여 이 글의 구성틀(framework)을 만들었다. 특히, 러일전쟁 발발 직전까지 구축된 러시아의 철도시설 현황을 먼저 파악하기 위해 분주히 자료를 찾았다. 그리고 그 내용을 부록에 기입했고, 다시 요약 · 요도화하여 본문에 포함시켰다. 전쟁을 하려면 증원병력 · 보급물자를 쉴 새 없이 운송해야 하는데, 철도가 완성되지 않은 상태로 전쟁을 하는 것은 무모한 일이기 때문이다. 또한, 영국·러시아·일본이라는 전쟁 당사국 및 배후 관련국들의 당시 국가 상부구조(통수권자로부터 육·해군에 이르기까지)에 대한 비교·분석에도 많은 노력을 할애했다. 그리고 국제학에서 유행하는 함수적 인과관계를 적용하여 흩어진 사실들을 1차 함수[f(x) = ax + b] 차원으로 재구성했다.

이 책, 『제0차 세계대전, 러일전쟁의 기원』은 이러한 배경 아래 필자가 연구한 바를 문서화한 것이며, 필자는 우리 국민에게 이 연구물을 보여드림으로써, 미력하나마, 구한말과 미래를 위한 지식에 대해 조금이나마 공감대를 형성하고자 한다. 한 걸음 더 나아가, 필자는 우리 후손들이 이 분야에 대해 심화된 연구를 진행할 수 있는 토대를 마련하는 데 일조함으로써, 미지의 미래에 펼쳐질 험난한 국제환경 속에서도 우리의 후손들이 과거의 교훈을 참고하여 높은 파고(波高)를 헤치고 순항(順航)하기를 바라는 바이다.

2019년 9월

인천 계양산 아래에서

김석구(金石九)

차 례

제1부

들어가면서

I. 어떻게 쓸 것인가?

II. 전장(戰場) 제공자·역외세력 균형자·교전 당사자는

    이 전쟁을 어떻게 평가하고 있는가?

I. 어떻게 쓸 것인가?

1. 배경

지구 위에는 천차만별의 역사적 유산·인종·문화를 지닌 여러 사회들이 공존해오고 있으며, 이러한 사회들 사이에서는 자의든 타의든 교류가 끊이지 않고 진행되어 오고 있다. 이러한 사회적 교류는 개인에서 지방(locality), 지방에서 국가(country), 국가에서 지역(region), 지역에서 지구(globe)로 확대되어 가면서 인류의 사회관계를 확장시켜왔다. 소위 지구화(globalization)라고 불리는 범세계적 사회관계 확장 (extension of social relations across world-space)[1] 현상은 인류의 삶의 여러 영역에 대한 지구적 표준을 제시하고, 다양한 인간사회들이 이러한 표준을 중심으로 통합되도록 유도해 오고 있다. 지구화(globalization) 현상은 이미 19세기에도 활발히 진행 중이었고, 당시에도 지구상의 특정 지점 또는 지역의 국제적 긴장 요인은 사회적 관계 속에서 인적 또는 물적 매개수단을 타고 또 다른 지역으로 파급되어 세계정치의 지구화(globalization of world politics)[2] 현상을 촉진시켰다.

---

1 Paul James, "Arguing globalizations: Propositions towards an investigation of global formation," *Globalizations* Vol. 2, Iss. 2 (2005), 193-194.
2 존 베일리스·스티브 스미스·퍼리리샤 오언스/하영선 옮김, 『세계정치론』(서울: 을유문화사, 2015), 13-14.

18세기 후반 영국에서 시작된 초기 산업혁명은 이 국가의 산업 분야 생산수단의 효율성을 급속히 증진시켰고, 그로 인해 대량 생산된 제품은 다시 다량의 원재료 및 대규모 해외 시장을 필요하게 만들었다. 또한 원료 및 시장을 확보하기 위한 필요성은 영국을 위시한 신흥 산업화 국가들로 하여금 식민지 확보를 위해 해외로 나서게 함으로써 본격적인 제국주의 시대의 막을 올렸다. 비록 무력을 앞세운 침투와 약탈, 인권의 침해를 특징으로 하는 서구의 제국주의는 분명히 인류 보편적 가치에 역행하는 비인도적 정책이었으나, 역설적이게도 제국과 식민지 사이의 수직적 사회관계를 확장시켜 지구화를 촉진하는 기능을 하기도 했다.

산업화된 서구 열강의 제국주의 활동은 19세기 말에 들어 절정에 오르기 시작하였고, 이 무렵 동북아 지역에서는 산업화 이전 단계의 중화체제(中華體制)에 머물고 있었던 한국과 청국이 식민지 확보 및 세력권(sphere of influence) 확장에 혈안이 되어 있었던 서구 제국주의 열강의 먹잇감으로 부각되었다.

표면적으로 볼 때, 이 글에서 다루고자 하는 러일전쟁(1904~1905)의 발발 과정은 단순히 러시아와 일본이 한국 및 만주를 무대로 하여 벌인 갈등관계의 심화 현상처럼 보일 수 있다. 그러나 19세기 말과 20세기 초 제국주의 시대 국제관계의 내면을 살펴볼 때, 이 전쟁의 배후에는 당시 유라시아 전 지역에서 서로 각축을 벌이던 영국과 러시아의 세력권 다툼(great game)과 이 두 나라를 중심으로 하는 또 다른 국제적 동맹관계들이 복합적으로 작용한 것임을 알 수 있다. 이러한 이유 때문에 국내외 국제정치 학자들은 이 전쟁을 제0차 세계대전(World War Zero)[3]이라고 부르기도 한다.

이와 같은 19세기 국제정치사적 배경을 토대로 이 글에서는 우선 유라시아 전역을 대상으로 한 영국과 러시아의 패권 대결(great game) 의 실상을 고찰하고자 한다. 이어서 러·일 개전(開戰)과 관련하여, 영 국이 극동의 섬나라 일본에 의존하여 러시아를 견제하는 역외세력균 형(offshore balancing) 전략을 취함으로 인해 초래되었던 러시아와 일 본의 전략적 선택을 분석하고자 한다.

2. 연구 방법 및 가정(假定)의 설정

이 글의 연구 주제에 접근함에 있어서, 국제사회의 다양한 국가행 위자(state-actor)들이 추구했던 국가 목표 및 국가 행위가 어떠한 인과 관계를 가지면서 무슨 정치적 결과를 만들어 내었는지를 사회과학적 합리성 및 논리를 가지고 설명하는 것이 요망된다. 영·러 세력권 대결 이 러·일의 개전에 어떻게 연관되는가 하는 문제를 규명하기 위해, 러일전쟁의 발발이라는 정치적 결과가 귀결되도록 작용한 요소들은 무엇이며, 이러한 요소들이 어떻게 상호작용을 하였는가 하는 점에

---

3 John W. Steinberg, *All the Tsar's Men: Russia's General Staff and the Fate of the Empire, 1898~1914* (Washington, DC: Woodrow Wilson Center Press, 2010), 111; 서인애, "한국과 일본의 초등사회과 교과서의 러일전쟁 서술 비교," 서울교육대학 교 석사학위논문(2016), 10, 58, 63. (서인애는 "오랫동안 제국주의적 지역전쟁으로서 의 러일전쟁이 글로벌한 관점의 러일전쟁으로 간주되는 연구가 시작되었고, 이주천 [2014]이 러일전쟁의 시공간적 범위를 확대하여 '제0차 세계대전'[WW 0]으로 새로이 규정했다"고 했다. 또한 2005년 5월 일본 게이오대학에서 개최된 '제0차 세계대전: 1904~1905년 전쟁 재평가'(World War 0: Reappraising the War of 1904~1905) 심포지엄에서 러일전쟁을 제0차 세계대전으로 보는 새로운 연구동향이 논의되었다고 했다. 아울러 일본문교출판의 '소학사회' 교과서가 러일전쟁을 제1차 세계대전과 연결 시켜 제0차 세계대전으로 보았다고 주장했다.

주안을 두고 소정의 인과관계를 규정할 필요가 있다. 앞에서 언급한 연구 목적과 관련하여 인과관계의 설정을 위해 고려할 수 있는 3개의 가정은 다음과 같다.

> 가정 #1: 19세기 세계체계 속에서 영국 대 러시아의 유라시아 내 패권대결 행위(그레이트 게임)가 지속되었다. - [독립·종속변수]
>
> 가정 #2: 그레이트 게임 구도하 영국은 역외세력균형4 전략 (offshore balancing strategy)을 구사하였다. - [매개변수]
>
> 가정 #3: 영국의 역외세력균형 전략에 따른 러시아와 일본의 전략적 선택은 러일전쟁의 발발로 귀결되었다. - [함수]

가정 #1과 관련하여, 19세기 세계체계를 러·일 개전의 독립변수

---

4 역외세력균형이란 현실주의 국제관계 분석가들에 의해 사용되는 전략개념으로서, 어떤 강대국이 잠재적 적대세력의 등장을 견제하기 위해 자신이 선호하는 지역 세력(favored regional powers)을 이용하는 전략을 의미한다. 이 전략은 미국의 지배적 대전략인 자유 패권전략(liberal hegemony)에 대비된다. 역외세력균형은 강대국으로 하여금 전 세계를 대상으로 막대한 군사력을 배치함에 따른 비용을 부담하지 않으면서 패권을 유지할 수 있게 한다. 역외세력균형은 강대국으로 하여금 유럽·페르시아만·동북아시아를 위시로 하는 3개 주요 지정학적 지역으로부터 철수하되, 해당 지역의 외부에서 이러한 지역에 자신의 역량을 집중할 것을 요구한다. 크리스토퍼 레인은 1997년 자신의 논문에서 "역외세력균형"이라는 용어를 처음으로 소개했다고 주장했으며, 존 미어샤이머, 스티픈 월트, 로버트 페이프, 패트릭 포터, 앤드류 바세비치와 같은 전략 전문가들이 이 용어를 수용했다.
https://en.wikipedia.org/wiki/Offshore_balancing(검색일: 2019. 1. 16);
Christopher Layne, "The End of Pax Americana: How Western Decline Became Inevitable," *Atlantic Monthly* (April 26, 2012).

로, 영국 대 러시아의 패권 대결 행위(great game)를 종속변수로 보고
자 한다. 또한 가정 #2와 관련하여, 영국의 역외세력균형 전략 추진을
독립변수 및 종속변수에 영향을 주는 매개변수로 놓을 때, 제반 변수
들이 서로 연계되어 러시아 및 일본 전략적 선택에 영향을 주었다고
볼 수 있다. 이 글은 1차함수 수준에서 독립·종속변수(가정 #1, 세계체
계/great game)에 매개변수(가정 #2, 영국의 역외세력균형전략)가 매개되
어 함수(러일전쟁 발발, 가정 #3)가 결정되어 가는 과정을 국제정치사적
사실(fact)에 입각하여 설명하고, 함수관계의 성립을 설명하는데 주
안을 둘 것이다. 이 글의 논리전개 과정을 도식하면 아래의 [표 1]과
같다.

[표 1] 함수관계 설명 절차

독립·종속변수 ▸ 가정 1	매개변수 ▸ 가정 2	함수 ▸ 가정3
세계 체계 · Great Game • 유라시아 주요 지역 간 지리적 연계성 증가 • 상충되는 지리적 조건에 따른 영·러의 국가전략 • 그레이트 게임의 유라시아 전역 확산	영국의 역외세력균형 전략 추진(일본에 의존한 러시아 견제)	러시아 및 일본의 전략적 선택(러일전쟁의 발발)

이 글의 구성과 관련하여, "제2부_ 19세기 내내 영국과 러시아는
어떻게 유라시아에서 각축을 벌였나?"에서는 유라시아 주요 지역 간
지리적 연계성 증가, 상충되는 지리적 조건하 영·러의 국가전략, 그
레이트 게임의 유라시아 전역 확산을 설명할 것이다. "제3부_ 영국은
어떻게 역외세력균형(off-shore balancing) 전략을 추진했는가?"에서는
그레이트 게임 구도하 영국의 대외전략 추진 과정을 영국이 경험한
19세기 국내외 상황 전개, 영국의 상부구조 및 군사력의 배비, 군사력
운용을 중심으로 설명하고, "제4부_ 러시아와 일본은 어떻게 대응했

는가?"에서는 영국 역외세력균형 전략에 따른 러시아 및 일본의 전략적 선택 및 그 결과를 설명하고자 한다. 끝으로, 이 글을 마치고 나오면서 앞에서 가정으로 제시한 함수적 인과관계를 요약하고자 한다.

II. 전장(戰場) 제공자 · 역외세력 균형자 · 교전 당사자는 이 전쟁을 어떻게 평가하고 있는가?

위에서 언급한 바와 같이 러일전쟁이 러시아와 일본이라고 하는 두 교전 행위자들 사이의 분쟁으로 그치지 않고, 그 배후의 동맹국가들까지 연루된 국제전임을 감안할 때, 이 전쟁의 발발과 관련된 국가 행위자(state-actor)들이 누구였고, 그들이 어떠한 역할을 했는지를 먼저 정의할 필요가 있다.

따라서 외면적으로 드러나는 교전 당사자는 러시아와 일본이었으나, 그레이트 게임의 이면(裏面)에서 러시아의 극동지역에 대한 팽창을 견제하기 위해 일본에 의존했던 역외세력균형자는 영국이었으며, 러 · 일의 무력 각축행위를 위한 전장(戰場)을 제공한 행위자는 한국(韓國) 및 청국(淸國)이었다고 보는 것이 타당하다.

따라서 이 절에서는 전장 제공자로서 한국 및 청국, 역외세력 균형자로서 영국, 교전 당사자로서 러시아 및 일본의 학계 또는 군(軍)에서 이미 달성해 놓은 선행연구 내용이 무엇인지 그리고 어떠한 성향을 보이는지를 각각 구분하여 제시하고자 한다.

첫째, 전장 제공자로서 한국의 주요 연구성과 [표 2]를 살펴보면, 8명의 연구자들은 모두 영일동맹이 일본으로 하여금 러시아에 대해 전쟁을 벌일 수 있도록 동기를 부여했다고 지적하고 있다. 부연하면,

최문형은 영국이 러시아의 동아시아 팽창을 저지하기 위해 영일동맹을 체결하여 일본의 대러 전쟁 결행의 저력을 제공했다고 보며, 석화정은 영국이 일본으로 하여금 러시아와 싸우도록 부추겼다고 주장하고, 이러한 견해들은 동북아지역에서 영국의 대러 팽창 저지 노력이 일본에 의해 대리(代理)되었다는 김태욱의 관점과도 상통한다. 아울러 이성주는 일본이 영국의 농간(弄奸)에 놀아나 러시아와의 전쟁에 뛰어들었고, 이 전쟁의 최대 수혜자는 영국이었다고 설명하였다. 특히, 육군본부는 일본 평민신문(平民新聞)의 보도 내용을 빌려 "러일전쟁은 기실(其實) 영러전쟁으로서 러시아의 시베리아 횡단철도(TSR)와 영국의 아시아 횡단철도의 경쟁이며, 일본은 오직 영국의 꼭두각시에 불과하다"고 주장했다. 또한 전홍찬은 러·일 개전과 관련하여 영국 관료사회 내부에 존재했던 다양한 대외정책 노선들을 나열했고, 결과적으로 영국은 반(反) 러시아 노선하 러일전쟁 개입론을 선택했다고 설명했다.

아울러 러일전쟁을 촉발시킨 주요 사건과 관련하여 최문형은 청일전쟁(1894~1895), 석화정과 전홍찬은 러불동맹(1891) 체결, 박종효는 을미사변(1895.10.8), 김용구는 의화단 사건(1898~1901), 육군본부·이성주·김태욱은 삼국간섭(1895.4~6)을 거론하고 있다. 다시 말해, 한국의 연구관들은 러일전쟁의 원인(原因)을 1891년 러불동맹 체결 시점을 넘어 그 이상의 과거에서 찾지 않는다는 점이 확인되었다.

특히, 최문형은 미국의 정치학자 타일러 데넷(Tyler Dennett)의 견해를 빌어 로젠-니시 협정(1898.4.25)이 체결되어 "한반도에 관한 한(限), 러·일의 대립은 1898년 사실상 종결된 상태"였다고 평가했으나, 동북아에서 영·러의 철도 이권을 중심으로 한 세력권 대결 행위가

스콧-무라비요프(1899) 협정으로 종결된 것에 대해서는 분석하지 않
았다. 2004년 러일전쟁 100주기 국제학술회의에 참석했던 석화정은
러시아 및 일본의 학자들이 러일전쟁의 원인에 대해 여전히 자국 중
심의 논리를 개진하면서 전쟁의 원인을 상대방에게 전가하는 태도를
보이고 있다고 지적했다. 박종효는 러시아어로 작성된 사료들을 발굴
하여 2014년에 번역·간행함으로써 전후 110년이 지나도록 사장되
어 있었던 러시아 측 관점의 당시 국제관계 및 러·일 개전 원인을 규
명하는데 기여했다. 그러나 이 전쟁에 대한 정치·외교적 수준의 연구
성과에 비해 군사적 차원―전략·작전·교전―의 연구 성과물이 전혀
없다는 것은 아쉬운 점으로 지적될 수 있다.

[표 2] Great Game 구도하 전장 제공자(한국)의 선행연구 성과

내용	비고
1. 최문형: 러시아의 남하와 일본의 한국 침략(2007) ■영·러 세력권 대결구도하 러시아가 동아시아로 팽창하여 청일전쟁 (1894~1895) 및 러일전쟁(1904~1905) 발발 ■청일전쟁 종료 후 러·일 간 외교적 마찰 및 협상의 실패로 러일전쟁 원인 조성 　＊청일전쟁은 러일전쟁의 서전(緒戰, open game); 영국은 러시아 　의 동아시아 팽창을 저지하기 위해 영일동맹을 체결하여 일본의 대 　러 전쟁 결행의 저력을 제공 ■육군상 쿠로파트킨의 '시베리아 횡단철도(TSR: Trans-Siberian Railway) 개통 전 대일본 타협정책'을 무시한 차르 니콜라이 II는 국정 통제력을 결여 ■1903년 5월 차르의 신노선(New Course: 외세의 만주침투 불허)하 동아시아(극동) 총독부 신설 ⇒ 국가 통수체계(統帥體系)의 혼란 초래	차르의 신노선 하 극동총독은 관할지역 내 군 사지휘권·외교 통할권을 모두 위임받았음
2. 석화정: 풍자화로 보는 러일전쟁(2007) ■제국주의 시대의 힘의 정치(power politics) 원리를 통해 영국은 일본이 러시아와 싸우도록 부추겼음 　＊러일전쟁의 배후에는 영국 외에도 미국·독일·프랑스 등 이해관계 　가 있는 여러 국가들이 관여, 유럽인들의 황화(黃禍)의식과 일본인 　들의 백화(白禍)론이 작용; 동맹의 원리와 관련하여 이 전쟁은 러불 　동맹 대 영일동맹이 전제된 유럽국가들의 대리전임 ■만주 및 한반도에 대한 세력권 확정 문제를 놓고서 러·일의 외교적	오늘날에도 러· 일 학계의 전쟁 원인을 보는 관 점은 상이

내용	비고
협상은 공전, 외교의 실패는 양국 간 전쟁 유발 　＊러시아는 국내 불안요인을 제거하기 위한 빛나는 작은 전승을 위해, 일본은 영국의 지원하 한만지역의 세력권 확보를 위해 개전	
3. 박종효: 한반도 분단론의 기원과 러일전쟁(2014) ■ 을미사변(1895.10.8) 이후부터 한반도 및 만주를 놓고서 러·일이 세력권 확보 경쟁 ■ 러시아 내부에서는 대일본 주전파(主戰派, 베조브라조프 세력) 대 주화파(主和派, 재상 비테, 외상 람스도르프, 육군상 쿠로파트킨)가 대립 　＊러시아의 신노선(new course, 1903.5.20. 베조브라조프 일파가 비테 그룹에 대해 완승하여 기본 정책 노선 변경): ① 만주로부터 군대 철수 중단, 오히려 군대를 증강하여 만주 고수; ② 외국인과 그 자본을 만주에 불허; ③ 이익을 보호하는 형식으로 한국(조선) 안전 강화 ■ 한반도 내 전신선 설치, 철도 부설, 러시아의 태평양함대를 위한 마산포의 모항화(母港化) 및 두만강·압록강 일대 산림개발을 빙자한 대일본 군사 방벽 설치 문제를 놓고 러·일은 사사건건 마찰 및 갈등 ■ 영일동맹 체결 이후 일본은 영국과 미국을 등에 업고 군비증강에 몰두하면서 전쟁의 구실을 모색	저자는 소련에서 역사학 박사 학위 취득; 구소련측 문서를 번역·분석하여 저술
4. 김용구: 세계외교사(2006) ■ 크림전쟁(1853~1856) 당시 영국에 의해 유럽에서 봉쇄당한 러시아가 영국에 의해 다시 동북아에서 봉쇄당한 사건이 러일전쟁임; 일본은 영일동맹(1902)에 의해 러시아를 견제할 수 있는 국제정치의 총아(寵兒)가 되었음 ■ 의화단 사건(1898~1900)은 러시아 군대의 만주 진주 명분 제공, 이후 러청 만주철병조약(1902.4.8). 미준수는 러일전쟁의 직접적 도화선이 되었음 ■ 베조브라조프 세력의 등장, 대외정책 실권 장악 후 압록강 벌목회사 설립 및 만주·조선 계속 점령 주장 　＊러시아의 신노선(1903.4~5월, 베조브라조프 중심의 대외강경파): 일본과의 대결을 전제로 한 모험주의적 정책, 만주·한국 계속 점령 ■ 러시아 극동총독부 주관 여순회의(旅順會議, 1903.7)는 만주를 계속 점령하되 조선북부 점령은 지양할 것을 의결 　＊일본 내 대러 강경론 대두, 이후 러일 교섭 공전(일본: 만한교환 요구 / 러시아: 조선북부 중립화, 대한해협 자유항행권 요구)	육군상 쿠로파트킨의 대일 강경론은 영일동맹 체결 이후 온건론으로 변화
5. 육군본부: 한국군사사 제9권(2012) ■ 일본 평민신문(平民新聞)은 "러일전쟁은 其實 영러(英露)전쟁으로서 러시아의 시베리아 횡단철도(TSR)와 영국의 아시아 횡단철도의 경쟁이며, 일본은 오직 영국의 꼭두각시에 불과하다"고 혹평 　＊러시아 주도의 삼국간섭에 의해 청일전쟁의 전리품을 빼앗긴 일본은 이후 10년간 러시아와의 전쟁 준비 ■ 조선의 친러반일(親露反日)정책은 민왕후 시해(1895.10) 및 고종의 아관파천(俄館播遷, 1896.2~1897.2) 초래	고종은 차르에게 개전 시 러시아 지원을 약속하는 친서 발송(1903.8.15)

내용	비고
▪ 로젠-니시협정(1898.4.25) 이후 대한제국은 어느 정도 독자성 유지, 점진적 개혁 추진 ▪ 의화단 사건에 따른 러시아군의 만주 침략은 러 · 일 간 군사적 대립 고조; 러시아는 한국의 중립화 정책 지지 표방 ▪ 제1차 영일동맹(1902.1.30)은 동북아 내 세력균형 파괴 ＊1903. 4월부터 러시아는 소극적 동아시아 정책으로부터 벗어나 강경론으로 선회, 압록강 산림벌채 개시 및 용암포에 불법 군사기지 건설 추진 ▪ 1903.12, 일본은 대러 개전 시 한국 우선 침략 방침 확정	

6. 이성주: 러시아 vs 일본 한반도에서 만나다(2016)
▪ 그레이트 게임(1813~1907) 구도하 일본은 영국의 농간(弄奸)에 놀아나 러시아와의 전쟁에 뛰어들었음
  ＊러시아는 시베리아 횡단철도로 동원/수송 속도를 증가, 바다를 거치지 않고 동아시아로 진출 가능 ⇒ 영국 중심의 패권구도에 균열 초래
  ＊영국은 중앙아시아의 판데(Panjdeh)에서 러시아의 위협을 절감한 뒤 8일 후 동아시아의 거문도(Port Hamilton)을 점령하여 러시아를 위협
▪ 삼국간섭은 투라우마(trauma)로서 일본의 대러(對露) 상실감 · 모멸감 · 적개심을 고조; 영국은 이러한 상태의 일본을 이용하여 러시아의 남하를 저지
  ＊영일동맹과 미국의 대일지원이 없었다면 러일전쟁은 발생하지 않았을 것, 설사 발생했더라도 일본이 이길 수 있는 전쟁이 아니었음
▪ 을미사변 후 러일은 베베르-고무라협정, 로바노프-야마가타 협정, 로젠-니시 협정 체결; 만주 · 한반도 관련 양국의 세력권 설정을 흥정
  ＊만한교환론, 북위 39도 기준 한반도 분할론, 한반도 중립화론, 만한일체론, 북위 39도 이북 한반도 중립지대론 등
	러 · 일의 협상전략은 한만교환론 대(對) 한만일체론, 한반도 분할론 · 중립화론 · 북위 39도 이북 중립지대론 등으로 상호 대립

7. 김태욱: 영일동맹의 형성요인에 관한 연구(2002) ▪ 일본인들은 삼국간섭(1895.4~6)에 대해 국민적 수모감을 느꼈고, 국민정서는 군국주의적 애국심과 결합 ▪ 대러(對露) 국력의 격차를 인식한 일본은 만주 · 한국에서 러시아와의 전쟁을 불원; 대러 관계 개선 및 러일동맹 체결 시도 ▪ 영 · 러 패권대결 구도하 영국은 일본과 러시아의 팽창 저지를 위한 이해관계 공유; 영일동맹은 러시아의 위협을 저지하기 위한 수단으로써 영국에 의해 일본이 선택된 것임 ＊동북아지역에서는 영국의 대러 팽창 저지 노력이 일본에 의해 대리(代理)되었음	영일동맹은 러일전쟁의 원인을 제공
8. 전홍찬: 영일동맹과 러일전쟁 – 영국의 일본 지원에 관한 연구(2012) ▪ 러일전쟁은 한국 · 만주 지배권을 놓고서 러시아와 일본이 싸운 국제전; 두 교전국 배후에는 영일동맹 및 러불동맹이 작용했음; 이 전쟁이 종료된 후 국제정치 구도는 삼국동맹 대 삼국협상 체제로 고착되어 제1차 세계대전 초래 ▪ 인도를 중국보다 중시했던 영국은 일본과 러시아가 자신을 배제시킨 상태에서 동북아에서 한만(韓滿) 문제를 타결하는 것을 우려	결과적으로 영국은 반러시아 노선하 러일전쟁 개입론 선택

내용	비고
■영국은 영일동맹에 근거 공식적으로 러일전쟁에 대해 엄정중립을 표명했으나, 비공식적으로 일본을 간접지원[러시아 흑해함대의 극동지역 전환 차단, 일본 해군력 증강 지원, 양질의 카디프(Cardiff)석탄을 함정 연료로 제공, 전비 확보 지원, 국제적 반러(反露)여론 조성 노력 등] ■러일 개전 직전 영국 정부 내 두 가지 대외정책의 혼재 *反독일 노선(에드워드 VII 국왕, 랜즈다운 외상): 러시아와 협상을 통해 독일의 세계정책(Weltpolitik) 방해, 독일을 봉쇄, 러·일 간 전쟁 방지 노력이 필요하고 러·일 양국 간 협상을 통해 한만(韓滿)문제 관련 타협 유도 *反러시아 노선(밸푸어 총리, 챔벌린 재무상, 셀본 해군상, 육군지휘부): 독일과 협상을 통해 러시아를 봉쇄, 영국 왕실과 독일 하노버 공국(公國) 간 혈연적 동질성, 정서적 유대감을 활용하여 러시아의 인도·페르시아에 대한 위협을 제거 ■영국 정부의 반러시아 노선 관련 두 가지 전략적 입장의 대립 □러일전쟁 개입론▶ 일본 지원 - 해군상(海軍相): 해군력의 규모에 있어서 러시아가 일본보다 우세하나 그 효율성은 일본이 러시아보다 우세; 시베리아 횡단철도 및 동청철도(CER: Chinese Eastern Railway) 부설로 인해 러시아 육군의 전력증강 능력이 강화되었고, 전쟁이 장기화될 경우 러시아가 일본보다 우세; 영일동맹 조약의 자구적(字句的) 의무를 넘어 일본을 적극 지원할 필요가 있음; 프랑스의 참전을 방지하면서 러시아 발트함대의 극동해역 투입을 견제(밀착감시 및 방해) - 육군지휘부: 해군상과 유사한 의견 견지, 영국군은 일본군을 가시적으로 지지하여 러시아군을 견제해야 함; 영국의 입장에서, 프랑스가 러불동맹에 의거 참전할 경우 겪을 손해는 러시아가 일본에 대해 승리하지 못하게 함으로써 얻을 이익보다 적을 것임 - 군사정보국(국장 Arthur Nicholson): 영국은 일본을 동북아 내 가장 강력한 우방으로 유지, 필요시 즉각 전쟁에 개입할 준비; 러일전쟁에서 일본이 이길 가능성은 아주 희박; 전선(戰線)이 고착되어 전쟁이 장기화(長期化)되면 러시아가 만주를 넘어 한국 전체를 지배하고 일본까지 위협할 것임; 프랑스가 러시아측에 가담해도 영일 연합해군은 이를 제압 가능 □러일전쟁 불개입론▶ 일본 지원 또는 러일전쟁 방지 노력 불필요 - 밸푸어 총리: 러시아의 승리는 한국을 장악하는 것으로 제한될 것이고, 이는 인도에 대한 러시아의 압력을 완화; 러시아는 동북아에 대한 과잉팽창으로 인해 경제적 부담 자초 - 챔벌린 재무상: 러시아의 승리를 예견; 러시아는 일본에 대한 승리를 모멘텀으로 하여 영국에 대해 공격적으로 전환할 것이므로 영국은 러일전쟁 후 러시아와의 대결에 대비해야 함; 영국은 러일전쟁 중 페르시아·아프가니스탄·티벳에서 전략적 우위를 달성	

둘째, 또 다른 전장제공자로서 중국의 주요 연구성과 [표 3]를 분석해 보면, 궈팡(郭方)은 영국이 일본과 손을 잡고 러시아의 동측 확장을 차단하려고 시도하는 과정에서 러일전쟁이 발발했다고 주장하였다. 또한 그는 일본이 러시아를 견제할 목적으로 영국과 체결한 동맹을 배경으로 러시아에게 동북지역 무단 점령을 중단하고 철수할 것을 요구했다고 부연했다. 이러한 시각은 타이완(臺灣)의 후레청(傅樂成)이 영·일은 러시아를 가상의 적으로 삼아 동맹을 맺었다고 보는 관점과도 일치한다. 즉, 중국 학계는 보편적으로 영·러 대립구도의 연장선 위에서 러·일의 무력대결이 발생한 것임을 인정하고 있다.

또한 이 전쟁의 원인을 제공한 사건에 대해 후레청은 강유웨이(康有爲)와 량치차오(梁啓超)를 중심으로 하는 개혁주의자들의 백일유신(百日維新, 1898)을, 궈팡은 청일전쟁을 지목했다. 특히, 후레청은 제2차 아편전쟁(1857~1860) 이래 약 40여 년에 걸쳐 추진된 청국 내부의 변법운동(變法運動)을 긍정적으로 평가하면서 서태후 수구세력의 무술정변(戊戌政變)으로 개혁 노력이 무력화되었다고 강조했고, 궈팡은 러시아 주도의 삼국간섭이 추후 일본의 대러 복수전쟁의 씨앗을 배태했다고 보았다.

[표 3] Great Game 구도하 전장 제공자(중국)의 선행연구 성과

내 용	비 고
1. 후레청(傅樂成/신승하 옮김): 중국통사(1981) ■1896년, 청일전쟁 후 분노에 싸여 러시아와 연합하여 일본을 제압하고자 했던 청국 조야(朝野)는 러청밀약을 체결한 뒤 러시아에게 동삼성(東三省) 내 철도부설권을 허가; 1897년 독일의 교주만 조차, 러시아의 여순·대련항 조차 및 남만지선 건설권 획득에 이어 영국의 위해위(威海衛) 조차, 프랑스의 광주만(廣州灣)조차 사건 발생 ■제2차 아편전쟁(1857~1860) 이래 추구한 변법운동의 실패, 1899년 의화단의 권란(拳亂)은 8개 제국주의 연합군의 개입을 자초했고,	러청밀약의 세부내용 생략

내 용	비 고
러시아는 동청철도 보호 명분으로 만주 전역 점령 ■1901.7월, 청조는 열강과 신축조약(辛丑條約) 체결하여 권란을 종료; 러시아는 만주 철군 거부 ■1902.1월, 영·일은 동맹을 맺어 러시아를 가상의 적으로 삼았고 미국은 표면에서 러시아에 대해 간섭 ■1903년 러시아는 동삼성(東三省)에서 철병 미이행, 한국을 취하려고 도모; 러·일 교섭 무효화, 개전(開戰)	
2. 궈팡 (郭方/이정은 옮김): 러시아사(2015) ■러일전쟁은 일본과 러시아가 중국 동북지방, 한반도 및 아시아, 태평양 장악을 위해 벌인 제국주의 전쟁으로서 미서전쟁(美西戰爭, 1898), 보어전쟁(1899-1902)과 함께 전세계적으로 제국주의 국가들의 식민지 쟁탈전 본격화를 상징 ■러시아는 청일전쟁에서 승리한 일본의 요동반도 할양이 자국의 동진(東進) 및 태평양 일대 장악 정책을 저해한다고 판단; 남만주의 뤼순(旅順)지방을 차지하려 했고, 프랑스·독일과 손잡고 일본의 요동반도 반환을 강요; 이 사건은 추후 일본의 대러(對露) 복수전의 씨앗을 배태했음 ■20세기에 들어 중국에 내란(의화단 사건)이 발생하여 러시아가 이를 기회로 동북지방·한반도 장악 시도하자 영국·독일이 러시아에 대해 불만; 1902년 영국은 일본과 손을 잡고 러시아의 동측 확장 차단 시도	전쟁 발발 관련 주요 사건들이 과도히 생략되었고 상호 인과관계가 부정확 시베리아횡단철도와 동청철도·남만지선의 관계, 군사전략의 구상·실행에 미친 영향 생략
3. 궈팡 (郭方/남은성 옮김): 일본사(2015) ■청일전쟁·시모노세키조약에 의거 요동반도가 일본의 식민지로 전락; 러일전쟁은 부동항 확보를 위해 중국 동북부와 한반도를 엿보던 러시아가 중국 동북부 및 한반도에 대한 권리를 놓고서 일본과 벌인 무력투쟁 ■러시아가 주도한 삼국간섭으로 일본은 청일전쟁의 전리품이 반토막 나자 불쾌했으며, 러시아를 축출하고 동북아 패권을 장악하기 위해 군비확장 및 전쟁 준비 ■러시아는 일본의 요동반도 반환에 기여한 공로에 대한 대가로 청국에게 밀약[러청(露淸) 양국이 힘을 모아 일본을 제압하고, 청은 러시아에게 만주 내 철도부설권 제공] 체결을 제안 ■1898년 러시아는 청조로부터 여순·대련항 및 하얼빈(哈爾濱)-다롄(大連) 구간 철도부설권 확보하여 중국 동북지방 독점 야망을 실현하고 있었음 ■1900년 의화단 운동이 본격화되자 8개국(英·美·日·露·獨·佛·墺·伊)은 연합군 조직하여 북경에 파병; 러시아는 이를 기회로 만주·한국에 대한 야욕을 노골화; 국제여론은 러시아를 거세게 비판 ■일본은 이러한 국제정세를 틈타 러시아를 견제하기 위해 영국과 동맹체결; 동맹을 배경으로 러시아에게 동북지역 무단 점령 중단 및 철수 요구; 러시아가 일본의 요구를 무시하자 일본은 개전	

셋째, 역외세력균형자로서 영국이 이뤄놓은 연구성과 [표 4]와 관련하여, 이안 고우(Ian Gow)·요이치 히라마·존 채프만(John Chapman)과 리차드 코너톤(Richard Connaughton)은 영일동맹이 일본을 지원함으로써 일본의 러시아에 대한 도전 의지를 강화시켰을 뿐 아니라 투쟁을 불가피하게 만들었다고 보았고, 이안 니시(Ian H. Nish)와 앤드류 풀리(Andrew M. Pooley)는 유라시아 전역에 걸쳐 이해관계를 지녔던 영국이 자신의 생존을 위해 일본과 영일동맹을 체결하지 않을 수 없었다고 주장했다.

그러나 그레이트 게임을 연구·정리한 피터 홉커크는 러일전쟁 자체를 아예 논의하지 않았고, F. R. 세귁(Sedgwick)은 일본의 한국·만주에 대한 교역량 증대, 러시아의 동진정책에 대한 위기감, 이에 대처하기 위한 고유한 상무정신의 발현을 러일전쟁의 원인으로 꼽음으로써 영국의 역외세력균형 역할을 부인하였다.

아울러 러일전쟁을 유발시킨 원인이 되는 사건의 시작과 관련하여 이안 니시(Ian H. Nish), 이안 고우(Ian Gow)·요이치 히라마·존 채프만(John Chapman),[5] 앤드류 풀리(Andrew M. Pooley)는 영일동맹(1902.1.30)을, 리차드 코너톤(Richard Connaughton)은 1861년 러시아의 쓰시마 섬(對馬島) 침공에 따른 영국의 외교적 항의 및 해군 무력시위를, F. R. 세귁(Sedgwick)은 1875년 러시아의 사할린 섬 획득 시점을 지적함으로서 약간의 시차를 보이고 있다. 반면, 피터 홉커크(Peter Hopkirk)는 그레이트 게임(1717~1907)의 전반(全般)을 다루어 설명했으면서도, 러시아·청국·조선·일본이 관련되는 극동지역에서 발생

---

5 3인의 공동저자는 사실상 영일동맹의 부산물(副産物)로서 체결된 여러 후속 해군협정들(naval agreements as a by-product)을 지목했다.

했던 정치·외교적 사건들에 대해서는 일체 언급하지 않아 러일전쟁을 그레이트 게임에서 누락시켰다. 특히, 리차드 코너톤은 을미사변 당시 민비가 조선의 자객에 의해 살해됐다는 잘못된 역사 인식을 보이기도 했다.

[표 4] Great Game 구도하 역외세력 균형자(영국)의 선행연구 성과

내 용	비 고
1. 피터 홉커크(정영목 옮김): 그레이트 게임 – 중앙아시아를 둘러싼 숨겨진 전쟁(2008) ■ 그레이트 게임은 1717년 러시아 피터대제가 전설적 부(富)의 땅 인도를 탐내어 군사 원정대를 히바(Khiva) 한국(汗國)에 파견하면서 시작되었고, 러일전쟁에 패전한 러시아가 1907년 영국과 협정을 맺음으로써 종료 ■ 영국은 본도(本島)와 핵심적 식민지 인도(India) 사이의 해상교역로를 생명선으로 간주; 러시아는 지상 및 해상을 통해 중앙아시아 방향으로 진출하여 인도에서 영국 세력을 축출한 뒤 인도 장악을 도모 ■ 영·러는 유라시아 전역에 걸친 분쟁지역별로 지역 내 행위자와 협력하여 상대방을 상호 견제 *1815년 나폴레옹 전쟁 종료 후 시작된 빈(Wien)체제로부터 1907년 러일전쟁 종료 후 체결된 영러협약까지 영·러 사이에는 군사·외교적 냉전상태(세력권 대결 행위)가 부침(浮沈)을 반복했음	청일전쟁 이후 러시아의 삼국간섭 주도 및 동북아 내 영·러의 대결 문제는 생략
2. Ian Hill Nish: The Anglo-Japanese Alliance – The Diplomacy of Two Island Empires 1894~1907(2012) ■ 영국은 Pax Britannica를 극동에서 유지하는데 따르는 부담을 일본과 분담하기 위해 영일동맹(1902) 체결 *영일동맹은 아시아 내 반러전선(反露前線; anti-Russian front in Asia)의 한 부분으로서, 도서국가로서 지리적 유사성을 지닌 양국의 해군력 관련 요인이 고려되어 체결되었음(극동해역에서 러·불 연합해군력에 대한 영국 해군력의 우위를 보장) ■ 아시아 내 영국의 양대이익(兩大利益)은 인도에 대한 식민지배 및 청국과의 교역이었는데, 영국에게는 전자가 후자보다 훨씬 중요 (greatly outweigh)했음 *러시아가 인도로부터 다른 곳으로 관심 전환 시, 영국의 국익이 가장 잘 보호되었음; 따라서 영국은 러시아가 극동 지역에서 약간의 행동의 자유(some latitude)를 갖도록 의도적으로 허용했음 ■ 1895년 주일 영국공사는 일본 현지정서(情緖) 관련, "임기응변에 능한 일본인들은 영일동맹을 체결한 뒤 하찮은 역할을 하는 것(play a second fiddle)을 원하지 않는다"고 보고; 솔즈베리 총리는 러일협정을 방해하려고 하지도 않았음	솔즈베리는 1895~1902년 총리로 재직 후임 총리는 밸푸어 (1902~1905 재직)

내 용	비 고
▪ 1896.5월 중순, 솔즈베리는 이전(以前)의 태도를 바꾸어 극동문제에 개입하였고, 러일협정 체결 또는 러시아의 한국 보호국화를 방지하는데 민감한 반응을 보였음	
3. Ian Gow & Yoich Hirama w/John Chapman: The History of Anglo-Japanese Relations, 1600~2000(2003) ▪ 러시아가 타 열강과 연합하거나 일본 본도가 침공당할 경우, 영국은 일본을 도와 러시아와 투쟁해야만 했음 ＊러·일 개전 직전 러시아의 해군력은 일본의 해군력을 능가; 영국은 일본의 해군력 증강을 위해 지원했고, 교전 시 자국 해군장교들을 일본 전함에 탑승시켜 관전(觀戰)시켰으며, 종전 후 일본 측 군사비밀인 해군작전 평가서를 획득하여 영문 보고서(Corbett 비밀보고서, 전후 6부만을 제한적으로 생산·분배) 작성 ▪ 러일전쟁 중, 일본 해군장교들은 영·일 해군 연합작전 시 영국 해군부대들을 지휘(감독)할 수 있는 능력을 입증	Evgeny Sergeev는 영국 해군장교들이 일부 일본전함들을 지휘했다고 주장
4. Richard Connaughton: Rising Sun and Tumbling Bear – Russia's War with Japan(2003) ▪ 전통적인 부동항 획득 정책을 추구한 러시아는 쓰시마(對馬島) 및 사할린에서 일본과 갈등; 일본은 부패·파산·방위력 전무(全無)의 봉건적(corrupt, bankrupt, defenceless, and feudal) 조선왕국에 대한 청국의 종주권에 도전 ▪ 동아시아 내 만연한 암살 관행(임오군란), 조선 내 일본공사관 전소 사건(갑신정변), 러시아의 시베리아횡단철도(TSR) 건설 사업 결정(1891), 동학난(東學亂), 청일전쟁·삼국간섭, 민비시해 및 아관파천, 러시아 태평양함대의 여순항 진입 및 남만지선(南滿支線, SMR) 착공, 의화단 사건 및 러시아 육군의 만주 점령, 영일동맹 체결, 러·불 공동선언, 러시아의 만주 주둔군 철군 협정 미이행(압록강·두만강 일대 군사개입) 극동총독부 설치 및 대일(對日) 강경노선 선택으로 인한 러·일 교섭의 실패, 차르 니콜라이 II의 단기(短期) 전승 예견, 일본의 전쟁 도발 ＊영일동맹은 일본의 조선 합병을 실효적으로 촉진했고, 일본이 만주에서 러시아에 도전해보고자 하는 결의를 강화시켰음	필자는 민비가 조선의 자객에 의해 살해됐다고 주장 독일의 교주만(膠舟灣) 조치 사건은 누락
5. F.R. Sedgwick: The Russo-Japanese War, A SKETCH, First Period – The Concentration(1909) ▪ 1875년 러시아는 사할린섬 획득 후 극동에 대한 지위 강화를 위해 블라디보스토크에 이르는 시베리아 횡단철도 건설 결정; 1896년 스트레텐스크까지 철도 부설되어 하절기에 아무르강에 연결되는 연수육로(連水陸路) 형성 ▪ 러일전쟁의 정치적 원인은 만성적인 조선의 잘못된 국가관리(mismanagement)와 불안정성(unsettlement), 일본의 만한교환론(滿韓交換論) 주장에 대한 러시아의 무시·반대에 있었음; 그 외에도 일본의 한만지역에 대한 교역 증대 및 상무정신이 러일 개전의 원인으로 작용했음 ▪ 개전 이전 러·일 양국의 잠재력 및 군사력 비교; 황해·동해·한국·만주·시베리아 동부를 전구(戰區)로 하는 영·일의 군사전략 및	TSR 건설 결정시점을 1875년으로 보는 것은 말로제모프의 견해(1887년)와 상이 전구(戰區) 요도: [그림 27] 참조

내 용	비 고
단계화된 작전 구상; 영 · 일은 블라디보스토크→하얼빈 또는 여순→하얼빈 방향으로의 공격을 구상했고, 이 전쟁이 일본에게 부여하는 주요 포상(chief prize)은 일본의 한국 점령이라고 판단	
6. Andrew M. Pooley: The Secret Memoirs of Count Tadasu Hayashi edited by Andrew M. Pooley(1915) ■ 영일동맹을 체결한 일본 특명전권공사 하야시 다다스(林董)는 당장 눈앞에 보이는 결과만을 추구했고, 그 결과 초래될 미래의 문제를 돌보지 않았다는 점에서 일본 외교정책의 무익성을 발견 ■ 일본 정계의 원로(元老)들은 메이지 유신에 참여했던 자들로서 조슈(長州)번 대 사쓰마(薩摩)번의 대립구도 형성 ＊조슈번(육군 중심) 출신은 친러반영적(親露反英的) 성향; 사쓰마번(해군 중심) 출신은 친영반러적(親英反露的) 성향 ■ 영국은 유럽 내 생존문제의 당위성이 동아시아 내 이익보다 더 컸으므로 영일동맹 체결을 절실히 요구	하야시 다다스 비밀회고록은 앤드류 풀리가 번역 · 편집한 것임

넷째, 러일전쟁의 직접적 교전 당사자 중의 하나였던 러시아의 선행연구 내용[표 5]과 관련하여, 예브게니 세르기프(Evgeny Sergeev)와 로스뚜노프(I. I. Rostunov)는 영국이 러시아와의 대결 구도 속에서 일본을 이용하여 대러(對露) 투쟁을 감행하게 만들었다고 주장하였다. 또한 전자는 이러한 관점에 추가하여 러시아가 동북아 문제에 묶일수록 중앙아시아를 통해 인도를 지향하는 러시아의 대영(對英) 위협이 약화된다고 보았고, 후자는 영 · 미가 러시아와 일본의 상호 무력충돌로 인해 약화되기를(play out) 기대하면서 일본의 침략성을 부추겼다고 보았다. 그러나 1898년부터 1904년까지 육군상으로 재직했던 쿠로파트킨은 영 · 러의 세력권 대결 및 극동의 위협 요인에 대해 전혀 언급한 바 없으며 오히려 서부 국경의 독일과 오스트리아의 위협을 중요시했다.

또한 러일전쟁의 발발과 관련한 국제적 사건의 시작에 대하여, 예브게니 세르기프는 크림전쟁(1853~1856)을, 쿠로파트킨은 18세기 러시아 제국의 동북아로의 영토 확장사업을, 로스뚜노프는 청일전쟁(1894~1895)을 주목하였다.

특히, 쿠로파트킨은 군사지휘관의 입장에서 시베리아 및 극동지역의 철도 건설사업의 추진 공정(工程)이 군사력의 운용에 미치는 영향을 세밀히 분석했고, 이를 근거로 1903년 이전과 이후로 구분한 러시아의 군사전략을 설명하였다. 1903년 이전, 쿠로파트킨은 한국 또는 만주 · 우수리 남부를 지향하는 일본군의 전략적 기도를 고려하여, 러 · 일 개전시 주력을 랴오양 일대로 집결시키고 수세적 지연전을 수행할 것을 차르 니콜라이 2세에게 상주(上奏)했다. 철도 여건이 개선된 1903년 8월경, 그는 러 · 일 개전 시 펑티엔 · 헤이코우타이 · 랴오양(奉天 · 黑溝臺 · 遼陽) 축선에서 수세를 유지하고 뤼순(旅順) 요새를 고수하며, 나머지 부대는 하얼빈 방향으로 지연전을 단행할 것을 건의했다. 또는 그는 유럽방면 해군을 극동으로 전환 · 반격하여 일본 지상군의 해상병참선을 차단함으로써 북만주 종심지역에서 일본 지상군 주력을 유인 · 격멸하는 방안을 제안했다. 같은 맥락에서, 로스뚜노프는 1903년 5월 차르가 신 극동정책(new course)을 결심한 후, 개전 초 수세적 지연전을 시행하다가 유럽 방면의 병력이 극동으로 증원된 뒤 공세로 이전하고, 이어서 남만주 및 일본 본도를 공략하는 전쟁전략을 선택했다고 하였다. 물론 쿠로파트킨과 로스뚜노프가 주장하는 러시아군의 전략은 우선적으로 제해권을 확보한 뒤 남만주 지역을 탈취하는데 중점을 둔 일본군의 단기 제한전쟁 전략을 염두에 둔 것이었다.

[표 5] Great Game 구도하 교전 당사재(러시아)의 선행연구 성과

내 용	비 고
1. Evgeny Sergeev: The Great Game(1856~1907): Russo-British Relations in Central Asia and East Asia(2014) ■ 영 · 러 세력권 대결(great game, 영러냉전)의 기간을 축소 (1856~1907), 공간을 확대(중앙아시아→유라시아 전체)	

내 용	비 고
■Great Game을 영국에게 불리하게 만든 결정적 요소는 철도체계, 시베리아 횡단철도는 영국의 해양력을 약화 ■Great Game 구도하 국익의 원천 인도(India)를 사수하려는 영국에 대한 러시아의 위협은 「중앙아시아→인도」 또는 「동북아→인도」 방향으로 지향; 러시아가 동북아 문제에 묶일수록 인도 방면의 대영(對英) 위협은 약화 ＊아프가니스탄 북부 판데(Panjdeh)에서의 영·러 지상 무력대치 사건(1885.3.30~1887.7.22)과 보름 뒤 거문도(Port Hamilton)에서 발생한 영·러 해상 무력 대치사건(1885.4.15~1887.2.27)은 이러한 지리-전략적 관계성 속에서 발생 ■영국은 러시아의 동북아 진출이 자신의 경제·교역 마비에 목적을 둔 '청국을 이용한 인도에 대한 전략적 포위'라고 인식 ＊영국은 러시아에게 4회(1895·1896·1898·1899)에 걸쳐 양국 간 세력권 획정을 위한 논의를 제안했으나 러시아는 거부 ■영·러는 상대방과의 직접적 충돌을 두려워했고, 영국은 청국 또는 일본을 이용한 대러(對露) 투쟁 구상 ＊영·일은 군사비밀 상호교환 협정 체결, 양국 해군은 개전 대비 연합 워게임(war game) 실시; 영국 해군장교들은 일부 일본 전함들(men of war)을 훈련시켜 쓰시마 해전에서 지휘	Ian Gow, Yoich Hirama, John Chapman은 영·일 해군의 연합작전 시 "일본 해군은 영국 해군부대들을 지휘(감독)할 수 있는 능력을 입증했다"고 주장
2. Alexei Nikolaievich Kuropatkin: The Russian Army and the Japanese War - Being historical and critical comments on the military policy and power of Russia and on the campaign in the far east(1909) ■러·일 전구(戰區, theater of war)의 위치, 이 전구를 중심으로 한 인구분포 및 접근 용이성을 고려할 때, 시베리아 횡단철도의 복선화(複線化) 및 조속한 완공이 절실히 필요 ■1903년 이전 러시아군이 판단한 일본군 군사전략 및 러시아군의 대응개념 ＊일본군의 군사전략: 일본군(日本軍)의 전쟁준비는 러시아군보다 양호하여 개전 초기 해군력과 육군력의 우위를 유지; ① 한국 점령으로 군사 목표를 제한하거나 또는 ② 한국 점령 후 만주·우수리 남부에 대한 공세(攻勢) 유지 ＊러시아군의 대응-전략 개념: ① 일본군이 한국 점령으로 군사 목표 제한 시, 일본의 행위를 허용; ② 일본군이 만주·우수리 남부에 대한 공세 유지 시, 일본 육군·해군 격멸; 유럽방면의 증원군 도착 시까지 수세 유지, 일본 육군의 상륙을 지연, 주력부대는 펑티엔·헤이코우타이·랴오양(奉天·黑溝臺·遼陽)으로 집결시키고, 일본군 주력의 만주 지향이 확실해 지면 우수리 남부부대를 만주로 전환 ■1903년 8월 6일 만주 내 철도여건 개선에 따른 전략개념 수정안을 차르 니콜라이 II에게 보고 ＊가정: 러시아 태평양 함대 해군력 증강 및 5개 직통철도 추가 개통에 따라 동북아 내 러·일의 상대적 전투력은 대등 ＊러시아군의 대응-전략 개념: 육군 - 펑티엔·헤이코우타이·랴오양 축선에서 수세 유지, 고립이 예상되는 뤼순요새 고수방어(固守防禦), 잔여부대는 하얼빈으로 철수하여 공세이전 준비; 해군 - 유럽방	러·일 전구 위치 예시도: [그림 21] 참조

내용	비고
면의 해군 증원전력의 교전지역 도착 시 일본 해군에 대한 반격	
3. Alexei Nikolaievich Kuropatkin(심국웅 옮김) - 러시아 군사령관 쿠로파트킨 장군 회고록: 러일전쟁(2007) ■ 18~19세기 러시아는 영토확장 및 발트해·흑해로 진출 노력; 한정된 전투력을 동북아로 전환 시 유럽 서부국경의 대비태세가 취약해짐; 만주 병합 및 동청철도 건설 사업은 국제적 지위의 불안정성을 증가시 켰음 ■ 20세기 초 러시아의 최고 안보현안은 독일·오스트리아와 접한 서부 국경 방어였으므로 일본과의 전쟁은 회피 요망 ■ 1900~1903년 한만(韓滿) 문제 관련 차르 니콜라이 II는 일본과 전쟁을 불원(不願), 그러나 삼국간섭 및 동청철도 부설 결정은 불운한 결정 → 차르는 남만주로부터의 철수 및 일본과의 충돌 회피 건의를 불허 ■ 동북아지역 내 러시아 철도 건설 문제는 전쟁 수행에 있어서 가장 중요했던 사안이었으나, 이 지역 내 철도체계는 무력한 상태였음(적정 철도 수송 소요의 5~6% 충족, 전쟁 소요물자 조달 불가능, 비축품 고갈) ＊1903년 개통을 목표로 추진했던 바이칼호 횡단철도 및 동청철도 는 실제로 러·일 개전 직전까지 미완공; 1905년 8월경 적정 수준 운용	일본의 전(全) 교육기관에서 삼국간섭 관련 러시아에 대한 적개심 및 복수 전쟁 의지 고취 예브게니 세르 기프는 차르가 일본과 전쟁을 원했다고 주장

4. 로스뚜노프(I.I. Rostunov) 외 러시아 戰史연구소(김종헌 옮김): 러 일전쟁사(2004)
■ 청일전쟁(1894~1895) 결과 일본의 요동반도 획득 및 남만주 장악 은 러시아의 우수리 남부를 위협; 재상(財相) 비테는 극동정책(산업경 제 활성화, 시베리아 개발, 극동 방위능력 강화를 위한 시베리아횡단철 도 건설) 구상·추진
■ 1898년 시작된 의화단 반란은 선양(瀋陽)으로 확산; 동청철도 파괴 행위 진압을 위해 러시아는 군대를 만주에 급파; 영국·미국은 러· 일이 충돌하여 약화되기를 기대하면서 일본의 침략성을 부추겼음
  ＊주일 영국공사는 영국 총리에게 "러·일 간 전쟁 불가피, 일본은 TSR 완공 이전 개전을 주장하나 1903년 이전에는 철도 완공이 불가 능"하다고 보고
■ 1901.2~1902.4.8 기간 중 러시아는 만주 주둔 자국군대 철병 조건 으로 동청철도를 북경까지 연장하는 방안을 청국에 요구; 1902.1.30. 영일군사동맹 조약 체결(영일동맹은 영국의 지지를 확보한 일본이 러시아의 극동 내 불충분한 전쟁준비 상태를 간파하여 개전을 결심하 게 만든 중요 계기였음)
■ 1902.4.8. 만주 반환에 관한 러·청 조약 체결; 러시아는 철군 약속 미이행했고 영·미·일은 철병을 요구
■ 베즈프라조프 세력 등장, 만주 고수(固守)에 역점을 둔 차르의 신노 선(1903.5) 결정; 러·일 외교 교섭 공전 및 개전
  ＊러시아: 개전초 수세적 지연전, 피증원 후 공세이전, 남만주·일본 본도 공략; 일본: 제해권 확보, 남만주 탈취를 위한 단기 제한전쟁 수행
	일본 장기(長期) 군사전략의 실 체에 대한 분석 누락
	
	선양(瀋陽)은 펑티엔(奉天) 또는 무크덴으 로 불렸음

다섯째, 러일전쟁의 직접적 교전 당사자로서 러시아와 싸웠던 일본의 선행연구[표 6] 결과는 러일전쟁과 영국 대외정책의 상관성을 설명하는 데 있어서, 와다 하루키를 제외하고, 대체로 하나의 방향성을 보인다. 우선 와다 하루키는 이 전쟁의 국제적 배경을 한국·러시아·일본 삼국의 국제관계로 한정함으로써 당시 유럽 국가들 사이의 갈등 요인이 어떻게 동아시아로 전이되었는지를 전혀 설명하지 않았다. 그러나 와다 하루키를 제외한 5명의 선행연구관은 모두 일본이 영국의 지지를 받아 러시아에 대항한 것이 러일전쟁이라는 일치된 견해를 유지하고 있다. 예를 들면 후지와라 아키라는 영·미가 일본을 앞세워 러시아에게 반발하게 함으로써 러일전쟁의 원인이 조성되었다고 말했고, 토다카 가즈시게는 전쟁에서 승산(勝ち目, かちめ)이 없었던 일본이 영·미의 지지를 받아 러일전쟁을 수행했다고 언급했으며, 하야시 다다스는 영일동맹이 없이는 일본이 쓰시마 해전에서 결코 승리를 얻을 수 없었을 것이라고 단언했다.

또한 후지와라 아키라는 삼국간섭(1895)을, 토다카 가즈시케는 유럽의 삼국동맹(1882, 獨·墺·伊)을, 하라 아키라는 청일전쟁(1894~1894)을, 와다 하루키는 조선 정부의 대러(對露) 접근(1884)을, 특명전권공사로서 영일동맹 조약문서에 서명했던 하야시 다다스는 영일동맹(1902)을 러일전쟁 원인의 시발점으로 보고 있다. 하야시 다다스는 이토 히로부미가 "영국이 우리와 동맹을 절실히 필요로 하는 이유는 자신의 부담을 우리에게 지워 우리를 이용하려고 하기 때문이다"[6]라고 언급한 점을 들어 그를 비난했으며, 일본 정계가 친영파 및 친러파로

---

6 하야시 다다스/A.M. 폴리 엮음/신복룡·나홍주 옮김, 『하야시 다다스(林董) 비밀회고록』(서울: 건국대학교 출판부, 1989), 166.

나뉘어 반목했던 정황을 인정했다.

특히, 후지와라 아키라는 러일전쟁 당시 실행된 일본의 군사작전 계획과 관련, 일본 해군이 제해권을 획득한 뒤 육군은 제1·2기 작전을 시행하여 2개의 야전군을 한국 및 요동반도에 상륙시켜 요양을 점령하고, 여순 요새에 대한 감시 또는 점령은 상황에 따라 추진하도록 되어 있었다는 점을 설명했다. 그러나 제3기 작전 및 그 이후의 작전 계획이 무엇인지, 유럽 방면의 러시아 해군에 의해 해상 병참선이 차단될 경우에 대비한 우발계획이 무엇인지는 전혀 언급한 바가 없다. 같은 맥락에서, 하라 아키라는 개전 후 러시아군이 만주에서 퇴각전략으로 일관하여 일본군의 병참선을 신장시켰던 시대, 혹한의 동계작전에 직면하여 만주 내륙에서 유인·격멸당할 위기에 처했던 일본군 지상부대의 난관을 지적했다.

[표 6] Great Game 구도하 교전 당사자(일본)의 선행연구 성과

내 용	비 고
1. 후지와라 아키라(藤原彰/서영석 옮김): 日本軍事史(2012) ■ 삼국간섭은 일본 국민의 적개심, 와신상담(臥薪嘗膽) 정신 제고, 일본은 대러(對露) 전쟁 대비 군비확장 ■ 의화단 사건(1898~1901) 빌미로 러시아가 만주를 점령하자 영·미는 일본을 앞세워 러시아에 반발하게 함으로써 러일전쟁의 원인 조성; 일본은 1902.1월 영일동맹을 맺고 러일전쟁 준비; 일본은 1903년 시베리아 횡단철도(TSR) 완공 예상 ■ 일본은 대러(對露) 타협전략 또는 군사적 대항전략 고려; 1903.5월 니콜라이 II는 신노선 발표 후 강경한 극동정책 추진 ■ 일본이 판단한 러시아의 군사작전 계획 　＊러시아군은 개전 초 결전 회피, 일본군을 지연 및 북방으로 유인; 유럽지역의 증원군 통합하여 랴오양(遼陽) 또는 하얼빈(哈爾濱) 부근에서 결전; 러시아 유럽해역 함대는 1904년 3월 중순 증파 예상되며, 그 이후 러·일의 세력관계는 역전 ■ 러시아의 군사작전 계획에 대응한 일본군의 군사작전 계획 　＊제1·2기 군사작전: 제해권 획득, 제1군 및 제2군을 각각 한국 및 요동반도에 상륙시켜 랴오양(遼陽)을 점령; 뤼순(旅順) 요새에 대한 감시 또는 공격 여부는 추후 결정, 우수리 방면에 1개 사단 투입	제2기 이후 군사작전 계획 불명확 작전 결과로 드러난 일본군 상황판단의 오류 및 병력조기 소진(消盡) 문제 지적

내 용	비 고
2. **토다카 카즈시게**(戶高一成): 日淸日露戰爭 入門(일청일로전쟁 입문)(2009) ■ 러일전쟁은 러시아에 비해 열세하여 승산(勝ち目, かちめ)이 없었던 일본이 러시아의 팽창정책에 위협을 느낀 영국 및 미국의 지지를 받아 질 수 없다는 신념으로 수행한 전쟁 　＊유럽 내 삼국동맹(1882, 獨·奧·伊) 대 러불동맹(1891)의 대립구도하 고조된 긴장이 동북아에서 러일전쟁으로 발발, 영·미는 일본을 지지 　＊러일전쟁 당시 일본 해군이 사용한 주요 전함의 80%는 영국산, 20%는 프랑스산 및 독일산 ■ 러시아의 동북아 팽창전략에 대해 일본 정부는 러일협상론 대 영일동맹론으로 나뉘었고, 영일동맹을 배경으로 대항하는 일본에 대해 러시아 정부는 주전론(니콜라이 II) 대 전쟁회피론(비테)으로 갈등 　＊일본 비전론자는 만한교환론에 의거 교섭 시작, 차르 니콜라이 II는 한반도 내 권리에 집착하여 만한교환론에 비타협	러·일 군(軍)의 군사전략 및 작전계획 미설명
3. **하야시 다다스**(林董/A.M. 풀리 엮음/신복룡·나홍주 옮김): 하야시 다다스 비밀회고록(198119) ■ 쓰시마 해전은 세계전쟁사에 유례가 없는 일이었지만, 그 승리는 영일동맹 없이는 결코 얻을 수 없는 것이며, 이 동맹 덕분에 또 다른 전쟁이 발발할 가능성을 제거했음 ■ 영국이 일본을 포기하고 러시아와 동맹을 맺을 것이 우려되는 국제정세하, 영·일 양국이 동맹을 체결하여 운명을 같이 함으로써 극동의 패권을 유지해야 함 ■ 적대관계에 놓여 있었던 러시아 및 영국은 각각 일본과의 동맹관계 선점(先占)을 위해 치열한 외교적 경쟁을 벌였음(일정별 세부내용 ☞ 붙임 5 참조) 　＊1901.6.2, 친러파 이토 히로부미(伊藤博文) 내각 사퇴 후 등장한 친영파 카츠라 타로(桂太郞) 내각은 러일협정 가능성을 영국에 비춤으로써 영국이 일본이 원하는 조건으로 영일동맹을 체결하도록 유도["어느 때나 어떤 외국에 의한 침략의 위협이 있을 때, 두 동맹국은 단계적 조치를 취한다"는 문구를 포함함으로써 영일동맹의 적용범위에서 인도(India) 제외]	친영파 林董은 친러파 이토 히로부미와 대립했고, 청국 내 이권 문제를 전쟁으로 해결하자고 주장
4. **와다 하루키**(和田春樹/이경희 옮김): 러일전쟁과 대한제국(2011) ■ 시바 료타로(司馬遼太郞)가 러일전쟁을 제국주의 시대에 궁지에 몰린 일본이 사력을 다한 방어전으로 미화했으며, 종전 후 일본정부도 이 전쟁을 절대화하고 일본군의 신비한 강인성을 신격화하여 일본 국민을 백치화(白痴化)했음 ■ 일본인들은 이 전쟁을 러·일 양국에 국한하지 말고 한국·러시아·일본 삼국의 관계를 놓고 생각해야 함 　＊러·일 양국 간 의사소통이 보다 철저했더라면 피할 수도 있었던 전쟁으로서 한국 지배권 획득을 위한 침략전쟁이었음 ■ 조선 정부의 대러시아 접근 정책, 청일전쟁·삼국간섭, 민비(閔妃) 시해 및 아관파천, 러일협정 시도 및 무산, 러시아의 강경한 극동정책 선택, 러·일 교섭 실패로 이어지는 일련의 사태들은 러·일 개전으로	필자는 러일전쟁을 동북아 3국으로 한정; 유럽 지역의 국제문제와 그 파급효과 미분석

내 용	비 고
연결됨	
5. 하라 아키라 (原朗/김연옥 옮김): 청일·러일전쟁 어떻게 볼 것인가 (2015) ■ 청일전쟁 및 러일전쟁은 모두 한반도 지배권을 놓고서 일본이 청국 및 러시아와 벌인 전쟁; 전자는 제1차 조선전쟁, 후자는 제2차 조선전쟁으로 볼 수 있음 ■ 러일전쟁은 19세기 말, 20세기 초 지구를 지배했던 영국이 아시아지역에서 러시아·프랑스·독일에 대한 대항세력으로서 일본을 이용하는 과정에서 발생한 전쟁; 일본이 러시아에게 이겼다고 보기 어려움 ■ 러시아군은 만주에서 퇴각전략으로 일관하여 일본군의 병참선을 신장시킨 뒤 최후에 유인·격멸 시도; 일본군은 북상할수록 전선(戰線)이 확대되었고 기동력이 둔화되었음	러일전쟁을 조국 방위전쟁으로 보는 시바 료타로의 역사관에 대해 부정적

결론적으로, 이 글의 주제인 그레이트 게임과 러·일 개전의 관계성 문제에 있어서 전장 제공자(한국·중국), 역외세력 균형자(영국), 교전 당사자(러시아·일본)의 선행연구관들은 ─영국의 피터 홉커크와 F. R. 세커, 러시아의 쿠로파트킨, 일본의 와다 하루키를 제외하고─ 공통적으로 상관관계가 존재함을 인정하고 있다.

또한 러일전쟁의 원인(原因)이 조성된 시점에 대한 견해는 다소 상이하며, 이를 요약해 보면 아래의 [표 7]과 같다. 이를 분석해 보면 한국은 러불동맹(1891), 중국은 청일전쟁(1894~1895), 영국은 러시아의 쓰시마섬 침공(1861), 러시아는 크림전쟁(1853~1856), 일본은 삼국동맹(1882) 이상의 과거로 소급하여 이 전쟁의 원인을 찾으려 하지 않고 있음을 알 수 있다. 한편, 5개 범주에 속하는 국가의 선행연구관들의 견해는 큰 틀에서 두 가지로 나뉘는 바, 하나는 청일전쟁에서 탈취한 전리품인 요동반도를 러시아 주도의 삼국간섭(1895.4~6)에 의해 빼앗긴 뒤에 모멸감과 분노를 느낀 일본이 주동적으로 보복전쟁을 수행했다고 보는 것이고, 다른 하나는 러시아와 싸울 경우 승산이 없다고 판단한 일본이 영국에 의존하여 또는 영국의 전략적 선택에 의해 피동적으로 러시아에 대해 전쟁을 하지 않을 수 없었다는 것이다.

[표 7] 러일전쟁의 원인 조성 시점

한 국	중 국	영 국	러시아	일 본
러불동맹, 청일전쟁, 삼국간섭, 을미사변, 의화단사건	청일전쟁, 무술정변(1898)	러시아의 쓰시마 섬 침공(1861), 러시아의 사할린 섬 획득(1875), 영일동맹	크림전쟁 (1853~1856), 18세기 러시아의 동북아 영토 확장, 청일전쟁	삼국동맹 (1882), 조선의 대러(對露) 접근 (1884), 청일전쟁, 삼국간섭, 영일동맹

삼국간섭 이후 격변했던 동북아의 정세를 인식하고 설명하는데 필요한 사실(史實)로서 문서화된 각종 협정(동맹·협약·조약·계약), 선언 등7을 꼽을 수 있다. 그러나 러일전쟁에 관련된 국가들이 역사 인식 및 해석 태도가 상이하고, 자국의 이해관계를 고려하여 협정·선언 내용을 취사선택(取捨選擇)하고 있음이 현실이다. 따라서 각 국가별로 서술해 놓은 러·일 개전의 원인은 상이할 수밖에 없고, 누락 또는 왜곡 요소들이 적지 않게 존재하고 있다.

---

7 러일전쟁 관련 5개 국가의 선행연구 문헌을 분석한 결과 확인된 각종 협정(동맹·협약·조약·계약) 및 선언은 다음과 같다: 베베르-고무라 협정, 러·청 비밀동맹, 로바노프-야마가타 협정, 조·러 비밀협정, 조선 산림회사 설립 협정, 카시니 협정, 페테로프 구두 협약, 교주만·위해위·요동반도·광주만 조차 협정, 로젠-니시 협정, 스콧-무라비요프 협정, 한·러 마산포 조차 협정, 영·독 양자강 협정, 알렉세예프-증기 협약, 람스도르프-양유 협약, 신축조약, 영일동맹, 러불선언, 러·청 만주철병조약, 한불·한러 경의선 철도 부설 계약, 한국 전시 중립 선언 등(세부내용: 붙임 6 참조).

제2부

19세기 내내
영국과 러시아는
어떻게 유라시아에서
각축(角逐)을 벌였나?

I. 유라시아 주요 지역 간 지리적 연계성 증가

1. 유라시아 주요 지역 구분 및 관계

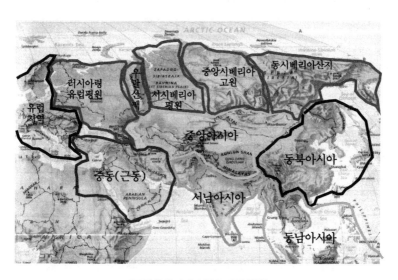

[그림 1] 유라시아 주요 지역 구분[1]

유럽으로부터 동아시아까지 한 덩어리의 땅(a landmass)으로 형성

---

1 유라시아 주요 지역 구분도의 밑바탕 채색지도는 맥넬리 세계지도에서 인용하였다
(Brett R. Gover & Anne Ford, *Classic World Atlas* [Skokie: Rand Mcnally and
Company, 2005], 5).

되어 있는 유라시아는 유럽지역, 러시아령 유럽평원, 우랄산맥, 시베리아(서·중앙·동), 중동(근동)·중앙아시아·서남아시아·동아시아(동북·동남) 지역으로 구분할 수 있다.

미국 국립지리학회의 정의에 따르면 중동 및 근동은 같은 영토를 의미하며, 이 지역은 "대체로 아라비아반도, 사이프러스, 이집트, 이라크, 이란, 이스라엘, 요르단, 레바논, 팔레스타인 영토, 시리아, 터키를 포함하는 것"으로 인식되어 있다. 2

중앙아시아는 범위가 명확히 규정되어 있지는 않지만, 일반적으로 동투르키스탄(중국 신지앵[新疆: 중가리아 초원·타클라마칸 사막 및 시짱[西藏: 티베트]), 서투르키스탄(투르크메니스탄·우즈베키스탄·타지키스탄·키르기스스탄), 카자흐 초원, 몽골, 아프가니스탄 북부 등 강물이 외해로 흘러들어가지 않는 '내륙 아시아'를 의미한다.3

동아시아는 한국, 중국의 동부, 일본, 러시아의 극동지역으로 구성된 동북아시아와 인도차이나반도와 말레이 제도(諸島)로 구성된 동남아시아로 구분할 수 있다. 아울러 인도·방글라데시·파키스탄·아프가니스탄 남부를 포함하는 서남아시아는 중앙아시아의 남측에 인접하여 인도양을 향해 돌출되어 있다.

중앙아시아의 북측 한계인 북위 50도 선 이북으로는 5개의 지질학적 차이를 보이는 러시아의 영토—유럽평원(plain), 우랄산맥, 서시베리아 평원, 중앙 시베리아 고원(plateau), 동시베리아 산지(uplands)—가 서에서 동으로 연결되어 있다.4

2 http://stylemanual.natgeo.com/(검색일: 2017. 7. 24).

3 http://100.daum.net/encyclopedia/view/b20j0227b(검색일: 2017. 7. 24).

4 Robert H. Donaldson & Joseph L. Nogee, *The Foreign Policy of Russia: Changing Systems, Enduring Interests* (New York: M.E.Sharpe, 2005), 18.

이러한 지리적 조건과 관련하여 할포드 존 매킨더는 1904년 영국 왕립지리학회에서 '역사의 지리적 중심축'(geographical pivot of history) 이론5을 발표하였다. 그는 러시아령 유라시아평원(러시아령 유럽평원·우랄산맥·시베리아 전역), 중앙아시아, 아라비아반도 및 이집트를 제외한 중동으로 구성되는 세계 중심부(또는 중심축)의 땅은 유럽·아시아·아프리카와 상호 연결되어 있을 뿐 아니라 외곽 또는 도서국가군 (outer or insular crescent)6이 중심축의 영향을 받도록 힘을 발휘한다고 평가했다. 또한 그는 중심부를 지배하는 자는 유럽·아시아·아프리카를 지배할 수 있고, 더 나아가 세계를 지배할 수 있다고 주장했다.7 한편, 그는 어떤 단일 국가가 중심부를 정치적으로 그리고 효율성 있게 지배하는 것은 다음과 같은 두 가지 이유로 인해 실현 불가능하다고 판단했다. 즉, 중심부의 북쪽은 결빙으로 인해 그리고 남쪽은 산악 및 사막으로 인해 해양세력으로부터 보호를 받고 있고, 중심부를 지향한 동측 또는 서측으로부터의 침략행위는 효율적인 수송수단이 결여되어 지속적으로 인력과 보급품이 조달될 수 없으므로 성공할 수 없다는 것이다.

2. 각 지역 사이의 육상 및 해상 교통여건

십 년이면 강산이 변한다는 속담이 암시하듯, 자연이 부여한 19세

---

5 이 이론은 중심부 이론(heart land theory)으로 불리기도 한다.
6 핼포드 존 매킨더는 외곽 또는 도서국가군에 영국·일본과 같은 중심축 근해의 해양국가 (offshore islands)와 북아메리카·남아메리카·오스트레일리아와 같은 원해의 해양 세력(outlying islands)이 포함된다고 주장했다.
7 H. J. Mackinder, *Democratic ideals and reality; a study in the politics of reconstruction* (London: Constable and Company, Ltd., 1919), 150.

기의 지리적 조건은 인간의 자연환경을 개선시키기 위한 노력 및 토목기술의 발달에 의해 계속 변화해왔고, 증기기관차 및 증기선과 같은 수송수단에 의해 그 제한사항이 극복되어 왔다.

유럽, 중동(근동), 중앙아시아, 동아시아, 서남아시아는 내륙으로 연결되어 있고, 각 지역에는 사방으로 흐르는 크고 작은 하천에 의한 내륙수로가 발달되어 선박의 운항이 용이하였다. 우랄산맥은 유럽과 아시아를 구분한다고 하지만, 매우 완만한 경사로 인해 증기기관차와 철도로도 아주 쉽게 극복할 수 있었다. 육상에서는 증기기관차의 제작/운용, 제철 및 철제궤도 설치 기술로 인해, 그리고 해상에서는 수에즈 운하의 개통(1869) 및 증기선의 발달로 인해 유라시아 내부 각 지역 사이의 교통여건은 획기적으로 개선되었다.

반면, 유라시아 각 지역들 사이의 교통여건의 개선은 어떤 지역에서 발생한 사태가 다른 지역으로 이전보다 더욱 빠르게 전파되어 더욱 큰 파급력을 갖게 되었음을 의미하였다. 소위 지구화론자(地球化論者)들이 말하는 인간 사회들 간 교류의 확대 현상에 따라 재화(財貨)·기술/정보·문화적 가치의 교류뿐 아니라, 전쟁이 수행되는 지리적 공간이 지구적 차원으로 확대되고 그 투쟁 방법 및 수단도 보편화되기 시작한 것이다.

러일전쟁(1904~1905)이 발발하기 직전까지 유라시아 지역 내 상호인접해 있는 주요 지역들(immediate regions) 사이의 교통여건은 철도 및 선박을 이용하여 점진적으로 개선되어가고 있었으나, 철도라는 전천후 지상 수송수단의 등장은 대륙국가의 지상력(land power)를 강화시켰을 뿐 아니라, 해양국가가 누려온 해양력(sea power)을 상쇄 내지 능가하는 현상을 초래하기에 이르렀다.

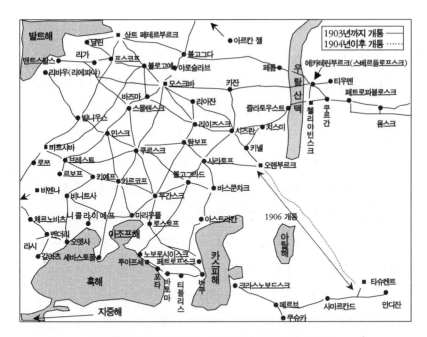

[그림 2] 러시아령 유럽평원 내 철도 건설 현황(1836~1903)[8]

그러나 러일전쟁(1904~1905) 발발 직전까지 러시아령 유럽평원과
유럽 중부 및 남부를 제외한 다른 지역에는 철도망의 건설 상태가 미
흡하거나 불비하였으므로 육상으로 이동할 경우 직접 걷거나 말·낙
타와 같은 동물을 타고 이동하는 수밖에 없었다.

따라서 1916년 시베리아 횡단철도(모스크바~아무르강 북안~블라디
보스토크), 1906년 아랄해 횡단철도(오렌부르크~타슈켄트)가 완전히
개통되기 이전까지 러시아령 유럽평원과 유라시아의 극동지역 사이
에서 인력 및 물자를 교류하는 것은 부분적으로 건설된 철도를 내륙

---

8 이와 같은 철도망 개설 현황은 다음의 책자에 대한 분석에 근거한다: A.D. de Pater
& F.M. Page, *Russian Locomotives Volume 1, 1836~1904* (West Midlands:
Retrieval Press, 1987), 9-217. 이 책자가 제시한 36개 구간에 대한 철도 건설 현황은
이 글의 붙임 1로 첨부하였다.

하천과 연계시켜 적재와 하역을 반복하면서 구간별로 수송하거나, 또는 북해 ↔ 대서양(또는 지중해·홍해) ↔ 인도양 ↔ 태평양으로 연결되는 해로를 따라 바다로 운송을 해야 했으므로 매우 비효율적이었다.

위 [그림 2]와 같이 유럽평원 내 철도체계의 발전 및 확장은 내륙국가 러시아의 군사력 운용에도 지대한 영향을 주었는바, 증기기관차가 도입되고 철로가 본격적으로 가설되기 시작한 1836년부터 1903년 말(러일전쟁이 발발 직전)까지 상트 페테르부르크 및 모스크바로부터 남서쪽으로 바르샤바를 경유 오스트리아의 비엔나 및 발칸반도 동부의 갈라츠·라시까지, 남쪽으로 쿠르크스-차르코프를 경유 흑해의 항구 오뎃사·세바스토폴·마리우폴·로스토프·노보로시이스크까지, 동남쪽으로 사라토프-바스춘차크를 경유 카스피해의 항구 아스트라칸·페트로프스크·바쿠까지, 동측으로 시즈란-즐라토우스트를 경유 우랄산맥 동측의 첼리야빈스크까지 철도가 매우 유기적으로 연결되어 있었다. 이 지역에 잘 발달된 철도체계는 이 지역과 중부유럽 또는 발칸 또는 코카서스 사이의 육상 교통여건을 획기적으로 증진시켰다.

유라시아를 동서로 아우르는 러시아 내부의 철도망은 인구의 대부분이 거주했던 유럽평원에 집중되어 있었다. 러시아가 유럽평원 내부 철도건설에 집중한 이유는 이 지역에 대한 인구·산업·경제활동의 편중성을 감안한 결과일 뿐 아니라, 이 지역과 인접한 독일 및 오스트리아-헝가리의 철도망이 러시아 서측 국경지역에 대하여 미치는 군사적 위협을 상쇄 또는 압도하는 데 있었다.

또한 러시아는 1898년 남쪽의 흑해와 북쪽의 발트해를 거대한 수로로 연결하고 각 지방에 산재한 각종 하천을 서로 연결시키는 —총거리가 600~800마일에 달하는— 광폭의 수로건설 사업을 완성하여 러시아령 유럽지역에서도 배타적·전략적 이익을 챙기려고 구상했다. 이러한 보통 이상의 규모와 용적(容積)으로 건설되는 유럽평원 남북 관통 거대 수로 건설사업은 상업적 용도에 추가하여 해군의 무기를 국제수로에 의존하지 않고 러시아 영토를 통해 흑해와 발트해 사이로 자유롭게 왕래할 수 있도록 보장하는 데 그 목적이 있었다.9

중앙아시아에서는 파미르고원 및 힌두쿠시·카라코룸·히말라야 산맥이 동서로 발달되어 러시아의 남하를 막아주는 천연적 장애물 역할을 할 것이라는 영국인들의 기대와 달리, 고원 및 산맥 사이의 협곡으로 상당 규모의 무장된 부대가 걸어서 접근할 수 있는 통로들이 여러 곳에 존재했다. 따라서 영국의 사활적 이익이 달린 식민지로서 국익의 원천이었던 인도(印度)는 러시아의 군사적 위협에 늘 노출되어 있었다. 또한 유독 외해(外海)와 단절된 이 지역은 선박을 이용하여 바로 접안할 수 있는 곳이 하나도 없었으므로, 근대적 교통수단으로서 철도의 건설 및 활용이 절대적으로 요구되었다.

그럼에도 불구하고 유럽평원 내 잘 구축된 철도망과 연결된 카스피해의 수로(水路: 바쿠~크라스노보드스크)와 그 동측 투르키스탄 지역을 북서에서 남동 방향으로 가로지르는 중앙아시아 철도(카스피해 횡단철도)로 인해, 유럽 중서부의 열강은 유사시 코카서스·투르키스탄 주둔 러시아 군사력이 유럽 방향으로 전환될 가능성을 두려워했다. 또한 영국은 이 지역의 러시아 군사력이 사활적 식민지 인도(印度) 내부로 침공할 가능성을 심각하게 우려했다.

9 John W. Bookwalter, *Siberia and Central Asia* (London: FB &c Ldt., 2015), 272.
10 이와 같은 러시아의 철도망 개설 현황은 다음의 책자에 대한 분석에 근거한다: A. D. de Pater & F.M. Page, *Russian Locomotives Volume 1, 1836~1904* (West Midlands: Retrieval Press, 1987), 9-217. 이 책자가 제시한 36개 구간에 대한 철도

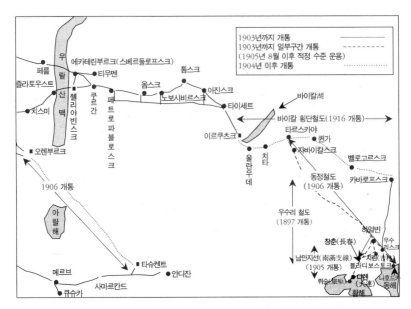

[그림 3] 러시아령 아시아지역 내 철도 건설 현황(1836~1903)[10]

우랄산맥 동측의 광활한 시베리아는 태평양과 만나 러시아의 숙원이었던 해양으로의 출구를 제공했다. 그러나 동시베리아 산지의 동해안은 상대적으로 높은 위도에 위치했을 뿐 아니라 매년 대부분의 기간 동안 결빙되어 전천후 항구로서 기능을 발휘하지 못했다. 이러한 지리·기상적 제한조건은 러시아가 해양력보다는 지상력에 의존할 경우 시베리아를 더욱 효율적으로 활용할 수 있음을 의미했다.

위 [그림 3]과 같이 러시아 정부가 인식한 시베리아 횡단철도(TSR: Trans-Siberian Railway, 모스크바~이르쿠츠크~아무르강 북안~블라디보스토크) 개발사업의 의미는 복합적 성격을 띠고 있었다. 그 중 중요한 점을 나열하면 다음과 같다: 첫째, 대외적으로 태평양 및 동아시아에 이르

건설 현황은 이 글의 붙임 1로 첨부하였다.

는 시베리아를 개발하여 동양(특히 청국) 및 미국과의 교류를 활성화하고 둘째, 대내적으로 낙후되었지만 방대한 토지와 자원을 공급하는 시베리아를 개발하여 경제를 발전시키며 셋째, 우랄산맥 동서의 방대한 영토를 연결하는 물류체계를 구비함으로써 산업 및 상업을 발전시키며 넷째, 유사시 유럽지역의 군사력을 신속히 내륙을 통해 동아시아로 전환시킴으로써 아시아지역의 위협에 대처할 수 있는 능력을 갖추며 다섯째, 유럽지역 러시아인들과 문화적 이질감을 느낄 뿐 아니라, 분리주의 정책을 추구할 가능성이 있는 시베리아지역 러시아 주민들을 문화적으로 통합하며 여섯째, 시베리아의 발전에 힘입어 러시아가 총체적으로 번영하게 함으로써 절대군주제를 타도하려고 시도해온 진보적 혁명세력의 위협을 제거하는 데 있었다.[11]

특히 이 철도의 주요 기능을 살펴볼 때, 바이칼호 서측 구간은 유럽평원 내 과밀한 인구를 이주시키고 광물자원을 개발하여 국부를 늘리는데 주안을 둔 반면, 바이칼호 동측의 인구밀도가 희박한 구간은 단지 군사·전략적 고려사항에 의해서만 정당화될 수 있었다[12]는 러시아 정부의 판단은 동청철도·바이칼 횡단철도·우수리철도가 경제보다는 군사적 목적을 우선시하여 건설된 철도임을 입증한다.

1887년 6월 알렉산드르 3세의 결심에 의해 건설이 확정된 시베리

---

11 알렉산드르 3세 밑에서 재상(財相) 및 운수상(運輸相)을 역임하면서 시베리아 횡단철도 건설사업을 주도했던 세르게이 비테는 "시베리아 횡단철도는 마치 누룩(leaven)과도 같아서 러시아 국민들이 동질감을 느끼도록 하는 문화적 발효(cultural fermentation) 효과를 발휘할 것이고, 자신이 그토록 지지하지만 혁명세력에 의해 늘 위협을 받고 있는 군주정치(君主政治, monarchy) 체제도 이 철도와 더불어 러시아가 번영한다면 구원을 받을 수 있을 것이다"라고 주장하였다(Christian Wolmar, *To the Edge of the World: The Story of the Trans-Siberian Express, the World's Greatest Railroad* [New York: Publick Affairs, 2013], 56).

12 상게서, 36.

아 횡단철도(TSR)는 1891년 3월 이 철도의 주요 구간들에 대해 동시에 착공이 시작되면서 건설에 들어갔다. 그러나 TSR은 1896년 러·청 비밀동맹(李-로바노프 조약)[13]에 근거하여 1897년부터 만주(滿洲)를 관통하는 동청철도(東淸鐵道, CER: Chinese Eastern Railway)로 노선을 변경함으로써 애초 계획했던 아무르강 북안의 바이칼 횡단철도 공사가 보류되었다.

1904년 2월 러일전쟁이 발발하기 직전까지 TSR은 첼리야빈스크~이르쿠츠크의 시베리아철도 구간(1898년 개통), 카바로프스크~블라디보스토크·나호드카의 우수리철도 구간(1897년 개통), 동청철도(러·일 개전 직전까지 미완공, 1905년 8월 적정수준 운용)[14]의 일부 구간만이 개통되어 모스크바로부터 블라디보스토크까지를 일거에 연결하

---

13 "두 체약국은 동아시아에서 러시아, 청국 영토, 혹은 조선에 대해 일본이 공격할 경우 상대국을 원조한다. 청국은 위협받는 지점에 러시아 지상군의 접근을 용이하게 하고, 이 지상군의 생존수단을 확보하기 위해 지린(吉林)과 아무르강 지역의 청국 영토를 가로질러 블라디보스토크으로 향하는 철도 노선의 부설에 동의한다" (A. 말로제모프/ 석화정 역, 『러시아의 동아시아 정책』 [서울: 지식산업사, 2002], 125-126; Rotem Kowner, *Historical Dictionary of the Russo-Japanese War* [Maryland: Scarecrow Press, 2006], 209-210).

14 ① 석화정은 동청철도가 1897년 8월 하얼빈을 분기점으로 하여 두 구간으로 나누어 착공되었고, 1901년 11월에는 동부구간이, 1903년 1월에는 서부구간이 개통되었다고 주장(석화정, "露佛同盟과 위떼의 東아시아정책," 한양대학교 박사학위논문 [1994], 97); ② AD de Pater와 FM Page는 이 철도가 1904년에 개통되었다고 주장 (AD de Pater & FM Page, *Russian Locomotives*, Volume I, 1835 to 1904 [Sutton Coldfied: Aston University, 1987], 210); ③ 로스뚜노프는 "러일전쟁 발발 전까지 시베리아 횡단철도는 완공된 상태가 아니었고 그 수송능력 또한 극도로 낮았다"고 주장(로스뚜노프 외 전사연구소/김종헌 옮김, 『러일전쟁사』 [서울: 건국대학교 출판부, 2004], 79); ④ 러시아 육군상 쿠로파트킨은 1903년 개통을 목표로 건설을 시작한 동청철도가 1905년 8월 적정 수준으로 운용이 가능해졌다고 주장(Alexei Nikolaievich Kuropatkin/심국웅 옮김, 『러시아 군사령관 쿠로파트킨 장군 회고록: 러일전쟁』 [서울: 한국외국어대학교 출판부, 2007], 56, 62, 97, 106, 109, 115, 126, 145).

는 철도로서 기능을 발휘하지 못했다.

　19세기 초 자연적 지형조건의 제약사항을 극복하게 한 기술력의
돌파(technical breakthrough)는 증기기관차 및 철도의 발명으로 나타났
고, 이 문명의 이기(利器)에 의해 유라시아의 중심부의 교통여건이 획
기적으로 개선되었다. 수에즈 운하의 개통 이후 해상 운항소요가 대
폭 줄었지만, 이 운하의 개통도 땅 위의 지형조건을 인위적으로 바꿈
으로써 가능한 일이었다.

　이처럼 19세기 철도망의 확충 및 수에즈 운하의 개설로 인하여 다
양한 육상 및 해상 통로들이 상호 효율적으로 연계됨으로써 인류의
이동 및 운송 능력은 이전보다 획기적으로 증진되었다.

3. 증기기관차/철도 · 증기선의 등장 및 전략적 효과

　19세기 이전 시베리아의 주거환경을 살펴보면, 덥고 짧은 여름에
는 각종 곡물을 대량으로 생산하고 가축을 방목하기에 용이했다. 연
수육로(連水陸路) 방식의 하천과 육로를 연계한 이동 및 운송이 가능
했지만, 하절기에는 맨땅의 육로가 습지나 진흙길이 되어 교통여건이
불량했다. 긴 겨울에는 혹독한 추위로 하천은 결빙되고 많은 적설과
눈바람까지 가세하여 수로(水路)로서의 기능이 불가능했으므로 사람
들은 말이 끄는 썰매를 장착한 마차를 이용해야 했다. 이처럼 원시적
인 주거 여건을 타파할 수 있는 대안으로서, 1804년 영국에서 최초로
개발된 증기기관차와 철도가 러시아에 소개되었다.[15]

---

15 러시아에 1836년부터 1900년까지 영국·프랑스·벨지움·독일·오스트리아에서 제작
　한 약 4,000량 가량의 기관차가 도입되었고, 1837년에는 6피트 폭(추후 표준궤도인

철도체계는 말(馬)의 동력을 빌린 위험하고 효율성이 낮은 재래식 수송방법을 탈피하게 하였고, 그 대신 월등히 뛰어난 동력을 지닌 증기기관차의 전천후 운용을 보장했다. 또한 주요 해상 운송수단은 증기력으로 추진되는 선박이었는데, 이러한 방식의 증기선의 효율성은 종전의 범선(帆船) 수준의 선박들과는 견줄 수 없을 정도로 탁월했다. 그 뿐 아니라 1869년 수에즈 운하가 개통됨으로써 유라시아의 동서를 왕래하기 위해 어쩔 수 없이 아프리카 대륙을 남쪽으로 돌아 항해해야 했던 수고도 덜게 되었다.

증기력 및 제철능력을 이용한 19세기 교통기술의 결정판이었던 철도체계의 유용성을 국가전략적 차원에서 예측한 선견자들은 여럿이 있었다. 할포드 매킨더는 19세기에 들어 "유라시아가 방대한 규모의 철도망으로 뒤덮이기 시작함에 따라 동유럽을 출구로 이용하여 어떤 유럽의 강국이 중심부로 진출할 수 있을 것"[16]이라고 주장했다.

폴 케네디는 1880년대 이후 영국의 해양력(sea power)이 지상력(land power)과의 관계에 있어서 역량이 감소되기 시작했고, 이러한 현상이 발생하도록 한 것은 철도였다고 주장했다. 또한 그는 철도가 러시아의 각 지역을 연결시켜 산업인력의 원활한 이동, 천연광물 및 농산물을 포함한 다양한 원자재 및 산업제품의 효과적 유통을 보장함으로써 러시아의 산업화를 가능하게 했다고 평가했다. 아울러 그는

5피트 폭으로 조정)의 철도가 개통되어 상트 페테르부르크에서 차르스코에 셀로까지 8량의 열차를 달고 평균 시속 30마일로 28분 만에 주파했음. 이어서 1844년 상트 페테르부르크와 모스크바 사이에 니콜라이 철도 건설이 확정되어 1847년 완공되었다 (Christian Wolmar, 전게서, 15.; AD de Pater & FM Page, *Russian Locomotives: Volume 1, 1936~1904* [Sutton Coldfield: Retrieval Press, 1987], 9).

16 http://www.unc.edu/depts/diplomat/AD_Issues/amdipl_14/sempa_mac1.html (검색일: 2017.7.26).

해안은 적지만 인구가 많고 영토가 넓은 내륙국가들은 철도를 위시로 한 육상 교통수단의 발전 덕분에 자체 가용자원을 효율적으로 이용할 수 있게 된 반면, 네덜란드 및 영국처럼 영토가 작고 해군에 의존하는 통상국들이 보유했던 특별한 이점은 점차 사라지게 되었다고 보았다.[17]

같은 맥락에서, 니콜라스 파파스트라티가키스는 19세기 말까지 꾸준히 증가해왔던 러시아의 철도 활용 추세와 내륙 수송체계의 발전은 영국이 누려왔던 해양력의 중요성을 감소시켰다고 부연했다.[18] 이러한 견해는 러시아 차르 알렉산드르 3세의 전쟁상(戰爭相)이 "철도는 이제 가장 강력하고 결정적인 전쟁의 요소로서, 국가는 재정적 난관을 무릅쓰고서라도 우리의 적대국들에 상응하는 철도망을 구축하는 것이 매우 요망된다"[19]고 주장한 점에서도 재차 강조되고 있다.

또한 1898년 러시아 전역을 직접 시찰한 존 북월터는 "러시아를 견제하는 위치에 놓여 있는 국가들이 군사력을 어떻게 연대(連帶)한다고 하더라도 내륙 철도 건설에 매진하는 러시아의 움직임을 예방하거나 저지하는 것이 가능할 것 같지 않다. 왜냐하면, 바다로부터 아주 멀리 떨어진 슬라브 민족의 거대한 제국의 심장부에 놓여 있는 군사적 도구로서 철도체계의 활용을 그 어떠한 해군력으로도 감당해 낼 수 없기 때문이다. 러시아는 내부에 계획된 철도 개선사업을 꾸준히 정력적으로 추진하고 있으므로 자국이 서남아시아의 운명을 통제할

17 Paul M. Kennedy/김주식 옮김, 『영국 해군 지배력의 역사(The Rise and Fall of British Naval Mastery)』 (서울: 한국 해양전략연구소, 2009), 362.
18 Nicholas Papastratigakis, Russian Imperialism and Naval Power: Military Strategy and the Build-Up to the Russo-Japanese War (London: I.B.Tauris & Co Ltd, 2011), 9-10.
19 Christian Wolmar, 전게서, 28.

뿐 아니라, 형편이 좋을 때에는, 영국과 러시아의 미래 관계가 어떤 것이 되어야 하는지를 영국에게 명령할 수 있는 것으로 이미 느끼고 있다"[20]라고 논평했다.

증기기관차 및 철도, 증기선과 같이 19세기 초에 등장한 문명의 이기(利器)로 인해 지구 위의 주요 지역들이 보다 쉽고 빠르게 연결되어 문물을 교류하면서 함께 발전할 수 있는 기회가 증가한 것은 사실이었다. 그러나 불완전하고 이기적 존재인 인간이 지닌 권력 투쟁의 본성으로 말미암아, 인간이 만들어낸 도구가 당시로서는 최고의 전쟁수단으로 악용될 수 있게 된 점은 모순이었다.

---

20 John W. Bookwalter, 전게서, 276.

II. 상충되는 지리적 조건하 영국 및 러시아의
국가전략

1. 영국의 외선전략

   도서국가(島嶼國家, insular power) 영국은 지정학적 조건으로 말미
암아 대륙국가(continental power) 러시아에 대해 지리적 경쟁(적대) 관
계에 놓여 있었으며, 유사시 병력의 이동 및 전쟁 소요 물자의 수송에
필요한 병참선(兵站線, lines of communication)을 러시아의 외부에 유지
할 수 있었다. 이러한 지리적 조건은 영국으로 하여금 유라시아 대륙
의 외부에서 내부를 지향하여 군사력을 여러 방향으로부터 구심적(求
心的)으로 운용할 수 있는 외선(外線, exterior lines) 전략을 취하지 않을
수 없게 하였다.

   포르투갈, 스페인에 이어서 16세기에 들어 네덜란드와 함께 원해
로의 진출을 본격화한 영국은 18~19세기에 두 차례 급속하게 팽창했
다. 우선 7년 전쟁(1756~1763)[21] 이후 영국은 프랑스의 영향력 아래 있

---

21 18세기에 영국과 프랑스는 해외 식민지 및 무역거점 확보 문제를 놓고서 분쟁을 벌이
  기 시작했다. 1754년에 들어 양국은 북아메리카의 식민지 확보 경쟁으로 인해 사실상
  이 지역에서 전쟁상태에 돌입했다. 2년 뒤 유럽대륙에서 슐레지엔 지방 영유권 문제
  를 놓고서 유럽국가들이 프랑스·오스트리아·스웨덴·러시아·일부 독일연방(領邦)
  대 영국·프로이센의 2개 진영으로 나뉘어 7년 동안 전쟁을 벌였다. 이 전쟁의 결과로
  프로이센은 슐레지엔 영유권을 확인받았고, 영국은 식민제국으로서 지위를 확립하였

던 북아메리카, 서인도제도, 남아메리카의 가이아나, 서아프리카 해안지역, 인도의 뱅골지역 등을 차지하여 지배영역으로 굳혔다. 이와 함께 대륙의 경쟁국들이 관심을 갖지 않았던 오스트레일리아 및 뉴질랜드도 영국에 귀속되었다. 다음으로 제국주의가 절정에 달했던 1880년대 이후에도 급속히 팽창하였는바, 이 무렵에는 이집트, 수단, 케냐, 서아프리카 남안, 남아프리카 케이프타운 배후지가 차례로 영국에 흡수되었다.[22]

특히, 영국은 19세기 말부터 소위 3C정책이라고 알려진 유색인종이 사는 식민지에 대한 지배정책을 추진하였다. 이 정책은 남아프리카의 케이프타운, 이집트의 카이로, 인도의 캘커타를 연결하는 삼각형의 식민지 라인을 설정하고, 그 내부의 인도 아대륙(亞大陸), 인도양, 페르시아만, 아라비아반도, 수에즈운하 및 홍해, 아프리카 대륙의 동부를 잠식하는 광범위한 착취구역을 이용하는 것이었다. 물론 영국 식민지의 면적, 인구규모, 교역량의 측면에서 볼 때 가장 중요한 자산은 인도(India)였고, 영국과 인도 사이의 해상 교역로는 영국의 안위를 보장하는 생명선(life line)으로 간주되었다.

이와 같이 지구 도처에 방대한 식민지 및 무역중계항을 소유했을 뿐 아니라, 이들 상호 간의 해상교역을 보장하는 강력한 해군을 보유했던 영국은 유라시아 대륙을 둘러싸고 있는 거대한 해양을 실질적으로 지배했다. 영국은 협소한 영토와 빈약한 천연자원에도 불구하고 해외 백인자치령 및 식민지를 포괄(包括)하는 해양 제국(帝國)이었으며, 유라시아 대륙의 중심부로부터 집요하게 주변부로 팽창을 도모했

다. http://www.kronoskaf.com/syw/index.php?title=Colonial_conflicts_and
_competition_between_European_countries(검색일: 2017. 9. 22).
22 이영석, "19세기 영제국과 세계," 「역사학보」 제217집 (2013.3), 216.

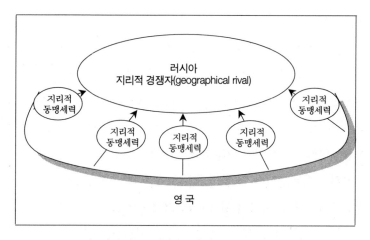

[그림 4] 영국의 지리적 조건 및 외선전략 개념도

던 러시아를 바다라고 하는 천혜의 장애물을 이용하여 봉쇄하는 입장
에 놓여 있었다. 물론 영국의 경제력을 지탱하는 핵심적 식민지 인도
를 러시아의 위협으로부터 보호하는 것이 가장 중요한 전략적 과제였
음은 재론할 필요가 없다. 이론적으로, 외선에 위치한 영국은 분산된
군사력을 구심방향으로 적시에 집중시켜 내선에 위치한 러시아를 포
위하여 격멸할 수 있기 때문에 전략적으로 유리했고, 군사작전 시행
의 시기 및 장소를 주동적으로 선택할 수 있는 장점이 있었다.[23] 예를
들면, 영국은 유라시아 대륙의 유럽·중동·중앙아시아 지역에서는
최소의 군사력으로 러시아군의 주력을 견제(牽制)하고, 동시에 상대
적으로 군사적 대비태세가 불량한 동북아시아 지역에 최대의 군사력
을 집중할 수 있었을 것이다. 또한 이 지역의 러시아군을 우선 격멸한
뒤, 여세를 몰아 다른 지역에서 견제당하고 있는 러시아 육군을 순차
적으로 공략해 나갈 수 있었을 것이다.

---

23 김광석, 『용병술어연구』(고양: 을지서적, 1993), 347.

그러나 영국은 1897년 스피트헤드(Spithead) 관함식(觀艦式) 이후 군사동맹 관계에 있었던 러·불 양국의 해군전력에 대한 자국 해군력의 상대적 약화 현상을 절감했다. 그뿐 아니라 유사시 동북아시아에서 분쟁이 발생할 경우, 멀리 신장된 해상 병참선을 따라 이 지역으로 육군 병력 및 물자를 수송하는 데 큰 부담을 느꼈으며, 이어서 광활한 대륙에 병력을 상륙시켜 시베리아 방향으로 지상작전을 지속하는 것은 러시아 육군보다 규모 면에서 빈약했던 영국 육군의 입장에서 사실상 불가능했다. 따라서 영국은 이 지역에서 러시아와 교전을 벌여 승리하기 위해, 청국 또는 일본과 같은 현지의 지리적 동맹세력(geographical ally)[24]에 의존하여 러시아의 군사력을 타도하는 국지적 제한 전쟁(limited war) 전략이 필요하였다.

아울러 러시아가 유라시아 대륙 내 전천후로 이용할 수 있었던 군사적 수송수단이란 점에서 -영국이 그토록 두려워했던- 러시아 철도망 건설사업의 진행 공정(工程)을 고려할 때, 유럽평원에 비해 중앙아시아 및 동북아시아 방면의 철도망 구축은 상대적으로 불비하였다. 따라서 영국이 외선전략의 이점을 최대화할 수 있었던 지역은 유럽 및 중동(근동)을 제외한 나머지 지역, 즉 중앙아시아(동투르키스탄 또는 서투르키스탄) 또는 동북아시아였다. 그러나 서투르키스탄은 인도와 지리적으로 매우 근접하여 교전지역화(交戰地域化) 하기에는 위험 부담이 너무 컸

---

24 "지리적 동맹"(geographical allies)이라는 용어는 나폴레옹이 대불동맹(對佛同盟) 세력으로부터 러시아를 분리시키기 위해, 오스테르리츠 전투 이후 비엔나에 입성한 뒤 러시아의 알렉산드르 1세와 협상을 하는 과정에서 "러시아와 프랑스는 지리적 동맹이고, 양자 간에는 실제로 상충되는 이익이 없으므로 함께 세계를 지배할 수 있을 것이다"라고 언급하면서 사용되었다(Walter Alison Phillips, "Alexander I," *Encyclopædia Britannica 1*, 11th ed. [Cambridge: Cambridge University Press, 1911], 557).

고, 동투르키스탄에서는 이리분쟁(1871~1881) 이후 러시아와 청국이 서로 충돌을 회피했으므로 분쟁의 소지가 없었다. 따라서 외선의 영국으로서 전략적 이점을 가장 잘 발휘할 수 있었던 곳은 동북아시아였다. 러일전쟁 발발 직전, 영국이 러시아의 군사적 대비상태가 미진했던 동북아시아 지역에서, 러시아에 대해 이해관계를 같이 했던 지리적 동맹 세력 일본에 의존하여 러시아를 역견제(counterbalance)하고자 했던 외선전략은 손자(孫子)의 '공기무비 출기불의'(攻其無備 出其不意) 개념과도 상통한다.

2. 러시아의 내선전략

역동적인 19세기 국제정치의 주 무대는 유라시아 대륙이었고, 이 대륙의 중심부(중심축, pivot)에 러시아가 자리 잡고 있었다. 지리적 경쟁자(geographical rival) 영국에 대해 경쟁(적대) 관계에 놓여 있었던 러시아는 유사시 군사력을 이동시키고 소요자원을 보급하는 병참선(兵站線, lines of communication)을 영국의 봉쇄선 내부에 유지하였고, 내부에서 외부로 군사력을 지향할 수 있었으므로 내선(內線, interior lines)전략을 취할 수밖에 없었다.

내선의 위치에 놓였던 러시아는 일반적으로 신속한 기동, 집중 및 분산, 통신 조건이 외선의 경쟁 국가인 영국보다 용이했고, 상대적으로 짧은 지상 병참선을 이용하여 전쟁 소요 물자를 효과적으로 공급할 수 있었다.[25] 내선의 국가인 러시아가 취할 수 있었던 전략은 전체 군사력을 통합하여 각개 목표에 대응함으로써 횡 또는 종으로 분산된

---

25 육군본부, 『야전교범 1-1 군사용어』 (계룡: 국군인쇄창, 2017), 43.

외선의 군사력을 각개격파하는 것이었다. 이를 실현하기 위해 러시아에게는 자신이 선택한 지리적 동맹세력과 연대하여 적시적(適時的)으로 군사력을 집중시킬 수 있는 능력이 중요시되었다.

또한 내선의 러시아에게는 국가역량의 지향 방향 설정, 군사목표의 선정, 다른 군사목표로의 전환을 위한 전기(轉機)의 간파, 군사력의 신속한 기동, 주노력(main effort)과 보조노력(supporting effort)의 균형 유지가 중요하였다.[26]

특히 러시아의 내선전략은 전천후 활용이 가능했고 선박(船舶)보다 한층 빠른 수송능력을 지녔던 지상 철도망의 발전상태에 비례하여, -항해(航海)에 주로 의존해야만 했던 외선(外線)의 영국보다- 점차 더욱 확고한 주도권 및 유연성을 발휘할 수 있었다. 예를 들면, 러시아가 영국 함정들의 항해소요를 증가시키거나 또는 이러한 함정들이 접근할 수 없는 곳을 교전지역으로 선정할 경우, 외선의 위치에 놓인 영국은 해상 병참선의 신장과 전쟁 필요자원 수송 소요의 증가로 인해 내선의 러시아에게 전략적 주도권을 허용하지 않을 수 없고 상대적으로 불리한 조건에 빠지게 된다. 러시아로서는 이러한 내선과 외선의 상호관계를 잘 판단하여 외선의 경쟁자가 신속히 대응할 수 없는 지점으로 군사력을 집중하여 전략적 · 작전적으로 성공할 수 있는 이점이 있었다.

러시아는 12~14세기 몽골족에 의해, 1812년 프랑스에 의해, 1853~1856년에는 프랑스 및 영국에 의해 침략을 당했던[27] 쓰라린 역사적 경험을 가지고 있었다. 비록 북으로는 결빙되어 있는 북극해

---

26 김광석, 전게서, 164.

27 A.D. de Pater & F.M. Page, 전게서, 10.

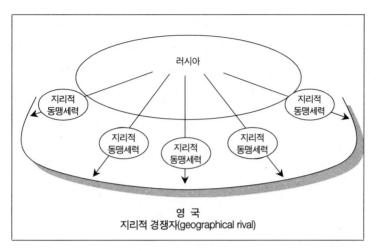

[그림 5] 러시아의 지리적 조건 및 내선전략 개념도

에 의해, 남으로는 중앙아시아의 산악 및 사막 지대에 의해 해양세력
으로부터 보호를 받았지만, 러시아의 영토는 사실상 영국·미국·일본
에 의해 동측이, 영국·독일·오스트리아-헝가리와 같은 유럽 열강에
의해 서측이 위협에 노출되어 있었다. 이러한 안보위협을 극복하기
위해 러시아는 영토의 외부에 완충지대[28]를 확장하는 노력을 게을리
하지 않을 수 없었다.

큰 틀에서 러시아의 지리적 조건을 개관해 볼 때, 러시아는 유럽중
부, 중동(근동), 중앙아시아의 서투르키스탄 및 동투르키스탄, 동북아
시아의 5개 방향으로 국력(특히 군사력)을 지향할 수 있었다. 아울러,
각 방향에 대한 군사력 이동 및 운용 문제의 관건인 철도의 개설 상태
를 살펴볼 때, 러시아령 유럽평원 내 철도는 러일전쟁(1904~1905) 발
발 이전 이미 완공되어 양호했다. 그러나 중앙아시아 서투르키스탄의

---

28 이한종, "소련 군사전통의 역사적 이해," 중앙대학교 대학원 박사학위논문 (1984),
　31.

아랄해 횡단철도(오렌부르크-타슈켄트 철도)와 시베리아 횡단철도(모스크바-블라디보스토크)는 러일전쟁 발발 시까지 개통되지 못한 상태였으므로 러시아는 사실상 중앙아시아 및 동북아시아에서 외선의 지리적 경쟁자들보다 군사작전 수행 능력 면에서 열세했다. 따라서 러일전쟁이 발발하기 직전까지 러시아의 내선전략의 이점은 유럽 중부 및 중동(근동)에서 가장 잘 발휘될 수 있었다.

III. 그레이트 게임의 유라시아 전역 확산

1. 지역별 영·러 갈등 현상

20세기에 들어 최초로 발발한 국제전쟁으로서 러일전쟁(1904~
1905)은 표면적으로는 러시아와 일본이라는 두 적대국가가 싸운 것처
럼 보인다. 하지만 그 배경을 살펴보면 이미 18세기 초부터 인도에
대한 지배권 문제를 놓고서 중앙아시아에서 러시아와 각축[29]을 벌이
고 있었던 영국뿐 아니라, 나폴레옹 전쟁(1803~1815)·크림전쟁(1853~
1856)·비스마르크의 독일민족 통일전쟁(1864·1866·1870~1871)·러터
전쟁(1877~1978) 등을 통해 드러난 바와 같이, 프랑스·독일·오스트리

---

29 1717년 피터대제는 전설적인 부(富)의 땅 인도로 가는 황금 길을 열어 상상하지 못할
부를 얻겠다는 꿈을 가지고 러시아 국경과 인도 국경 사이의 넓은 지역 한 가운데 놓인
히바 한국(汗國)을 소유하고자 했다. 그러나 그는 알렉산드르 베코비치(Alexandr
Bekovich) 휘하에 원정대를 파견했다가 실패했다. 1791년에는 예카테리나 여제가
점점 더 단단해지는 영국의 손아귀에서 인도를 빼앗을 계획을 신중히 고려하여 인도
침략을 계획했는데, 이는 향후 100여 년 동안 러시아 통치자들이 고려했던 인도 침략
계획들 가운데 최초의 것이었다. 1801년에는 파벨 1세가 영국인을 몰아내고 인도를
그 산물과 더불어 상트 페테르부르크의 품 안에 넣기 위해 국경도시 오렌부르크에서
2만 2천 명의 대병력으로 원정대를 편성하여 인도 공략을 시도했음. 그러나 원정기간
중 파벨 1세가 암살당하는 바람에 군사작전은 중지되었다(피터 홉커크/정영목 옮김,
『그레이트게임: 중앙아시아를 둘러싼 숨겨진 전쟁』 [파주: 사계절출판사, 2008],
38-39, 43, 45, 54). 그 후에도 러시아의 아프가니스탄, 파미르고원, 티베트고원을
경유한 인도에 대한 위협은 러일전쟁 종료 후 영러협상(1907) 체결 시까지 계속되
었다.

아-헝가리·터키 등 유럽 제국(諸國) 사이의 해묵은 갈등관계가 복잡하게 얽혀 있었다.

만주·한반도를 무대로 벌어진 러일전쟁은 단지 러시아와 일본 사이의 단기적·국지적 무력충돌이 아니라, 지구화 현상이 초래한 복잡한 국제관계의 갈등요인이 외교적 타협으로 해결되지 못해 동북아에서 유혈의 전쟁으로 그 마각(馬脚)을 드러낸 것이었다. 특히, 이 전쟁은 19세기 내내 전 세계 바다의 제해권을 장악했던 해양국가 영국과 북해에서 태평양에 이르는 방대한 대륙국가 러시아 사이의 유라시아 전역을 대상으로 한 오래된 적대관계(great game)와 깊은 관계가 있었다. 이러한 시각에서 유라시아를 구성하는 주요 지역에서 발생했던 주요 정치·군사적 사태의 전개과정을 먼저 살펴볼 필요가 있다.

[표 8] 나폴레옹 전쟁(1803~1815) 이후 러일 개전(開戰, 1904)까지 유라시아 지역 내(內) 주요 정치·군사적 사건

구분	내용		
유 럽	■나폴레옹 전쟁 (1803~1815) 기간 중 영국은 對佛동맹 주도 *나폴레옹 전쟁 (1803~1815) 후 英露 관계 악화 ■비엔나회의 (1814~1815): 구체제 복원 및 유럽 내 정복전쟁 방지대책 논의	■독일: 전쟁으로 통일 달성(1864~1871), 프랑스 고립을 위한 동맹·협상 정책 추진(1871~1914) ■프랑스: 고립 탈피를 위해 러시아와 동맹 추구 (1871~1891) ■유럽 열강은 산스테파노 조약(1878.3) 관련 베를린회의(1878.6~7) 개최	■露佛동맹 체결(1891) *露佛비밀군사협정 (1893.12) ■러시아: 청일전쟁 (1894~1895)관련 삼국간섭(露·佛·獨, 1895) 주도, 만주지역 이권에 집착 ■영국: 삼국간섭(1895) 불참 *露佛동맹을 견제하기 위한 동맹국(독일 또는 일본) 모색
중 동 (근동)	■러시아, 코카서스 지방의 체르케스·다게스탄지방으로 남하 (1819~1859) *영국은 터키·페르시아 지원	■러시아는 1871년 흑해 내 해군 재보유/도발, 흑해·지중해 진출 재시도 (1877~1878); 영국은 터키를 지원하여 러시아를 차단	■베를린회의 결과 관련, 발칸반도 내 상충되는 이익을 놓고서 오스트리아 대 러시아의 대립 심화 (~1914) *영국은 오스트리아

구분		내 용	
	■크림전쟁 발발, 英佛은 터키 지원 및 북해의 발트함대 공략, 러시아의 흑해·지중해 진출을 차단하고 러시아의 흑해 내 해군 보유 금지(1853~1856)	■산스테파노 조약은 베를린회의 합의내용에 의해 무력화	지원(지중해협정)
중앙아시아	■러시아의 汗國 침공 및 보호국화, 아프가니스탄 경유 영국령 인도로 진출 도모 - 히바: 1839~1873 - 코칸드: 1842~1868 - 부하라: 1868~1873 ■1차 영국·아프가니스탄 전쟁(1839~1842) 발발 ＊영국은 러시아의 남진을 차단하기 위해 친영 정권 수립 시도했으나 실패	■이리(伊犁,Kuldja)분쟁(1871~1881) ＊영국이 신지앙 북부의 반란군을 이용하여 러시아 남진 차단 시도, 러시아는 반발하여 이 지역 무단 점령, 淸·露는 리바디아(1879) 조약, 상트페테프부르크 조약(1881)으로 분쟁 해결 ■2차 영국·아프가니스탄 전쟁(1878~1880) 발발 ＊아프가니스탄은 영국령 인도제국의 일부로 전락, 영국은 러시아의 남진(1880년 이후 노골화) 차단 ■러시아는 베를린(1878)회의 결과에 불만, 중앙아시아 경유하여 인도 침공 고려	■러시아는 서투르키스탄에서 인도 서북부 위협(1880~1898) ＊영국은 아프가니스탄을 지원하여 러시아를 차단 ■영국은 파미르 고원-힌두쿠시·카라코룸 산맥을 통한 러시아의 인도 침공을 견제하기 위해 치트랄(Chtral) 침공(1891~1892) ■영국은 티베트 고원-히말라야 산맥을 통한 러시아의 인도 침공을 견제하기 위해 티베트 침공(1903~1904) ■러시아: 영국의 행동에 무대응
		■판데(Panjdeh)사태(1885.3.30.~1887.7.22) 발발 ＊아프가니스탄 북부에서 영국의 지원을 받는 아프간 현지군과 러시아군 교전, 이후 英露는 외교적 협상을 통해 완충공간 조성(영국 해군은 발트해로 진입하여 상트 페테르부르크 근해에서 무력시위, 露에게 강화 강요)	
동북	■1차 아편전쟁(1840~1842) 발발 ＊남경조약 체결, 영국은 청국을 강제로 개항, 최혜국(最惠國) 지위 확보 ■2차 아편전쟁	■淸·日 수호조약 체결(1870~1873) ■대만(臺灣) 사건(1874) ＊일본은 청국의 臺灣 소유권 是非 ■운요호(운양호) 사건	■청일전쟁(1894~1895) 발발 ＊동북아 지역 패권 전이(청국→일본) ＊삼국간섭(露·佛·獨,1895.4~6), 시모노세키(下關) 조약 무력

구 분	내 용		
아시아	(1857~1860) 발발 ＊북경조약 체결, 영국은 청국에 대한 강압적 침탈 구조 완성 ■ 러시아는 청국과 아이훈 조약(1858) 체결하여 스타노보이 산맥과 흑룡강 사이의 지역 확보, 북경조약(1860) 체결하여 우수리강 동측 지역 확보	(1875)·조일 수호조약 (1876)을 통해 한반도 침략기반 마련 ■ 유구(琉球)분쟁 (1877~1881) ＊청일 유구열도 분할 소유 검토 ■ 청국의 동북아 대외정책 발표: 황쭌셴(黃遵憲) 조선책략(1880) ＊朝鮮, 親中 結日 聯美 → 防俄	화 ＊러청비밀동맹 (1896.6) ■독일·러시아·영국의 갈등 ＊獨, 교주만 (1897.11); 露, 여순항 (1897.12); 英, 위해위 (1898.4) 점령 ＊러청, 요동반도 조차협정(1898.3) ■ 러·일 및 영·러 갈등 봉합 ＊로젠-니시(西德)협정(1898.4) ＊스콧-무라비요프협정(1899.4) ■ 의화단 사건 (1899~1901) ■ 영일동맹(1902.1.30)
		■ 거문도(Port Hamilton)사건 (1885.4.15~1887.2.27) 발발 ＊조선의 引俄정책에 반발한 영국은 거문도 무단점령 후 블라디보스토크의 러시아 함대 공격 준비, 러시아는 극동지역에서 육군 우선 전략으로 전환, 시베리아 횡단철도 착공 결정(1887)→일본의 對淸 및 對露 決戰 촉발		

19세기 전반에는 나폴레옹 전쟁(1803~1815)의 종식과 비엔나 회의 (congress of Vienna)에 근거한 유럽협조체제(European Concert)의 출범, 흑해 및 지중해로 진출을 도모한 러시아와 이에 맞서는 유럽의 지리·전략적 라이벌들이 벌인 크림전쟁(1853~1856), 청국과의 막대한 무역 적자를 아편 밀매를 통해 해소시키는 과정에서 발생한 제1차 아편전쟁(1840~1842) 및 제2차 아편전쟁(1857~1860) 그리고 동아시아 맹주였던 청국의 세계체제로의 강제 편입이 진행되었다.

후반에는 중부 유럽의 군소 독일민족 영방국가들을 전쟁으로 통합하여 독일제국을 출범시킨 보불전쟁(1870~1871) 및 비스마르크의 동맹·협상 체제 시작, 다시 흑해 및 지중해로 돌파를 시도한 러시아와 터키가 벌인 러터전쟁(1877~1878) 및 산스테파노 강화조약 체결, 유럽 열강의 간섭으로 산스테파노 조약 내용의 대부분을 부정한 베를린회의(1878), 유럽 국가들 사이의 분쟁 및 원한 관계가 러시아라고 하는 지리적 중간자(中間者, intermediary)에 의해 동북아로 전이되어 촉발된 청일전쟁(1894) 및 삼국간섭 등의 주요 사건이 발생했다.

특히, 러·청 비밀동맹(1896) 및 요동반도 조차협정(1898)으로 노골화된 러시아의 동북아 철도이권(鐵道利權, railway concession) 확장 시도로 동북아시아에서는 러시아 대 일본·영국의 대립과 갈등이 첨예화되었다. 그러나 만한교환(滿韓交換) 개념에 입각하여 러·일이 상호 타협하여 체결한 로젠-니시협정(1898)과 동북아 내 세력권 한계를 조율(delimitation of spheres of influence)한 영·러의 스콧-무라비요프협정(1899)으로 위기는 해소되었다. 그러나 의화단 사건(1899~1901)이 발생하면서 다시 고조된 영·러·일의 갈등관계는 외교적 접점을 찾지 못한 채 러일전쟁의 발발로 연결되었다. 19세기에는 이처럼 다사다난(多事多難)한 사건들이 복합적 인과관계 속에서 지속적으로 발생했으며, 이를 각 지역별·시간대별로 요약하면 위 [표 8]과 같다.

한편, 독립전쟁(1775~1783)을 통해 영국의 식민지에서 벗어난 미국은 남부 및 북부 지역 사이의 경제구조 및 문화적 차이로 인해 발생한 내전(1861~1865)을 종식시켰다. 미국은 다민족으로 구성된 국민국가(nation-state)로서 자본주의 체제를 공고히 했으며, 스페인과의 전쟁(1898)에서 승리함으로써 대서양 및 태평양을 지향한 과감한 대외 팽

창정책을 추진하기 시작했지만, 아직 영국 대 러시아의 갈등관계에
적극 개입하지는 않았다.

1) 유럽

나폴레옹 전쟁 기간 중 러시아 및 영국은 프랑스를 상대로 혹독한
전쟁을 치렀으며 프랑스에 대한 관계는 매우 적대적이었다. 나폴레옹
의 몰락으로 전쟁이 종료되자, 지역 내 주요국가 대표들은 오스트리
아 비엔나에 모여 전쟁 이전의 왕정체제를 복원하고 침략적 정복전쟁
의 재발을 방지하기 위한 대책을 논의하기 시작함으로써 유럽 내 국
제적 갈등요인을 외교 및 협의를 통해 해소할 수 있는 다자적 협조체

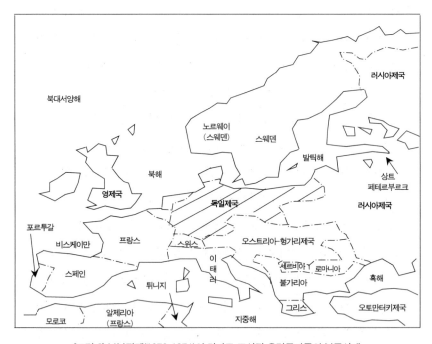

[그림 6] 보불전쟁(1870-1871)의 결과로 조성된 유럽국가들의 분포상태

제(European Concert)를 마련했다.

폴란드 및 핀란드 영토를 실질적으로 지배하고 있었던 러시아와 신생 민족국가 독일은 독일의 동측(또는 러시아의 서측) 국경에서 맞닿아 있었고, 두 국가는 각각 상대방의 군사적 위협에 직접 노출되어 있었다. 오토만 터키는 유럽 남부 발칸반도의 대부분을 장악하고 있었는데, 발칸반도 내에서는 그리스 정교를 믿는 슬라브계 민족과 이슬람 신앙을 요구하는 오토만 터키 정부의 강압적 통치체제가 갈등을 빚고 있었다. 따라서 범슬라브주의의 후원자인 러시아와 발칸반도에 이해관계가 있는 주변국들 간에 분쟁의 소지가 상존했다.

또한 러터전쟁(1877~1878)을 통해 힘들게 획득한 산스테파노 조약의 이권을 유럽열강의 간섭에 의해 부정당한 러시아는 영국에 대해서는 더욱 깊은 적개심을 느꼈고, 프로이센의 통일전쟁을 배후에서 묵인 및 지원했던 후의를 무시해 버린 신흥 독일제국에 대해서는 배신감을 느꼈다.

이처럼 혼란한 유럽 국가들 사이의 국제관계 및 불확실한 안보환경하, 보불전쟁에서 패전하여 라인강 서측의 알사스·로렌지방을 빼앗기고 유럽 내에서 고립되어 있었던 프랑스는 러시아와의 동맹 체결을 국가안보의 최우선 과제로 간주하여 장기적 안목을 가지고 꾸준히 추진했다. 1890년 노련한 독일의 재상 비스마르크의 해임 후 수면 위로 떠오르기 시작한 러·불의 가상동맹(pseudo-alliance) 상태는 1891년 8월 27일 공식적 동맹으로 실현되었고, 1893년 12월 30일에는 러·불 비밀군사협정이 연이어 체결됨으로써 러·불 양국은 독일을 동서에서 동시에 협공할 수 있는 능력을 강화시켰다.[30]

---

30 Georges Michon, *The Franco-Russian Alliance 1891~1917*, trans. by Norman

러시아는 베를린회의(1878) 결과에 근거한 유럽열강의 외교적 간섭으로 산스테파노 강화조약(러시아·오스만터키)이 무력화되었을 때 경험했던 쓰라린 교훈을 동북아시아의 분쟁에 적용했다. 즉, 청일전쟁(1894~1895) 종료 후 삼국간섭(1895.5~6, 러시아·프랑스·독일)을 주도함으로써 시모노세키 강화조약(1895.4)을 통해 일본이 챙긴 전리품의 대부분을 일본으로부터 갈취한 것이다. 그러나 러시아는 이러한 행위가 후일 일본의 원한 및 복수심을 부추겨 러일전쟁의 여러 원인들 중 하나로 작용될 것임을 소홀히 여겼다.

그러나 19세기 말 이미 국력의 한계를 느끼기 시작했을 뿐 아니라 그레이트 게임의 외교적 해결 노력에 한계를 느낀 영국은 삼국간섭을 계기로 러시아가 중앙아시아로부터 동북아시아로 팽창방향을 전환하기 시작한 것을 확인하였다. 영국의 입장에서는 러시아가 인도를 위협할 수 있는 2개의 접근방향─① 유럽평원→중앙아시아 서투르키스탄→인도 또는 ② 동북아(중국내륙·한반도)→육상·해상→인도─을 모두 고려했으며, 러시아가 후자에 집착할수록 전자에 대한 위협이 완화될 것으로 판단했다.

영국은 동북아에 집착하는 러시아가 중앙아시아로 전환하지 않도록 하기 위해, 러시아가 동북아에서 어느 정도 행동의 자유(some latitude)를 누릴 수 있도록, 러시아에 대한 압박을 의도적으로 자제했다.[31] 한편, 동북아에서 러시아의 세력 확장을 견제(contain)함으로써 이 지역 내 힘의 균형을 유지하기 위해 일본의 해군력이 절실히 필요했던 영국은 일본과의 관계를 적대적으로 만들 소지가 다분했던 삼국

Thomas New York: Howard Fertig, 1969), 32, 61.

31 Ian Hill Nish, *The Anglo-Japanese Alliance: The Diplomacy of two Island Empires 1894~1907* (London: Bloomsbury Publishing Plc, 2012), 17.

간섭에는 불참하였다.

2) 중동(근동)

중동(근동) 서북부의 소아시아 반도는 유럽 동남부의 발칸반도에 인접해 있고, 두 반도 사이로는 터키해협(보스포러스해협·마르마라海·다다넬스해협)이 위치하고 있다. 러시아는 흑해·지중해를 통과하여 수에즈운하로 진출하는 데 필요한 터키해협을 장악하는 문제를 놓고서 지중해의 제해권을 쥐고 있었던 영국과 첨예하게 대립하였다. 전통적 해양국가인 영국과 19세기 중반에 들어 흑해-지중해로 진출을 도모했던 대륙국가 러시아의 국가전략이 충돌한 중동(근동)의 서북부는 두 경쟁국의 전략적 이해관계가 상충되어 군사적 긴장이 극도로 고조되었다.

러시아는 터키해협 사이로의 안전한 운항을 보장하기 위해 해협의 좌우지역, 즉 발칸반도 남부와 소아시아 반도의 서부를 확보해야만 했으므로 발칸반도의 대부분 및 소아시아 반도를 점유하고 있었던 오스만 터키와 19세기에만 두 차례 전쟁—크림전쟁(1853~1856) 및 러터전쟁(1877~1878)—을 벌였다.

크림전쟁이 발생하자 러시아와 유라시아 전역에서 세력권 다툼을 벌이고 있었던 영국은 자국의 식민지 인도(印度)의 안전을 위해 러시아의 지중해·인도양 진출을 차단하지 않을 수 없었다. 또한 오스만 터키가 점령했던 팔레스타인의 기독교 성지에 대한 러시아 정교회와 로마 가톨릭의 권리를 놓고서 프랑스와 러시아가 분쟁32을 벌일 때,

---

32 프랑스와 영국이 러시아에 대해 1854년 선전포고를 하게 된 직접적인 일련의 사태는

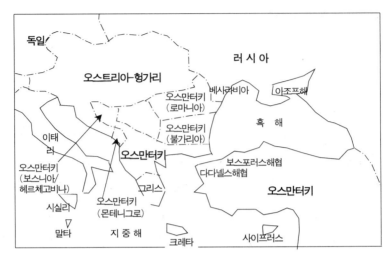

독일

러 시 아

오스트리아-헝가리

오스만터키
(로마니아)

베시라비아

아조프해

오스만터키
(불가리아)

흑 해

이태
러

오스만터키
(보스니아/
헤르체고비나)

오스만터키

그리스

보스포러스해협
다다넬스해협

오스만터키

시실리

오스만터키
(몬테니그로)

말타

지 중 해

크레타

사이프러스

[그림 7] 베를린회의(1878) 이전 중동(근동) 서북부 및 유럽 동남부 국가 분포

프랑스는 영국과 함께 오스만터키를 지원하였다. 또한 영·불 연합군은 발트해를 중요한 전선(前線)으로 간주하여 러시아 해군기지 레발 및 해안포대 보마르순드를 공격했고, 상트 페테르부르크 직전방의 해군기지 크론슈타트 전방까지 위력수색을 벌임으로써 러시아의 가장 강력한 발트함대를 봉쇄하였을 뿐 아니라 차르를 심리적으로 심하게 압박했다. 또한 연합군은 상트 페테르부르크 배후(背後)의 크림반도

프랑스 황제 나폴레옹 3세가 프랑스의 권위를 복원하기 위한 야망을 품은 데에서 시작되었다. 그는 러시아의 보호를 받는 동방 정교회를 공격함으로써 로마 가톨릭의 지원을 받고자 했음. 그는 프랑스가 팔레스타인의 성지를 보호할 권한을 요구했고, 오토만 터키로 하여금 프랑스의 가톨릭 교도에 대한 주권을 인정하도록 강요했음. 러시아는 이러한 프랑스의 행위에 반발했고, 오스만 터키는 러시아가 자국 영토 내 정교회 기독교인들에 대한 보호자라고 주장했다. 이후 프랑스 해군의 무력시위에 압도된 오스만 터키의 기독교인 보호권 번복(飜覆) 성명, 이에 반발한 러시아의 무력 사용이 개전으로 연결되었다(Orlando Figes, *Crimea: The Last Crusade* [London: Allen Lane, 2010], 7-9, 103; Trevor Royle, *Crimea: The Great Crimean War, 1854~1856* [London: Palgrave Macmillan, 2000], 19-20).

를 공략함으로써 러시아의 지중해 진출 야심을 꺾어버렸다.[33]

흑해는 중립해역이 되었고 러시아는 1871년까지 흑해에서 해군을 보유할 수 없었다. 19세기 초 나폴레옹의 유럽 내 패권을 와해시킨 러시아의 명성과 지위는 크림전쟁에서의 초라한 패배에 의해 실추되었고, 차르 니콜라이 1세가 전쟁 중 사망하자 새로 즉위한 알렉산더 2세는 1861년 농노를 해방하여 사회 각 계층 간 단합과 국민적 일체감을 제고했을 뿐 아니라 모든 국민을 대상으로 하는 징집병 제도를 마련했으며, 특히 모스크바로부터 흑해에 이르는 전략철도를 시급히 설비하여 신속한 군사력 투입 능력을 갖추는 데 주력했다.[34]

1871년 러시아는 보불전쟁에서 승리한 독일의 지원으로 흑해 내 해군 보유 금지조항을 폐기시켰다. 1877년에는 러시아가 다시 발칸반도 및 지중해로 진출하기 위해 터키를 공략함으로써 러터전쟁이 재발되었다. 이 전쟁의 종전 및 강화 과정에서도 영국은 오스만 터키를 지원하였다. 영국은 다다넬스 해협에 지중해함대를 배치하고 지중해의 말타(Malta) 섬으로 인도에 주둔하고 있던 7천 명의 영국군 병력을 전환시켜 러시아가 콘스탄티노플 앞에서 병력을 철수하도록 경고 및 유도하였고,[35] 그 결과 산스테파노에서 강화조약이 체결되었다.

---

33 Eric J. Grove, *The Royal Navy Since 1815: A New Short History* (New York: Palgrave Macmillan, 2005), 31-33. 에릭 그로브는 '크림전쟁'이라는 명칭은 역사적 사실을 매우 오도하는 표현으로서 '러시아전쟁'이라고 부르는 것이 타당하다고 주장한다. 그는 크림반도의 세바스토폴에서 벌어졌던 지상전투가 세인들에게 널리 알려졌기 때문에 이 전쟁이 크림전쟁으로 불리고 있다고 설명한다.

34 크림전쟁 당시 러시아 군대가 크림반도로 이동하기 위해 말(馬)에 의존해야 했고, 병력을 전선(戰線)에 도달시키는 데 최장 3개월이 소요된 반면, 영국 및 프랑스는 바다를 통해 3주 만에 병력을 전선에 도착시킬 수 있었다(Robert H. Donaldson & Joseph L. Nogee, 전게서, 23).

35 피터 홉커크/정영목 옮김, 전게서, 484-485.

    제한된 군사작전 목표를 달성한 러시아는 승리했으며, 산스테파노에서 강화조약을 체결하여 발칸반도에 대한 이권을 챙겼다. 즉, 오스만 터키는 루마니아·세르비아·몬테니그로를 독립시켜 러시아에게 영토를 할양하고, 보스포러스 및 다다넬스 해협을 개방할 뿐 아니라 불가리아를 러시아의 세력권에 편입시킨다는 조건이었다.[36] 이 전쟁에서 승리함으로써 사실상 러시아는 흑해-지중해-수에즈운하-인도양-인도로 연결되는 해상 교통로를 확보함과 동시에 발칸 내 세력을 대폭 확대하게 되었다. 그러나 이는 국가의 사활적 이익이 달린 식민지 인도에 대한 지배 문제를 놓고서 러시아와 적대적 대결을 진행해 오고 있었던 영국으로서 도저히 허용할 수 없는 일이었다.

    영국은 이 문제에 즉각 개입하였고, 베를린회의(1878)를 통해 러시아가 챙긴 이권의 대부분을 무력화시켰다. 즉, 루마니아·세르비아·몬테니그로는 독립을 허용하되 불가리아는 반(半)독립 자치국화하고, 보스니아·헤르체고비나는 오스트리아의 행정령(行政領)으로 남기며, 러시아는 남(南)베사라비아를 점유하도록 조정한 것이다.[37] 또한 같은 해, 영국은 오스만 터키와 사이프러스 협정을 체결하여, 코카서스 또는 메소포타미아에서 러시아와 오스만 터키 사이의 분쟁이 발발할 경우 술탄의 영토를 러시아로부터 보호하는 조건으로, 오스만 터키의 주권하에 있는 사이프러스를 자국이 지배하도록 하였다.[38]

    러시아는 영국의 이러한 개입행위에 대해 분노했고, 자신의 편을 들

---

36 http://terms.naver.com/entry.nhn?docId=1108565&cid=40942& categoryId =31659(검색일: 2017.8.30).

37 http://terms.naver.com/entry.nhn?docId=1101334&cid=40942&categoryId =31659(검색일: 2017.8.30).

38 https://www.britannica.com/topic/Cyprus-Convention-of-1878 (검색일: 2017.8.30).

어주지 않은 독일에 대해서도 심한 불신감을 느꼈으며, 오스트리아-헝가리와는 발칸반도 이권을 놓고서 각축을 벌였다. 그 이후 발칸반도의 분쟁요인은 임시적 미봉책으로 억제되었으나 민족·주권·종교·영토 등의 문제들뿐 아니라, 다양한 역사적 배경을 지닌 군소 민족국가들을 지원하는 배후 강대국들 간의 알력마저도 서로 뒤얽혀 늘 분쟁의 소지를 품고 있었으며, 1914년 제1차 세계대전(유럽 내전) 발발에 불을 붙인 도화선 역할을 하였다.

그 외에도 러시아는 코카서스 지방에서 체르케스 및 다게스탄 부족의 영토로 남하한 뒤, 이곳을 발판으로 오스만 터키 및 페르시아로 팽창을 도모했고, 영국은 이에 맞서 이들 국가들을 지원하여 러시아의 팽창을 저지했다.

3) 중앙아시아

중앙아시아의 서투르키스탄 지방은 유럽평원 내 러시아 주력부대가 서남아시아 또는 동북아시아 방향으로 진출하기 위해서 반드시 경유해야 하는 땅으로서, 대체로 이슬람 신앙을 가진 유목민족들이 세운 여러 한국(汗國, khanate)[39]들이 자리 잡고 있었다.

흑해로부터 지중해로의 진출이 영국의 방해로 두 번이나 좌절된 러시아는 영국에 대한 구원(舊怨)을 인도 침공으로 해결하고자 했다.

---

39 한국(汗國)은 종족 또는 부족의 장으로서 칸이 통치하는 정치적 통일체(political entity)이다. 이러한 국가체제는 유라시아 초원의 사람들에게 대체적으로 적용되었다. 한국은 부족 또는 종족의 장이 통할(統轄)하는 지역, 공국(公國), 왕국, 제국과 같은 의미로 이해될 수 있다. https://en.wikipedia.org/wiki/Khanate(검색일: 2017.7.29).

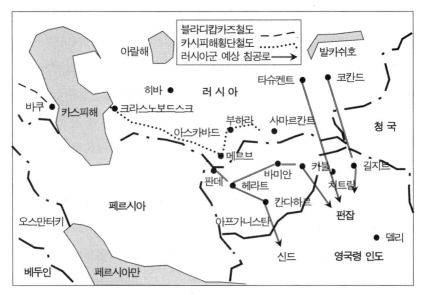

[그림 8] 서투르키스탄: 영국이 판단한 러시아의 인도 침공계획(1884년)

러시아는 서투르키스탄 지방의 카스피해 동측으로부터 페르시아 동북부 방향으로 1888년까지 카스피해 횡단철도(크라스노보드스크~메르브~부하라~사마르칸트, 메르브~쿠슈카)를 개설하여 아프가니스탄 서북부의 교통요지 헤라트를 위협함으로써 영국을 극도로 긴장시켰다.

러시아는 영국과의 패권 대결 구도 위에서 서투르키스탄-아프가니스탄-인도 방향으로 진출을 목표로 히바·코칸드·부하라 한국(汗國)을 침공하여 보호국화한 뒤, 아프가니스탄을 통과하여 인도(印度) 서북부를 지향하는 침공계획을 구상하였다.[40] 이에 대해 영국은 서투

---

40 영제국의 식민지 인도(India)는 영제국 내부에 있는 또 다른 제국이었다. "영국이 인도를 잃으면 삼류국가로 전락한다"는 말처럼 영국의 식민지 및 제국체제를 지탱하는 데 있어서 인도의 중요성이 강조되었다. 영국은 1600년 최초 상업적 이익을 추구하여 결성된 동인도회사를 통해 인도에 진출한 이래 점차 인도를 식민지화하여 토지소유권·징세권(徵稅權)·군사권(軍事權)을 확대해 나갔으나, 세포이 항쟁(1857~1858)을

르키스탄과 연결된 완충공간으로서 아프가니스탄을 확고히 장악하여 러시아의 침공 가능성을 방지하고자 했다. 영국은 이러한 지리·전략적 특성 때문에 아프가니스탄에 친영정권을 세우기 위해 제1차 영국·아프가니스탄 전쟁(1839~1842)을 도발했다가 실패했다.

러시아의 서투르키스탄 한국(汗國)들에 대한 집요한 공략은 결실을 맺어 1868년에는 코칸드 한국을, 1873년에는 히바 및 부하라 한국(汗國)을 점령해서 자국령에 포함시켰다. 러시아는 다시 파미르고원이나 아프가니스탄을 경유한 군사적 침투를 통해 인도 서북부를 위협하기 시작했고, 영국은 이에 맞서 아프가니스탄을 다시 침공—제2차 영국·아프가니스탄 전쟁(1878~1880)—하여 아프가니스탄을 영국령 인도제국의 일부로 통합시킴으로써 러시아의 인도를 지향한 침공로(侵攻路)를 확실히 차단하였다.

이 시기에 영·러 간 위기가 고조되자, 카스피해 동측 지방을 담당했던 러시아의 미하일 스코벨레프 장군은 인도를 침공하여 인도에서 영국인을 몰아내는 군사작전을 계획하기도 했으나,[41] 공영증(恐英症, Anglophobia)에 사로잡힌 러시아 정부의 일부 관료들의 반대로 취소되기도 했다. 그러나 사실상 1884년 영국군의 군사정보 책임자 맥그리거는 러시아의 인도 공격 결정 가능성에 대비하여, "러시아는 헤라트·바미안·카불·치트랄·길기트의 5개 지점으로 동시에 공격할수 있을 것이고, 인도 북부 국경 주위에 배치된 9만5천 명의 정규군을 곧바로 인도로 투입하겠지만, 인도군은 이러한 공격에 저항할 병력이

기점으로 동인도회사를 통한 간접지배 방식을 중지하고, 영국 정부를 통한 직접지배를 추진하기 시작했다(박승희, "동인도회사를 통해서 본 J. S. Mill의 식민지 인식," 계명대학교 대학원 석사학위 논문[2012], 15, 28-29).
41 피터 홉커크/정영목 옮김, 전게서, 512.

나 능력을 갖추지 못하고 있다"[42]라는 무서운 판단 결과를 제시하였다. 즉, 영국과 러시아는 서로를 몹시 두려워하여 상호 열전(熱戰)을 회피하면서, 냉전(冷戰)체제하 서로를 견제하는 무장된 교착상태(armed stalemate)에 놓여 있었던 것이다.

카스피해 동측의 카라쿰 사막을 북에서 남으로 횡단하면서 크라스노보드스크-키질아라바트-게옥테페-아스카바드-메르브 방향으로 남하해 오던 러시아는 1885년 메르브와 헤라트 사이의 오아시스 마을 판데(Panjdeh)에서 영국의 지원을 받는 아프가니스탄 전투원들과 격돌했다. 영국은 인도의 관문(關門) 판데를 위협하는 러시아에 대항하여, 크림전쟁(1853~1856) 때 사용했던 방식으로, 해군 특수임무전대(Particular Service Squadron)을 발트해로 다시 진입시켜 러시아의 수도 상트 페테르부르크 근해에서 무력시위를 벌임으로써 러시아가 강화를 요청하도록 강요했다.[43]

또한 판데가 영·러 군대의 전쟁터로 변하는 것을 원치 않았던 현지 부족장의 중재 노력과 상대방과의 직접적인 무력충돌을 우려했던 영국 및 러시아 정부의 판단이 맞아 떨어져 영·러 양국은 외교적으로 문제를 풀기 위해 국경위원회(border commission)을 발족시켰다. 그 결과, 양국은 아프가니스탄의 북쪽 국경을 명확히 설정하였고, 추후 외교적 협상을 통해 이 지역을 양국 사이의 완충공간으로 만들어 사태를 평화롭게 종식시켰다.[44] 그러면서도 영국은 아프가니스탄 정부로 하여금 재차 러시아의 침공에 직면할 경우 영국에 의존할 수 있다는

---

42 상게서, 537.

43 Eric J. Grove, 전게서, 71.

44 Raymond Mohl, "Confrontation in Central Asia," *History Today* 19 (1969), 176-183.

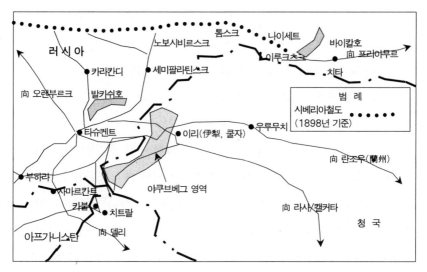

[그림 9] 동투르키스탄: 이리(伊犂 또는 쿨자)를 중심으로 한 교통망(1904년 이전)

믿음을 갖게 했다.45

한편, 동투르키스탄 지방에서는 코칸드 한국에서 추방된 야쿠브 베그가 1870년에 카슈가리아 지방 및 북신지앙(北新疆)성 일부를 장악하고 스스로 지도자로 군림했다. 야쿠브 베그의 영역에는 러시아와 청국 사이의 관문인 이리(伊犂, Kuldja)가 위치하고 있었다. 영국은 이 자를 이용하여 러시아의 남진을 차단하려 한 반면, 러시아는 이리를 과거 몽골군이 러시아로 들어가기 위해 사용했던 중요한 전략적 통로로 간주46하여 영국의 조치에 반발하였다. 이듬해 러시아는 이리에

---

45 Frank Clements, *Conflict in Afghanistan: A Historical Encyclopedia* (Santa Barbara: ABC-Clio, 2003), 198.

46 피터 홉커크/정영목 옮김, 전게서, 520. 이리는 동투르키스탄 지방의 교통 요지로서, 서측으로는 러시아의 주요 군사도시 타슈켄트를 중심으로 사방으로 발달된 도로가 연결되어 있었고, 동측으로는 타클라마칸 사막의 북측 산악지형을 따라 우루무치를 경유하여 란조우(蘭州)로 가거나 또는 티베트의 라사(Lhasa)를 경유하여 인도의 캘커다로 가는 도로가 연결되어 있었으며, 남측으로는 카슈가르 지방을 통과하여 길기트

상당한 군사력을 집중하였고, 청국은 야쿠브 베그의 반란군을 무력으로 진압(1875~1877)하여 신지앙성의 질서를 회복했다. 그러나 청국 대 러시아의 무력대치 상태는 심각한 상태로 남아있었다.

이리 분쟁이 진행되던 기간(1871~1881) 중, 러시아는 레소프스키 (S.S. Lesovskii) 제독으로 하여금 23척의 함대를 중국 연안에 파견해 해군 시위를 하게 함[47]으로써 청국은 러시아와의 전쟁 가능성을 심각하게 우려하였고, 사회는 전반적으로 전쟁 분위기에 빠져 불안감에 젖어 있었다. 1879년 청국의 협상대표 충허우(崇厚)는 러시아와 사태 해결을 위해 협의한 결과, 신지앙성의 7/10에 해당하는 영토를 러시아에 떼어주고, 러시아에게 이리계곡 반환의 대가로 배상금을 지불하며, 몽골 및 신지앙성에서의 무관세 교역 합의 및 만주의 송화강(松花江)에 대한 러시아 운항권 허용 등을 골자로 하는 불리한 조건의 리바디야 조약을 체결했다. 이 조약의 문제점을 뒤늦게 인식한 청국 정부는 비준을 거부했으며, 러시아와 2년에 걸쳐 다시 교섭한 결과 1881년 상트 페테르부르크 조약을 체결하여 이리지방의 대부분을 청국 영토로 귀속시켰고, 리바디야 조약 관련 다른 불리한 조건을 완화시켰다.

또한 중화체제를 유지하려 했던 청국과 이에 도전했던 일본의 갈등구도 속에서 전개된 동북아 3개 국가들 간의 군사·외교적 긴장상태가 1870년대부터 가시화되기 시작했다. 러시아는 조선의 인아정책 (引俄政策)에 따라 시베리아 횡단철도 건설을 결정한 1887년[48] 이후,

---

및 치트랄로 갈 수 있는 도로가 형성되어 있었다. 란조우로부터 중국 내륙의 베이징 (北京)·상하이(上海)·광조우(廣州)·쿤밍(昆明) 등 중국 동부 지역의 모든 곳으로 도로가 발달되어 있었다.

47 김용구, 『세계외교사』(서울: 서울대학교 출판문화원, 2006), 310.

48 A. 말로제모프/석화정 옮김, 『러시아의 동아시아 정책(*Russian Far Eastern Policy 1881~1904: with special emphasis on the causes of the Russo-Japanese War*)』(서

이 지역으로 관심과 팽창 노력을 집중하였으므로 중동(근동) 및 중앙 아시아 지역에서 영국에 대한 경쟁을 보류하였다. 따라서 러시아는 인도 북부 치트랄 및 티베트에 대한 영국의 침공행위에 대해 별다른 대응을 하지 않았다.

4) 동북아시아

동북아시아 지역에서는 유럽식 국제관계가 동양에 전파되기 이전 중국을 중심으로 하는 유교권의 국제질서가 지배하였고, 중국과 주변 국들의 지위는 종주국과 조공국으로 불평등했지만 사대자소(事大字小)의 예(禮)와 교린(交隣)의 관계가 유지되었다.[49]

청국은 1750년 이후부터 1830년까지 세계 제조업 생산량의 1/3 수준을 담당하고 있었던 세계 최고의 경제대국이었다. 청국은 영국과의 교역에 있어서는 주로 차(茶)와 견(絹)을 수출하고 면화와 면직물을 수입했는데 수출이 수입보다 많아 재원이 풍부히 확보된 반면 영국은 재정이 악화되었다. 영국은 무역 역조(逆調) 현상을 타개하기 위하여, 동인도회사가 인도의 벵갈 지방(방글라데시와 그 남쪽)에서 아편을 재배해 상인을 통해 중국 근해로 운반한 다음 몰래 중국에 파는 삼각무역 방법을 썼다.[50] 이러한 부도덕한 교역관행을 근절하기 위해 취해진 청국의 조치를 역이용한 영국은 1차 아편전쟁(1840~1842)을 도발해 남경조약[51]을 체결한 뒤 청국을 강제로 개항시켰고 아편 밀무

울: 지식산업사, 2002), 70.

49 김용구, 전게서, 286.

50 안정애, 『중국사 다이제스트 100』(서울: 가람기획, 2012), 45.

51 남경조약의 주요내용은 다음과 같다: ① 홍콩의 할양, ② 광동 · 하문 · 복주 · 영파 ·

역을 계속하였다. 제2차 아편전쟁(1857~1860)은 청국의 개항에도 불구하고 교역량이 늘지 않은 데 불만을 품은 영국이 애로우호 사건을 빌미로, 태평천국의 난(1851~1864)[52]으로 만주족 왕조의 존립이 위협을 받던 혼란스러운 시기에, 재차 도발함으로써 발발했다. 프랑스는 가톨릭 신부 샤프들레이네(Auguste Chapdeleine)가 중국인을 선동하여 모반을 꾀했다는 죄로 1856년 2월에 사형당한 것을 문책한다는 구실로 참전을 결정했다.[53] 영국은 크림전쟁(1853~1856)에서 서로 협력했던 프랑스를 끌어들여 북경을 함께 공략했고, 북경조약(1860)[54]을 체결함으로써 청국에 대한 강압적인 침탈구조를 강화하였다.

상해 등 5개항 개항, ③ 개항장에 영사 주재, ④ 전비 배상금 1,200만 달러, 몰수된 아편배상금 600만 달러, 공행의 부채 300만 달러 등 2,100만 달러를 3년 이내 지불, ⑤ 공행의 무역독점 폐지; ⑥ 수출입에 대한 관세를 설정하여 공포 (육군군사연구소, 『청일전쟁(1894~1895)』 [계룡: 국군인쇄창, 2014], 92).

52 태평천국의 난은 제1차 아편전쟁 이후 쇠퇴기에 들어선 청조에 대해 반기를 든 광동(廣東)의 기독교도 홍슈치엔(洪秀全, 1814~1864) 등이 중심이 되어 일으킨 혁명운동이었다. 태평천국은 기독교의 교리와 사상을 수용하여 천부상주(天父上主)의 계시에 의해 '토지를 포함한 모든 재산의 공유 및 균분'에 의한 자급자족의 공동체와 균등한 생활의 실천을 통한 이상향을 제시했다. 혁명운동은 가난한 민중들 사이에서 큰 호응을 얻었고, 점차 세력을 늘려 1853년에는 남경을 점령한 뒤 천경(天京)으로 개칭한 뒤 수도로 정했으며, 국호를 태평천국이라 붙였다. 혁명 지도부의 내분에 따른 세력의 약화, 지방 군대의 진압이 성공하여 1864년 종료되었다(상게서, 67, 94-96).

53 Immanuel C. Y. Hsü, *The Rise of Modern China* (New York: Oxford University Press, 2000), 206.

54 북경조약의 주요내용은 다음과 같다: ① 1858년 체결된 천진조약 - 전비배상, 외교관의 북경 주재, 외국인의 중국여행 및 무역의 자유 보장, 기독교 포교 및 선교사 보호, 10개 항구 개방 - 비준, ② 천진 개항, ③ 외교사절의 베이징 주재 허용, ④ 배상금 800만 냥을 지불, ⑤ 프랑스에 대해 몰수한 가톨릭 재산 반환 인정, ⑥ 청국에 의한 자국민 해외이주 금지정책 철폐와 이민 승인(육군군사연구소, 전게서, 93-94). 또한 러시아는 북경조약에 개입하여, 외몽골 일부 및 우수리강 동측지방에 대한 소유권을 획득했다. https://en.wikipedia.org/wiki/Convention_of_Peking (검색일: 2017. 7.29).

그러나 가장 큰 실익은 청국 정부 안에서 영·불의 영향력 확대를 저지하였을 뿐 아니라 불안정한 러·청 사이의 국경문제를 해결하는 데 주력한 러시아가 차지했다. 아래 [그림 10]과 같이, 러시아는 제2차 아편전쟁의 혼란을 틈타 1858년 아르군(Argun)강에서 포함(砲艦)의 무력시위로 청국 교섭대표를 위협하면서 아이훈(愛琿, Aigun, Aihun, Argun) 조약을 체결하여 네르친스크조약(1689)을 번복하였고, 스타노보이(Stanovoy)산맥과 아무르강 사이의 공간을 할양받았다.55 또한 러시아는 영·불과 청국 조정(朝廷) 사이에서 각종 사안에 대한 조정(調整) 역할까지 담당하면서56 외몽골 일부 및 우수리강 동측지방에 대한 소유권을 획득했다. 이로써 러시아는 흑룡강·우수리강·동해로 둘러싸인 연해주(沿海州)를 획득했다. 제2차 아편전쟁의 혼란을 틈타 제정 러시아가 청국과 잠정적으로 획정한 것으로 보이는 양국 간의 국경은 그 이후로부터 지금까지 그대로 유지되고 있다.

19세기 초·중반기에 들어 러시아가 동북아시아에서 보인 팽창주의적 행태는 중앙아시아의 이리분쟁(1871~1881)과 더불어 청국 정부로 하여금 심각한 공로증(恐露症, Russophobia)을 느끼게 했다. 청국 정부의 이러한 상황인식은 조선이 러시아의 팽창을 차단하기 위해 중국과 친교를 유지하되, 해양세력인 일본과 관계를 굳게 맺고 미국과도 연계해야 한다57는 황쭌센(黃遵憲)의 대외정책 가이드라인(朝鮮策略,

---

55 Byron N. Tzhou, *China and international law: the boundary disputes* (Connecticut: Greenwood Publishing Group, 1990), 47; SCM Paine, *The Sino-Japanese War of 1894~1895: perceptions, power, and primacy* (New York: Cambridge University Press, 2003), 69. 이 지역의 크기는 프랑스 또는 미국 캘리포니아주 면적의 중간 정도에 달하며, 동시베리아 산지(山地)에서 사람이 거주할 수 있는 여건을 갖춘 유일한 지역이었다.

56 최문형, 『러시아의 남하와 일본의 한국 침략』 (파주: 지식산업사, 2007), 102.

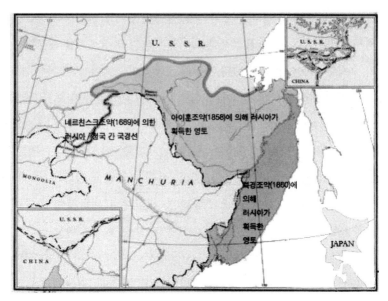

[그림 10] 아이훈조약(1858) 및 북경조약(1860) 관련 러시아의 극동지역 영토 확장[58]

1880)으로 나타났다.

이처럼 유동적인 시대상황하, 두 차례의 아편전쟁에서 서구 제국
주의 국가들에게 굴복하는 청국의 무기력함을 관찰한 일본의 서남지
방 4대―사쓰마(薩摩), 조슈(長州), 히젠(肥前), 토사(土佐)―번주(藩主)
들은 1868년 군사 정변을 단행했고, 영국 및 프로이센의 정치 및 군사
제도를 모방하여 사회 전반에 대한 근대화 작업(메이지 유신)을 시작했
다. 유신세력은 종전의 막부 체제를 타도함으로써 유명무실했던 일본
왕가의 권위를 되살렸고, 국왕을 국민적 역량을 통합하는 구심점으로
이용한 일본식 서구화 작업은 짧은 기간 내 큰 성과를 가져왔다. 일본
은 사민평등(四民平等) 사상을 기치로 신분제를 폐지했고, 입헌군주

57 親中結日聯美.
58 https://www.loc.gov/resource/g7822m.ct002999/(검색일: 2017.7.29).

제도로 전환하였을 뿐 아니라 해군은 영국을, 육군은 프러시아를 모델로 삼아 서구식 군제를 도입하였다. 특히, 군사사상 측면에서 클라우제비츠(1780~1831)의 삼위일체론을 수용하여 국제정치의 한 가지 수단으로서 전쟁의 기능을 철저히 신뢰했으며, 결과적으로 군국주의의 길로 나아갔다.

또한 1873년 청국과 일본은 수호조약을 체결했으나, 타이완에 대한 소유권 문제로 불거진 타이완 사태(1874), 청국과 조공관계를 유지하고 있었던 조선에 대한 침략의 기반을 마련한 운요호(雲揚號) 사건(1875) 및 조일수호조약 체결(1876), 류큐열도(琉球列島) 분할 소유 문제(1877~1881)로 말미암아 양국 간의 관계는 순탄하지 않았다.

그로부터 4년 후 1885년에는 갑신정변(1884.12)에서 드러난 바와 같이, 근대화를 명목으로 조선에 친일(親日)정권을 세워 청국의 종주권을 무력화하려 했던 일본의 기도를 군사력으로 진압한 청국이 조선 정부에 대한 속국화 정책을 더욱 드세게 강요했고, 고종(李載晃)은 러시아를 끌어들여 청국 및 일본을 물리치는(引俄拒日拒淸) 전략으로 돌아섰다. 1885년 4월경 비밀리에 비준된59 조러밀약(1885~1905)의 여

59 ① 淸光緒朝中日交涉史料 卷八(三九〇), 附件 四, 朝鮮統署興俄參贊談革, 28. 최준용, "外交史的으로 본 韓末政局과 巨文島事件,"「法學硏究」, 제9권(1967.4), 238에서 재인용: "영국 支那艦隊가 거문도를 일시 점령한 일이 있어… 有司堂上 嚴世永과 묄렌돌프를 파견하여 일본 나가사키(長崎)에 在泊 중인 英艦隊司令官 다웰(Sir W. Montague Dowell) 해군중장과 교섭케 한 일이 있는데… 在東京「다뷔도프」露公使도 이보다 앞서 韓·露密約協定을 본국 외무성에 상신하고 또 외무성에서도 皇帝의 勅裁를 얻어 상신한대로 결정되었다는 것을 回訓에 왔으므로 즉시 묄렌돌프와 電信으로 교섭을 거듭하고… 近間 슈페이에르 서기관을 漢城에 파견하여 조선 외무당국과 細目을 협정하기로 되었던 것으로 推測이 된다." ② 한국정신문화연구원, 『한국민족문화대백과 제24권(한국가스~호은유고)』(서울: 삼화인쇄주식회사, 1994), 180. 한국민족문화대백과 사전은 조러밀약이 러시아 차르와 조선의 국왕 사이에서 1885년 3월 5일 비준되었음을 다음과 같이 밝혔다: "고종은 1884년 12월에 권동수(權東壽)와 김용원(金鏞元)을 블라디보스토

파로 러시아는 조선을 보호국화하고 동해안의 영흥만(永興灣, 松田灣 또는 Port Lazarev로 불리기도 함)을 조차하는 방안을 검토하였다.

그 당시 청국 대외교역량의 약 65%—이는 영국이 다른 최대 교역 국과 유지하고 있었던 교역량에 견주어 무려 19배에 달하는 규모였음 —를 차지하고 있었고, 청국 수출입 해운의 83%를 차지하고 있었던[60] 독점적 입장의 영국으로서는 이러한 경제적 권익을 지켜내기 위해서 도 한반도를 통한 러시아의 남하 문제에 군사적으로 개입하지 않을 수 없었다.

이에 영국은 1885년 4월 15일 거문도(Port Hamilton)을 불법점령 한 뒤, 이를 작전지원기지로 활용하여 블라디보스토크의 러시아 태평 양 함대를 격멸하고자 하였다. 이리하여 벌어진 거문도 사건은 리홍 장과 라디겐스키의 구두협약에 의거, 청국이 러시아에게 거문도를 양 도하지 않겠다는 조건을 확약한 후, 영국이 거문도 주둔 해군을 철수 시킴으로써 1887년 2월 종료되었다. 공교롭게도 거문도 사건은 아프 가니스탄 북부의 판데(Panjdeh)에서 러시아가 인도를 위협하고 세력

크에 보내어 그 곳의 러시아 관헌과 접촉하게 했다. 그리고 1885년 1월초 묄렌돌프로 하여금 러시아의 훈령에 따라 내한한 주일 러시아 공사관 서기관 슈페이에르와 협의 하게 했다.… 묄렌돌프는 국왕의 밀명을 띠고 갑신정변 사과 사절로 동경을 방문하는 기회를 이용해 2월 16일 주일 러시아 공사 다비도프와 접촉했다.… 3월 5일 묄렌돌프 는 서울에 도착해 고종에게 동경 협의의 승인을 얻었다. 이것이 제1차 한로밀약이다." ③ 최문형, 전게서, 196, 198, 199. 최문형은 한러밀약의 비준 여부를 확인하지 않고 단지 풍문 또는 밀약설 또는 밀약 가능성 정도로 설명했다. ④ 김용구, 전게서, 531-532. 김용구는 1884년 조선이 제안한 韓俄條約("러시아가 조선을 보호해 주고, 인천에 러 시아 군함과 수병을 파견")의 비준 문제를 거론했으나, 최종 비준 여부를 미확인했다. 60 최문형, 전게서, 243. 최문형은 1894년 청일전쟁 발발 직전을 기준으로 이와 같은 영 국의 대청(對淸) 교역규모를 제시했다. 영·청 간의 교역은 1차 아편전쟁(1840~ 1842) 전후로 꾸준히 지속되어 온 점을 감안할 때, 9년 전인 1885년의 영·청 양국 사이의 교역규모도 이에 못지않았을 것으로 추정할 수 있다.

권을 확대하기 위해 군사적으로 도발했던 시점으로부터 불과 보름 뒤에 발생했다.[61]

영·러가 아프가니스탄 북부의 판데에서 외교적으로 타협함으로써 군사적 긴장상태를 완화시킨 것에 반하여, 거문도 사건으로 인해 러시아가 동북아에서 육군 위주 방위전략으로 전환하여 시베리아 횡단철도 건설을 결정(1887)한 조치는 일본을 극도로 긴장시켰다. 서구 열강의 제국주의 정책이 절정에 달했던 19세기 말, 지상 전투력을 적시에 전투현장에 투입하고, 전쟁 소요 인력 및 물자를 교전기간 내내 지속적으로 공급하는 동맥 역할을 했던 철도가 당시로서는 절대적으로 위협적인 전쟁수단이었기 때문이다.

일본은 1854년 개항 이래 러시아를 동·서에서 견제하는 섬나라라는 지리적 동질성 때문에 영국과 자연스러운 동맹관계(natural ally)에 있었다. 일본은 러시아가 시베리아 횡단철도를 완공하여 강력한 군사력을 동북아로 신속히 투사할 능력을 갖추기 이전, 러시아의 극동지역 군사력에 대한 완충공간(세력권)을 확보하기 위해, 먼저 청국과의 전쟁을 벌여 조선에 대한 청국의 영향력을 제거하고 조선을 장악하려 했다.[62]

---

61 이안 힐 니시(Ian Hill Nish)는 판데·거문도 사태 발생 당시 "영국의 양대(兩大) 이익은 인도에 대한 식민지배와 청국과의 교역에 있었는데, 전자가 후자보다 월등히 중요했다고(greatly outweigh) 보았다." 또한 그는 "영국은 러시아가 인도로부터 다른 곳으로 관심을 전환하도록 유도하는 것이 필요했기에 러시아가 극동에서 약간의 행동의 자유(some latitude)를 갖도록 허용하고자 했는데, 그 이후 러시아에 대한 전략적 반격정신, 즉 포트 해밀턴 정신(the spirit of Port Hamilton)은 되살아나지 않았다"라고 평했다(Ian Hill Nish, 전게서, 17).

62 19세기 말 일본은 서구 열강이 자국의 주권을 보호하기 위해 영토 외부에 군사적 완충공간으로서 세력권(sphere of influence)을 확보하는 관행을 잘 이해했다. 군 출신으로서 총리대신을 역임했던 야마가타 아리토모(山縣有朋)는 일본열도의 외곽을 주

1894년 조선은 누적된 관료층의 부패와 방치된 전근대적 봉건체제로 인해 자율적 개혁 및 개방의 기회를 상실하였을 뿐 아니라 동학농민군의 봉기에 직면하여 구체제가 위협을 받는 국가적 위기에 빠졌다. 일본과 청국은 이 전쟁을 진압한다는 명분 속에서 한반도에 진입한 뒤 전쟁상태에 돌입했다. 소위 청일전쟁(1894~1895)에서 승리한 일본은 급속히 패권국가(upstart)로 부상하였으나, 패배한 청국은 아류국가로 전락하여 제국주의 열강의 세력권으로 분할되어 반(半)식민지 상태에 놓이게 되었다.

　　한편, 러시아는 삼국간섭을 주도하여 일본을 강압함으로써, 시모노세끼 강화조약의 결과로 일본에게 할양했던 랴오둥반도를 청국에게 되돌려 준 대가로 1896년 러·청 비밀동맹(李-로바노프 조약)을 체결하였고, 북만주를 관통하는 동청철도 부설권을 획득한 뒤, 이를 시베리아 횡단철도와 연결시키기 시작했다. 당연히, 아무르강 북안을 따라 러시아 영토 내부에 설치하려 했던 원래의 철도 부설계획이 조정되었을 뿐 아니라, 광활한 만주 분지가 러시아의 세력권으로 편입되지 않을 수 없었다. 만주지방과의 관련된 교역(交易)상의 이익이 있었던 미국뿐 아니라, 러시아의 남만주 부동항을 통한 황해-남중국해-인도양으로의 진출을 심각하게 우려한 영국도 마찬가지로 러시아의 팽창을 경계하였다.

　　영·러의 갈등이 동북아시아에서 불거지기 시작한 이 무렵, 1897

권선(主權線)으로, 주권선 외부 완충공간의 선단(線端, edge)을 이익선으로 간주했고, 주권선과 이익선 사이의 완충공간을 세력권으로 설정했다. 당시 일본의 이익선은 만주·화북평야·대만을 연하여 설정되었고, 작전적 종심(縱深)이 얕았던 일본으로서는 먼저 청국으로부터 이익선 내부의 지역(地域) 및 수역(水域)을 탈취한 뒤 러시아의 위협에 대응해야 했다. 따라서 일본은 먼저 청국과 일전(一戰)을 벌이게 되었다(육군군사연구소, 전게서, 207).

년 11월 독일 함대가 산둥(山東)반도에서 활약하던 자국 선교사 피살
사건을 빌미로 자오저우완(膠州灣)을 무단 점령한 뒤, 청국에게 자오
저우(膠州)지방을 독일에게 조차하라고 강요했다. 또한 1897년 11월
독일의 자오저우완 점령은 같은 해 8월 차르 니콜라이 2세가 페테로프
(Peterof)에서 카이저 빌헬름 2세에게 독일이 자오저우완을 점령하는
것에 대해 무조건 동의한 데에 근거하고, 독일의 점령행위(1897.11.14)
는 ―러청밀약(1896.6.3)에 의거 러시아의 지원을 호소한 리훙장의 요
구에 따라― 러시아로 하여금 뤼순항(旅順港, 포트 아터)을 점령하도록
(1897.12.19) 유인(誘引)했으며, 영국이 청국 정부의 요청에 따라 러시
아·프랑스·독일 측의 반대를 받지 않고 1898년 4월 19일 실질적으로
웨이하이웨이(威海衛)항을 조차하게 하는 결과를 가져왔다.[63]

　　러시아는 한 걸음 더 나아가 1898년 3월 다시 청국정부와 요동반
도 조차협정을 맺어 뤼순·다롄항을 합법적으로 조차했을 뿐 아니라,
하얼빈-뤼순·다롄항에 이르는 동청철도의 남만지선(南滿支線) 부설
권마저도 얻어냈다. 러시아는 남만주 지방 및 한반도에 대한 팽창정
책을 노골화하였다.

　　이와 같이 긴박하게 전개되어온 동북아시아를 지향한 러시아의
팽창정책은 당연히 "한반도는 일본의 심장을 지향하는 비수"[64]라고
생각했던 일본인들의 공로증(恐露症)을 재발시켰다. 1898년 4월, 일

---

63 A. 말로제모프, 전게서, 148, 149, 153, 159. F. R. Sedgwick은 "영국이 독일의 행동
　을 선례로 삼아 중요한 항구도시 웨이하이웨이(威海衛)를 획득했고, 이러한 사태의
　진행은 러시아로 하여금 관둥(關東)반도를, 또한 프랑스로 하여금 광조우완(廣州灣)
　을 조차하도록 유도(induce)했다"고 서술함으로써 말로제모프의 의견과 다소 차이
　점을 보인다(F.R. Sedgwick, 전게서, 4).
64 일본 육군대학에 파견되었던 독일 군사교관 메켈소령이 처음으로 언급한 것으로 추정
　된다("Die Koreanishe Halbinsel ist ein Dolchstoss ins Herz von Japan").

본은 러시아와 한반도에서 단지 군사력의 균형을 유지하는 데 합의하였던 대립적 성격의 종전 두 협정—경성의정서(베베르-고무라협정, 1895.5) 및 모스크바 의정서(로바노프-야마가타 협정, 1896.6)—으로부터 진일보하여, 친러시아 성향의 이토 히로부미(伊藤博文)가 입안한 동경(東京) 의정서(로젠-니시협정, 1898.4.25)를 러시아와 타결하였다. 이 협정에 의해 일본은 러시아의 만주지역 내 이권을 인정하는 대신, 러시아로부터 한반도에 대한 일본의 실효성 있는 경제적 지배구조를 인정받음으로써 만한교환(滿韓交換) 개념에 입각하여 동북아에서 러시아와의 대립관계를 종결시켰다.[65]

반면, 양쯔강(揚子江) 유역을 세력권으로 삼았던 영국은 이 지역을 거점으로 삼아 오래전부터 상당한 경제적 이득을 취하고 오고 있었다. 영국은 러시아의 남진정책에 맞서 1898년 6월 7일 샨하이관(山海關)-뉴추앙(牛莊)·신민툰(新民屯) 구간의 철도 부설을 위한 조합(syndicate)을 결성했고, 한커우(漢口)-베이징(北京)-랴오둥(遼東)반도로 연결되는 종적 횡단철도를 부설하고자 했다.[66]

러시아는 영국이 남만주 지역으로 철도를 확장하려고 시도할 무렵, 러청은행을 통해 베이징-한커우 철도 조차(租借)를 위한 조합에 비밀리에 참여하여 양자강 유역의 영국 세력권을 침범했고,[67] 더 나아가 동청철도를 조선의 한 항구뿐 아니라 만주를 가로질러 청제국 북부철도(Chinese Imperial Nothern Railway)와 만나는 지점인 진저우(錦州)까지 연결하고자 시도했다.[68]

---

65 최문형, 전게서, 295; 박종효, 전게서, 32-33, 35.

66 A. 말로제모프/석화정 옮김, 전게서, 167.

67 상게서, 167.

68 상게서, 122, 143, 212. 1896년 1월 리훙장(李鴻章)은 북경에서 샨하이관, 무크덴

다시 말해 러시아의 시베리아횡단철도(TSR)과 영국의 아시아횡단
철도가 동북아에서 각축을 벌이면서, 양국은 서로 상대방의 세력권
내부로 철도를 공격적으로 확장하고자 했다. 동북아 내 영국 대 러시
아의 세력권 대결 구도가 첨예화됨에 따라, 마치 인도 북서부 아프가
니스탄의 판데(Panjdeh)에서 벌어졌던 종류의 무력분쟁이 중국 동북
지방에서 재현될 수 있는 위기 상황이 조성되었다.[69]

　그러나 러시아 재상(財相) 비테가 북경 이남 지역으로의 팽창정책
에 반대했고, 청국 정부가 영국이 제공하는 샨하이관-신민툰 철도 부
설 차관을 수용했으며, 청국과 일본의 관계가 전후 화해 분위기로 점
차 개선되어감에 따라 러시아는 영국과 교섭을 재개했다. 1899년 2
월 영·러는 스콧-무라비요프 협정을 체결하여 동북아에서 긴장을 완
화시켰다. 이 협정에 따르면 영국 및 러시아는 샨하이관(山海關)을 경
계로 하여 각각 상대방의 세력권―영국의 양쯔강 유역, 러시아의 만주

　　(牧丹)] 및 지린(吉林)에 이르는 청제국 북부철도 공사 재개를 청국 황제로부터 승인
　　받았다. 그 외에도 이 철도는 베이징-다구(大沽), 톈진(天津)-뉴우창(牛莊) 구간을
　　포함한다. 그러나 샨하이관-무크덴(牧丹)-지린(吉林) 노선은 1898년 체결된 요동
　　반도 조차조약(租借條約)에 의거 러시아에게 부여된 동청철도 남만지선(南滿支線)
　　구간과 절반 정도가 중복되며, 기실(其實) 러시아에 의해 남만지선의 일부로서 완공
　　되었다.
69　러시아는 시베리아 횡단철도(모스크바-블라디보스토크)의 남만지선(南滿支線, 하
　　얼빈-뤼순·다롄)을 한국의 경의선(서울-의주) 및 프랑스가 건설 중이던 베이징-한
　　커우(漢口) 구간 철도와 연결시킴으로써 모스크바에서 청국 및 한국의 수도까지 단번
　　에 도달하겠다는 원대한 야심을 드러냈다. 한커우는 양자강 유역에 위치한 도시로서
　　러시아의 철도가 이곳으로 진출하면 자연히 영국의 세력권이 침해 받게 되는 사태가
　　발생할 수밖에 없었다. 이는 해양세력 영국 및 일본으로서는 묵과할 수 없는 도전이었
　　다(석화정, 『풍자화로 보는 러일전쟁』 [파주: 지식산업사, 2007], 130). A. D. de
　　Pater & F. M. Page에 의하면, 동청철도는 타르스카야-하얼빈-블라디보스토크·나
　　호드카에 이르는 직선구간과 하얼빈-창춘-지린-하얼빈에 이르는 삼각형 폐쇄구간
　　을 모두 포함한다. 따라서 A. D. de Pater & F. M. Page의 분석 자료에 의하면, 남만
　　지선은 창춘(長春)-뤼순·다롄 구간으로 볼 수 있다.

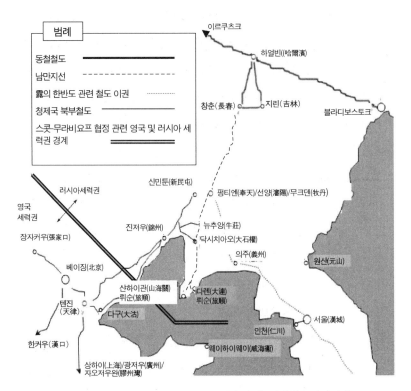

범례

동철철도	━━━━━
남만지선	‐ ‐ ‐ ‐ ‐
露의 한반도 관련 철도 이권	⋯⋯⋯⋯
청제국 북부철도	━━━━━
스콧‐무라비요프 협정 관련 영국 및 러시아 세력권 경계	═════

이르쿠츠크

하얼빈(哈爾濱)

블라디보스토크

창춘(長春)   지린(吉林)

러시아세력권

신민툰(新民屯)

펑티엔(奉天)/선양(瀋陽)/무크덴(牧丹)

영국세력권

진저우(錦州)

뉴추앙(牛莊)

닥시치아오(大石橋)

장자커우(張家口)

의주(義州)

원산(元山)

베이징(北京)

산하이관(山海關)
뤼순(旅順)

다롄(大連)
뤼순(旅順)

텐진(天律)

다구(大沽)

서울(漢城)

인천(仁川)

한커우(漢口)

웨이하이웨이(威海衛)

상하이(上海)/광저우(廣州)/
자오저우완(膠州灣)

[그림 11] 19세기 말·20세기 초 동북아시아 내 영·러의 철도 이권 경쟁

지방―을 인정했다.70

결국, 영·러의 동북아 내 대결구도로부터 파생되었던 러·일 간의 갈등은 동경(東京) 의정서(로젠‐니시협정)에 의해, 영·일간의 갈등은 스콧‐무라비요프협정에 의해, 봉합(封合)됨으로써 동북아 내 정치·군사적 긴장감은 누그러지기 시작했다.

1899년 가을에 산동(山東)지방에서 의화단(義和團)이라고 불리는

---

70 A. 말로제모프/석화정 옮김, 전게서, 170‐171. 그러나 이 협정이 영·러 간의 세력권 경쟁에 대한 계획을 종식시킨 것은 아니었고, 청국인들은 이 협정이 영·러의 비밀스러운 청국 분할 계획을 드러낸 것으로 두려워하였다.

청국의 비밀결사단체가 출현하였고, 이 단체는 산동지방과 북중국 및 남만주 여타 지역의 심각한 기근이 외국인들에게 책임이 있다는 신념에 불타올라, 유럽 선교사들과 이들에 의해 개종된 사람들을 공격하며 세력을 확산시켜 나갔다.[71] 의화단의 적의(敵意)는 우선적으로 유럽 선교사들의 활동에 향해 있었으며, 유럽의 상업과 철도 이권이 청국 오지에까지 침투하여 경제적으로 경쟁이 야기되면서, 그 적의가 더욱 악화되었다.[72] 서구 열강의 청국에 대한 침투에 의해 청국 민중의 배외의식(排外意識)이 높아진 상태에서, 의화단은 민중의 무장조직으로 세력이 급속히 팽창했고, 열강은 청국 정부에게 진압을 요청했지만, 청조는 이 반란을 지지하여 열강에게 선전포고를 했다.

영국·미국·프랑스·독일·이탈리아·오스트리아·러시아·일본의 8개국은 이 사건을 진압하기 위해 1900년 6월말 다구(大沽)에 파병하였고, 약 12,000명의 국제연합군이 텐진(天津)에서 북경까지 진군했으며, 1900년 8월 14일 북경을 개방시킨 후 1년 동안 북경을 점령했다.[73]

1900년 6월말 의화단 사건은 만주로 확산되기 시작했고, 7월 5~7일 의화단이 동청철도 남만지선을 따라 공사 인부들을 공격하면서 이 사건은 새로운 국면을 맞았다. 동청철도를 매개로 동아시아에서 러시아의 영향력을 팽창시키기 위해, 만주 내 철도 건설 사업에 거대한 자금을 지출했던 러시아에게 정말로 심각하고 절박한 문제가 벌

---

71 A. 말로제모프/석화정 옮김, 전게서, 181.

72 상게서, 182.

73 David J. Silbey, *The Boxer Rebellion and the Great Game in China* (New York: Hill and Wang, 2012), 129; 戶高一成, 『日淸日露戰爭 入門』 (東京: 幻冬舍, 2009), 161.

어진 것이다. 러·청 비밀동맹(1896) 및 요동반도 조차 조약(1898)에 의거, 청국으로부터 동청철도 및 남만지선 건설권을 획득한 이래 진행되어 오고 있었던 철도 부설사업 및 철도 방호 문제가 러시아 동아시아 외교의 필수 불가결한 요소였기 때문이다.[74]

의화단 지도자들은 만주의 걸인·부랑자·극빈자 가운데서 단원을 모병하여 7월 4일 무크덴 남쪽으로 200여 마일에 걸쳐 모든 철도 역사(驛舍)를 대대적으로 습격했고, 사흘도 못 되어 러시아 철도 수비병과 몇몇 민간인들을 티흘링(鐵嶺) 북쪽 및 랴오양(遼陽) 남쪽으로 몰아냈다. 7월 6~7일 무렵, 청 제국 칙령이 지린(吉林)과 찌찌하르(齊齊哈爾)에 나붙었는데, 이는 청국 정규군과 의화단이 합세하여 러시아인들을 공격할 것을 명하는 것이었다. 이 칙령이 선포된 이후 의화단 사건은 러시아와의 공개적 전쟁의 성격을 띠었다. 우수리와 아무르 코사크인들에게 동원령이 내려진 이후, 이들이 청국 주민들에 대한 강탈과 살해 행위를 빈번히 벌이자, 청국 주민들은 이에 항거하여 러시아의 기차를 탈선시키고 기관차의 청동제 증기관을 뜯어갔다.[75]

1900년 7월 9일, 쿠로파트킨이 만주를 침공하여 의화단 세력을 분쇄하도록 러시아 군에게 명령한 이후, 러시아군의 공세적 진압작전이 시행되었으며, 1900년 10월 1일 무크덴을 점령함으로써 러시아의 만주 정복은 종결되었다.[76] 그러나 만주 내 러시아 철도 방호체계를 정비하고 주변 영향 지역을 평정하며 잔적을 소탕하는 일은 여전히 러시아 정부가 해결해야 할 과업으로 남아있었다.[77] 또한 러시아가

---

74 A. 말로제모프/석화정 옮김, 전게서, 190, 197, 207.

75 상게서, 196, 199-200.

76 상게서, 204-206.

77 상게서, 207.

1902년을 시베리아 횡단철도 완공 시점으로 간주[78]하여 막대한 국가 예산을 투자하여 부설해 오고 있었던 동청철도 및 남만지선의 조속한 완공·보호·운영 문제는 러시아로 하여금 이 지역에 더욱 집착하지 않을 수 없게 만들었다.

청국이 의화단 사건의 피해국에 사죄사(謝罪使)를 파견하고, 배외(排外)운동을 금지하며, 배상금을 지불하는 것을 골자로 하는 북경의정서(1901.9.7)에 의해 의화단 사건이 마무리 되었다. 이제 러시아로서는 동경의정서(로젠-니시 협정, 1898) 및 스콧-무라비요프 협정(1899)에 의거 확정되었던 동북아 내 러·일 및 영·러의 세력균형 타협안을 복원함으로써, 샨하이관(山海關) 이남의 영국 세력권을 존중하되 만주는 러시아가 점유하고 한반도는 일본의 경제적 영향권 밑에 놓음으로써 이 지역의 안정을 되찾는 일이 남아 있었다.

그런데 만일 동북아시아에서 러·일이 반목과 대립을 중지하고 평화로운 공존을 위해 모종의 협정을 체결한다면, 유럽지역뿐 아니라 중앙아시아 및 동아시아를 모두 내륙 철도망으로 연결시켜 완벽한 전략적 내선(內線)의 이점을 향유하게 될 러시아의 관심이 다시 서투르키스탄 지방의 오렌부르크-타슈켄트 철도 건설로 집중될 것이었음은 당연한 순리였다. 또한 카스피해 동측·아프가니스탄·인도를 지향하는 하는 러시아의 위협과 이에 대한 영국의 저항은 이 지역 내 영·러 간의 불안정한 단층선(斷層線, fault line)을 심화시킴으로써 영국의 안보 불안감은 고조될 뿐 아니라, 물리적으로 영국이 러시아의 막강한 군사력의 위협 아래 놓이지 않을 수 없었다.

세력이 약화되어 가고 있었던 세계 패권국가 영국은 반러시아 전

---

78 상게서, 180.

선(anti-Russian front)의 유지를 위해, 그리고 자국의 경제를 지탱하고 있었던 핵심 식민지 인도의 방위를 위해, 러시아가 자국 또는 인도로부터 가급적 먼 곳의 분쟁에 휩쓸리기를 내심 원했고, 이를 위해서는 일본과 러시아가 동북아에서 동맹관계로 진입하는 것을 극히 두려워하지 않을 수 없었다.

이처럼 미묘한 영·러의 지구적 패권대결 구도는 바야흐로 일본을 국제정치의 총아(寵兒)로 등극시켰고, 영국 및 러시아의 일본에 대한 구애(求愛)와 동맹관계 선점을 위한 경쟁이 치열하게 전개되었다. 1901년 5월 10일 친러(親露) 이토 히로부미(伊藤博文) 내각이 해산된 후 등장한 친영(親英) 카츠라 타로(桂太郎) 내각은 영국과 비밀리에 협상을 거침없이 진행하였으며, 1902년 1월 30일 영일동맹을 체결하여 대외적으로 공표하였다. 물론 이러한 조치는 러시아와의 일전을 각오한 상태에서 취해진 것임은 재론할 필요가 없다.

2. 그레이트 게임의 함의(含意)

현실주의 정치사상가 존 미어샤이머는 강대국들이 지구적 패권국이 되려고 하기 때문에 강대국들은 이 세계에서 영원히 서로 경쟁하도록 운명 지워졌다고 주장했다. 나폴레옹 전쟁 이후 100여 년의 기간 중에도 존 미어샤이머가 지적한 현상이 그대로 드러났는바, 전통적 해양국가 영국과 유라시아의 중심부를 소유한 대륙국가 러시아가 세계패권을 놓고서 치열하게 경쟁을 벌였다.

헌법 및 의회제도를 정착시켜 정치적으로 안정되었던 영국은 19세기 초·중반까지 다른 국가들보다 앞선 기술력 및 경제력 그리고 강력한 해군을 이용하여 세계 모든 바다의 제해권을 장악하였고, 북아메리카·아프리카·인도·오세아니아에 자치령 및 식민지를 운영하여 막대한 부를 축적했다. 비록 러시아는 차르의 전제적 지배체제로 인해 늘 불만세력의 혁명 위협에 노출되어 국내정치가 불안정했지만, 1861년 농노를 해방하는 파격적 조치를 단행하여 국민적 자부심과 일체감을 고양하였다. 또한 러시아는 유럽평원의 남부 곡창지대와 광활한 서시베리아의 농경지를 활용하여 자급자족뿐 아니라 잉여농산물을 수출할 여력이 있었던 풍요롭고 강력한 국가였다.

합리적이면서도 이기적 행위자(actor)로서 국가는 자신의 상대적 권력을 극대화하려 하고, 지속적으로 다른 국가들을 희생시켜 권력을 얻을 기회를 추구하는 속성을 지닌 까닭에[79] 19세기 영국 대 러시아의 권력 투쟁 현상도 이러한 세계정치의 원리와 무관하지 않았다. 러시아를 둘러싸고 있는 대서양·인도양·태평양·북극해를 포괄하는 모든 해역을 지배했던 영국과 유럽·중동(근동)·중앙아시아·동북아시아에 맞닿아 있거나 그 일부분을 점유하고 있었던 거대국가 러시아 사이에서는 지역별로 끊임없이 각종 분쟁이 발생하였다.

다음 [그림 12]와 같이, 영국은 러시아의 외부에서 러시아가 주변부로 팽창하는 것을 봉쇄(contain)하는데 중점을 두었고, 러시아는 영국의 봉쇄선 내부에서 영국의 봉쇄 능력이 상대적으로 약한 곳을 지향하여 돌출(thrust) 및 팽창(expand)을 반복하였다. 다행히 나폴레옹전쟁(1803~1815)이 끝난 뒤로부터 러일전쟁(1904~1905)이 종료될 때까지 러시아의 돌출 및 팽창은 앞에서 언급한 4개 지역 중 어느 곳에서도 성공하지 못했고, 1907년 영러협상을 계기로 양국이 외교적으로

---

79 존 베일리스·스티브 스미스·퍼리리샤 오언스/하영선 옮김, 전게서, 120.

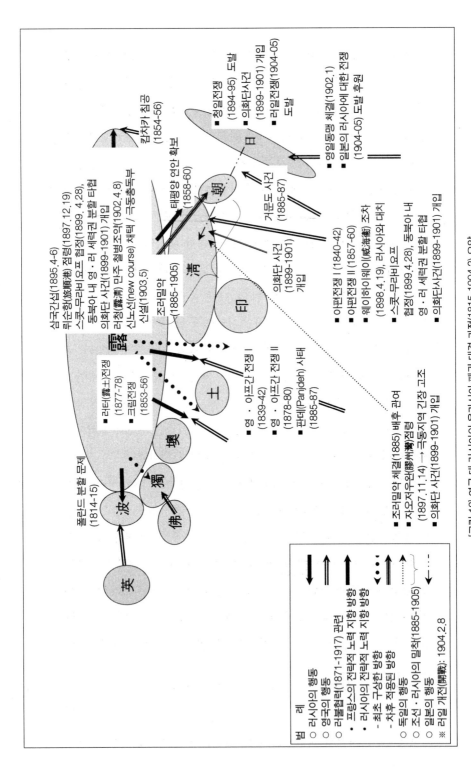

[그림 12] 영국 대 러시아의 유라시아 패권 대결 과정(1815-1904.2) 요약

삼국간섭(1895.4-6)
뤼순항港(旅順港) 점령(1897.12.19)
뤼순・무라비요프 협정(1899.4.28),
동북아 내 영・러 세력권 분할 타협
의화단 사건(1899-1901) 개입
러청(露淸) 만주 철병조약(1902.4.8)
신노선(new course) 체제 / 극동총독부
신설(1903.5)

태평양 연안 확보
(1858-60)

가차카 침공
(1854-56)

청일전쟁
(1894-95) 도발
의화단사건
(1899-1901) 개입
러일전쟁(1904-05)
도발

영일동맹 체결(1902.1)
일본의 러시아에 대한 전쟁
(1904-05) 도발 후원

가린도 사건
(1885-87)

朝

日

露

淸

印

土

아편전쟁 I (1840-42)
아편전쟁 II (1857-60)
웨이하이웨이(威海衛) 조차
(1898.4.19), 러시아와 대치
뤼순・무라비요프
협정(1899.4.28), 동북아 내
영・러 세력권 분할 타협
의화단사건(1899-1901) 개입

의화단 사건
(1899-1901)
개입

라티(露土)전쟁
(1877-78)
크림전쟁
(1853-56)

조러밀약
(1885-1905)

영・아프간 전쟁 I
(1839-42)
영・아프간 전쟁 II
(1878-80)
판데(Panjdeh) 사태
(1885-87)

조러밀약 체결(1885) 배후 관여
자오저우완(膠州灣)점령
(1897.11.14) → 극동지역 긴장 고조
의화단 사건(1899-1901) 개입

埃

獨

波

佛

폴란드 분할 문제
(1814-15)

英

범 례
○ 러시아의 행동
○ 영국의 행동
○ 러불협력(1871-1917) 관련
● 프랑스의 전략적 노력 지향 방향
● 러시아의 전략적 노력 지향 방향
- 최초 구상된 방향
- 차후 작용되는 방향
○ 독일의 행동
○ 조선・러시아의 밀착(1885-1905)
○ 일본의 행동
※ 러일 개전(開戰): 1904.2.8

타협하면서 유라시아 세력권 경쟁은 종식되었다.

특히, 러시아를 주적(chief enemy)을 간주했을 뿐 아니라 러시아가 중동(근동)이나 중앙아시아로 제지받지 않고 진출하는 것을 허용하는 것은 자신의 제국적 지위에 대한 장송곡(death knell)이 될 것이라고 판단80한 영국은 거문도 사건(1885~1887) 이후 영 · 러의 대결구도가 동북아시아로 전환되기 시작한 것을 감지했다. 더 나아가, 영국은 러시아의 청일전쟁(1894~1895) 관련 삼국간섭 주도와 만주(滿洲) 조차 행위, 1897년 우수리 철도(카바로프스크~블라디보스토크 또는 나호드카), 1898년 시베리아 철도(첼리야빈스크~이르쿠츠크)의 완공으로 러시아의 전략적 팽창방향이 동북아시아로 완전히 바뀐 것을 알아차렸다. 비록 영국의 반러(反露) 전선의 동측지역(동북아)이 위협을 받았지만, 동북아시아 보다 중앙아시아를 훨씬 더 중요시했던 영국으로서는 러시아가 인도로부터 더욱 멀리 떨어진 동북아의 분쟁에 휩쓸리게 되는 것을 내심으로 원했다.

끝으로, 19세기 영국이 러시아와 유라시아의 분쟁지역에서 벌인 외교적 · 군사적 행위를 살펴보면 하나의 공통점을 발견할 수 있다. 즉, 영국은 분쟁지역 외부의 해양강국(역외세력 균형자, offshore balancer)으로서 해당 분쟁지역의 세력에 의존해서 동 지역 내 패권국 또는 잠재적 적대세력의 등장을 견제함으로써 지역별로 힘의 균형 또는 우위를 유지하려고 한 것이다.

예를 들면, ① 영국이 나폴레옹 전쟁(1803~1815) 당시 적대적 패권국인 프랑스를 견제하기 위해 대불동맹(對佛同盟)을 주도 및 지원한

---

80 William Leonard Langer, *The Franco-Russian Alliance 1890~1894* (New York: Octagon Books, Inc., 1967), 4.

사례, ② 나폴레옹 전쟁 후 적대관계로 돌아선 러시아의 코카서스·서투르키스탄 방향 팽창을 견제하기 위해 터키·페르시아·아프가니스탄을 친영국가화(親英國家化)하고 지원한 사례, ③ 동투르키스탄의 이리(쿨자) 분쟁 시 러시아의 남진을 차단하기 위해 청국 정부에 반항하는 반란군(야쿠브 베그의 세력)에 의존한 경험, ④ 러시아의 동북아시아에 대한 팽창 위협이 노골화되자 일본과 동맹(1902, 영일동맹)을 체결하고 일본의 군사력에 의존하여 러시아의 팽창을 견제하려고 도모한 점 등을 들 수 있다.

그러나 모든 국가 행위자(state-actor)의 역량은 유한(有限)하고 부침(浮沈)현상을 겪을 수밖에 없는 현실을 감안할 때, 다른 경쟁자와 세력다툼을 벌이고 있는 어떤 국가 행위자가 모든 지역(장소)에서 상대방에 대해 압도적으로 우월한 역량을 유지하는 것은 불가능하다. 다시 말해, 특정 지역(장소)에 압도적으로 우월한 역량을 집중시키기 위해서는 다른 지역(장소)에서 역량을 절약해야 하고, 이에 따른 위험을 감수해야 한다. 아울러 국가역량을 절약함에 따른 위험요인이 상존하는 지역(장소)에서 경쟁자를 견제 또는 타도하기 위해, 해당 지역(장소)의 지리적 동맹세력을 이용하는 것이 가장 효과적이면서도 현실적인 대안이 될 수 있었을 것이다.

영국은 소위 반러시아 전선(anti-Russian front)이라는 유라시아 대륙에 대한 봉쇄망 외부에서 외선의 입지를 견지했으나, 철도망의 확충에 따라 해양력(sea power)에 대해 상대적 우위를 점하게 된 지상력(land power)을 공고히 다져가고 있었던 러시아에게 전략적 주도권을 점차 상실해 가고 있었다. 패권(권력)을 스스로 포기하는 국가 행위자가 없듯, 영국은 생존의 근거지인 본도(本島)와 식민지 인도(印度)를 반드시 사수하면서 러시아를 타도하기 위하여, 결전(決戰)을 치를 장소로서 동북아시아를 선택했다. 따라서 영국은 러시아가 북해·중동·중앙아시아 방향으로 진출하는 것은 철저히 차단했지만, 러시아가 동북아시아에서는 어느 정도 행동의 자유(some latitude)를 누리도록 허용하면서 이 지역에 몰입하기를 내심 원했다.

영국은 동북아시아에서 러시아와 결전을 치르기 위해 - 반러시아 전선의 동측부분을 형성하고 - 유사한 지리적 입지를 지닌 해양국가 일본의 해군력을 이용해야 했으므로, 일본의 해군건설·해상전력 증강·해군부대 훈련을 적극 지원했다. 영국은 시베리아 횡단철도의 미비를 우려하여 일본과 우호적 협정을 체결하려 했던 일각의 러시아 정치 지도자들을 따돌리고, 일본과의 동맹을 선점함으로써 일본이 러일전쟁을 감행할 수 있는 계기와 동력을 제공했다.

참고로, 영·러의 파워게임 구도하 체결된 러불동맹(1891~1917)에 의해 러시아와 프랑스 사이에서 샌드위치 신세가 된 독일은 러시아의 군사력을 이용하여 독일의 동서(東西) 국경을 협공하려 하는 프랑스 국민들의 복수심을 두려워했다. 이러한 지정학적 위치에 놓였던 독일로서는 동측에서 국경을 접하고 있었던 러시아의 전략적 노력의 방향을 유럽대륙으로부터 가급적 먼 곳으로 유인하기 위한 전략을 집요하게 추진했다.

이러한 국제관계적 여건 및 배경 속에서 독일 정부는 조선 국왕의 고문(顧問)으로서 묄렌도르프를 조선 정부에 잠입시켜 조선이 친러시아 대외정책을 취하게 함으로써, 러시아가 동북아지역으로 진출하도록 유인했다. 결국, 이러한 독일 정부의 노력은 청일전쟁(1894~1895) 및 러일전쟁(1904~1905)의 발발을 유도하여 유럽내전(제1차 세계대전)

의 발생을 잠시 지연시키는 효과를 발휘했으나, 삼국동맹 대 삼국협상 국가들 간의 구원(舊怨)과 알력이 유럽 내전으로 비화(飛火)하는 것을 막기에는 역부족이었다.

제3부

영국은 어떻게 역외세력균형 (Off-shore Balancing) 전략을 추진했는가?

I. 19세기 국내외 상황 전개

조지 III(1760~1820), 조지 IV(1820~1830), 윌리암 IV(1830~1837), 빅토리아 여왕(1837~1901), 에드워드 VII(1901~1910)로 이어지는 하노버 왕조[1]의 19세기 통치자들은 대체로 명예혁명(1688) 후 확립된 대의기구(代議機構)로서 의회 및 내각을 존중함으로써 입헌군주제도의 전통을 공고히 하는 데 기여했다. 국왕과 의회의 권력이 서로 견제와 균형을 이루면서 영국의 정치는 안정을 이루었고, 이를 기반으로 조성된 강력한 산업기술력, 경제력, 군사력, 외교력을 이용하여 영국은 지구적 제국으로 도약할 수 있었다.

국왕 조지 III의 재위 기간에는 국왕이 임명한 여러 내각이 의회의 지지를 얻지 못해 연달아 해산되는 등 한동안 헌정의 위기를 맞게 되었고, 의회는 국왕의 의회 표결에 대한 영향력 행사를 중대한 범죄(high crime)로 규탄했다. 국왕은 국민의 의사를 묻는 재선거를 치렀고, 이 때부터 영국 헌법에는 새로운 내각이 의회의 지지를 잃을 경우 자진 해산하고 새로이 선거하는 관례법이 생겼다. 또한 총리는 행정의 수반이자 군대의 최고 통수권자로서 내각을 책임지며, 내각을 해산하

---

1 1714년 이후 영국의 국왕은 독일 하노버 공국의 제후를 겸해왔으며, 1814년 하노버 공국이 왕국으로 격상된 이후 하노버 가문은 영국과 독일의 통합 왕가가 되었다.

거나 선거를 실시하는 권한을 갖게 되었다.[2]

안정된 의회제도 및 대의 민주주의에 기초한 영국식 정치토양 속에서 국왕의 역할은 당연히 제한될 수밖에 없었고, 민의에 기초한 정통성 있는 행정부와 강력한 해군력의 운용은 영국의 국력을 제고시키는데 기여하였다. 예를 들면, 나폴레옹 전쟁이 절정에 치달았던 시기의 조지 IV(1811~1830)는 국민이 따를만한 지도력을 발휘하지 못했지만, 리버풀 총리의 내각이 위기를 수월히 관리하여 전승(戰勝) 및 강화(講和)를 이끌어냈으며,[3] 윌리엄IV(1830~1837)는 "국왕이 내각과 상이한 견해를 장관들에게 밝히더라도, 그들이 나의 견해를 수용하지 않는다면 나로서는 어쩔 수 없다. 나는 나의 의무를 다했을 뿐이다"라고 자인함으로써 국왕은 입헌군주로서 의회의 여론에 반대할 권한이 없음을 인정했고,[4] 빅토리아 여왕(1837~1901)은 행정부 및 각료 임명 문제에 대해 개인적 영향력을 행사하려 했지만 실권이 없었으며,[5] 에드

---

2 彭俊/하진이 옮김, 『영국사』(고양: 느낌이있는책, 2015), 175. 영국 국교회 개혁문제를 놓고서 벌어진 1642~1652년 의회파와 왕당파 사이의 내전기간 중 국왕 찰스 1세가 잔부의회(殘部議會, rump parliament)에 의해 1649년에 처형당하였고, 의회군을 지휘하여 왕당파 군대를 격파하고 내전을 수습한 크롬웰은 입헌주의 정부체제를 발족시켰다. 그러나 찰스 1세의 아들 찰스 2세가 국왕으로서 추구한 보복정치 그리고 그의 아들 제임스 2세의 왕정복고 시도에 대해 영국 의회는 항거하였다. 의회는 제임스 2세의 큰 딸 메리와 남편 윌리엄을 공동으로 왕위에 추대했고, 제임스 2세의 국외 도피로 전제 왕권이 몰락하면서 무혈의 명예혁명(1688)이 달성되었다. 이듬해 채택된 권리장전(權利章典, Bill of Rights)을 토대로 의회제정법이 공포되어 국민의 자유로운 청원권 및 의원 선거의 자유, 의회에서의 언론 자유를 보장하도록 규정했다. 이는 법률로 왕권을 제약하고 국왕의 계승까지도 의회가 결정하는 의회중심의 입헌군주제를 확립시킨 계기가 되었고, 국왕 한 사람이 나라를 다스리던 시대가 끝났다(상게서, 137-159).

3 Kenneth Baker, "George IV: a Sketch," *History Today* 55/10 (2005), 30-36.

4 https://en.wikipedia.org/wiki/William_IV_of_the_United_Kingdom(검색일: 2017.8.6).

5 Elizabeth P. Longford, *Victoria R.I.* (London: Weidenfeld & Nicolson, 1964),

워드 VII(1901~1910)는 군주로서 자신의 정치적 견해가 대중에게 노출되지 않도록 하면서 은밀히 행정부의 예산 편성 문제에 영향력을 행사하려 했을 뿐이었다.[6]

반면, 19세기 후반(後半)에는 보수진영의 디즈랠리 · 솔즈베리 · 밸푸어, 진보진영의 파머스톤 · 글래드스톤 · 로스베리 등의 총리들이 번갈아 가며 국정을 이끌었다. 이 글의 논제와 관련하여, 러일전쟁의 발발을 목전(目前)에 두고 1895년부터 1902년까지 8년여에 걸쳐 총리를 지낸 보수 정치인 솔즈베리와 그의 조카 밸푸어(1902~1905년 총리 역임)의 행적을 중점적으로 살펴볼 필요가 있다.

솔즈베리(1885~1886.1, 1886.7~1892, 1895~1902: 3회 총리 역임)는 남아프리카 케이프식민지(Cape Colony) 내 보어인(네덜란드 이민의 후손)을 혐오했고, 특히 보어인의 수가 영국인 이민자 수를 3:1로 능가하게 되자 식민지에 대한 자치권을 불허했다. 그는 식민지에 대한 자치권 및 자유기구(free institution) 허용은 영국인들을 손과 발을 묶은 채로 영국을 증오하는 네덜란드인들에게 넘겨주는 행위라고 주장하면서 영국이 제2차 보어전쟁(1899~1902)[7]을 단행하도록 결정했으며, 자신의 조카인 밸푸어에게 총리직을 넘겨주었다.[8] 그는 1차 인도상(印度

412-413.

6 Simon Heffer, *Power and Place: The Political Consequences of King Edward VII* (London: Weidenfeld & Nicholson, 1998), 291; Philip Magnus, *King Edward The Seventh* (London: John Mary, 1964), 547.

7 제1차 보어전쟁은 1880.12.16일부터 1881.3.23일까지 영국과 '보어인이 수립한 남아프리카 공화국(South African Republic: 오늘날의 Republic of South Africa의 동북부 지방에 해당하는 작은 국가)' 사이에 벌어진 전쟁이었다. 트랜스바알(Transvaal)전쟁 또는 트랜스바알 반란으로 불리기도 하는 이 전쟁에서 영국이 패배했고, 남아프리카 공화국은 독립을 사수했다(Herold Raugh, *The Victorians at War, 1815~1914: An Encyclopedia of British Military History* [Santa Barbara: ABC-CLIO, 2004], 267).

相)으로 재직(1866~1867)했던 시절, 오리사(Orissa) 지역에 기근9이 발생하여 많은 인도인들이 아사하는 사태 속에서 2천만 파운드 이상의 쌀을 영제국으로 반출하도록 조치한 반면, 인도인들에게는 1백만 파운드 정도의 쌀을 공급하여 인도 민족주의자들을 분노하게 만들었고, 아사자들을 방치한 혐의로 역사가들의 의심을 받고 있는 인물이다.10 그는 2차 인도상 재직(1874~1878)시 소아시아 반도의 미틸렌(Mytilene) 강점정책 관련 내각회의에서, 영국에 대한 경멸적 국제여론의 조성에 따라 영국이 모욕을 당할 것이라는 의견이 제기되자, "만일 우리의 조상이 다른 민족의 권리를 배려했다면, 영제국은 탄생하지 않았을 것"이라고 주장하면서 이러한 논의를 일축했다.11 이와 대조적으로 그는 "수천 명의 영국 하층 노동자의 가족들이 단칸방에서 살면서 온 식구가 함께 먹고 자고 생육(multiply)하고 죽는 인색한 현실을 지적"했고, 노동자들을 위한 신 주택 건축사업 법안을 발동시켜 국가 사회주의자(state socialist)라고 비판을 받기도 했다.12

솔즈베리는 주적(chief enemy) 러시아의 흑해함대가 지중해-대서

---

8 Andrew Roberts, *Salisbury: Victorian Titan* (London: Weidenfeld & Nicholson, 1999), 16.
9 1866년의 오리사(현재 오디샤로 칭함) 기근은 마드라스 이북으로 18만 마일에 달하는 동해안지역에 거주하는 4,750여만 명의 인도인의 생사에 영향을 주었다. 이 기근으로 인해 전체 인구의 1/3이 아사했다. *Imperial Gazetteer of India* vol. III(1907), 486.
10 Dinyar Patel, "Viewpoint: How British let one million Indians die in famine," *BBC News*(재생일: 2016. 6. 10). 다답하이 나오로지(Dadabhai Naoroji)는 이 사례를 증거로 들어 영국이 인도인들의 피를 빨아("sucking the lifeblood out of India") 풍요롭게 되었다는 착취이론(drain theory)을 발전시켰다.
11 John Vincent, *A Selection from the Diaries of Edward Henry Stanley, 15th Earl of Derby(1826~1893) between September 1869 and March 1878* (London: The Royal Historical Society, 1994), 522-523.
12 Andrew Roberts, 전게서, 283-284.

양으로 진출하지 못하도록 차단함으로써 영국 최대의 식민지 인도를 보호함과 더불어 동아시아 국가들과의 교역을 보장하기 위해 지중해 및 수에즈 운하를 보호하는 데 대외정책의 중점을 두었다. 또한 그는 1887년 이태리 및 오스트리아와 지중해협정을 맺음으로써 유럽대륙에 대한 전통적 고립정책으로부터 탈피했다.[13]

영국은 트라팔가 해전(1805) 이후 지리적으로 가장 가까운 경쟁국 (프랑스)의 해군 전력의 1.33배에 달하는 해군력 유지 원칙을 줄곧 유지하다가, 나폴레옹 전쟁 종료 후부터 "세계에서 영국 다음으로 큰 2 개 국가의 해군전력을 합한 것과 대등한 해군전력을 유지"하는 2국 표준주의(two power standard) 전략을 비공식적으로 적용해왔다.[14] 그러나 19세기 말 거세지는 프랑스 및 러시아 해군력의 도전에 직면하여 솔즈베리는 재해권 유지의 필요성을 절감했으며, 1889년에는 해군방위법을 제정하여 2국 표준주의를 공식적으로 채택함으로써 이후 4년에 걸쳐 영국 해군전력을 대폭 증강시켰다. 물론 이는 프랑스 및 러시아의 연합해군 전력을 겨냥한 것이었다.[15]

그러나 이러한 해군의 전력증강 계획을 추진하려면 예산이 조달되어야 하는데, 당시 영국의 경제력을 고려할 때 이 문제는 쉽게 해결될 수 없었고, 1893년에는 급증하는 해군 예산소요로 인해 영국 정부가 공황상태에 빠졌다. 즉, 1890년 초기의 해군예산은 크림전쟁 이후 가장 큰 규모인 1,420만 파운드였으나 1900년까지 불과 10년 사이

---

13 J.A.S. Grenville, "Goluchowski, Salisbury, and the Mediterranean Agreements, 1895-1897," *Slavonic and East European Review* 36 (1958), 340-369.

14 Lawrence Sondhaus, *Naval Warfare, 1815~1914* (New York: Routledge, 2001), 161.

15 Andrew Roberts, 전게서, 540.

에 그 규모가 무려 2배로 증가한 것이다.[16]

러시아 및 프랑스 해군의 위협에 추가하여 1900년 독일이 해군법을 제정함으로써 해양에 대한 야심을 드러내자, 영국은 프랑스·러시아·독일의 해군력과 대등한 전력을 유지하는 것을 골자로 하는 3국 표준주의(three power standard) 정책을 검토했다. 그러나 이를 위해서는 1903~1904년, 1906~1907년의 4개년에 걸쳐 전함 및 철갑함을 더욱 많이 건조해야 했다.

1902년 솔즈베리에 이어 취임한 밸푸어 총리는 해군의 건함계획을 승인했으나 재무상 리치에(Ritchie)는 암울한 경제전망에 직면하여 상당한 우려를 표명했다. 리치에는 조세 급증에 따른 국민의 과격한 반응을 두려워하여 해군예산을 낮추려 했지만, 프랑스·러시아·독일 3국의 위협 때문에 해군상 셀본(Selborne)의 주장을 따르지 않을 수 없었다. 1902~1903 회계연도 및 1903~1904 회계연도의 해군 지출은 3,500만 파운드에서 4,000만 파운드로 늘어났고, 이는 전체 국가예산의 23%에 달하는 규모였다. 해군상 셀본은 해군성이 제시한 이러한 예산은 "국가가 지탱할 수 있는 최대 규모에 매우 근접한"(very near the possible maximum) 것이므로 긴축이 요망된다고 경고했다. 1903~1904년 해군성 예산이 증가된 이유는 애초 칠레에 양도할 목적으로 구축 중이었던 2척의 함정이 ―1902년 영국과 동맹을 체결한 일본과 대치 중이었던― 러시아 해군에 의해 구입되는 사태를 막고자 한 데 있었다. 이처럼 영국의 해군정책은 중대한 위기국면으로 치닫고 있었다. 1903년 10월에는 해군상이 밸푸어 총리에게 재정 전망에 대해 느낀 절망감을 토로했고, 이듬해 1월에는 건함사업의 규모를 약간 축소

---

16 Eric J. Grove, 전게서, 80.

했으며, 4월에는 신임 재무상 오스틴 챔벌린이 "영국의 재정 자원은 영제국의 방위 문제에 있어서 요구되는 모든 수요를 충족시키기에 부적절함을 솔직하게 인정해야 할 때가 다가왔다"고 선언했다.[17]

더욱이 러일전쟁 발발 직전인 1903년의 시점에서 볼 때, 영국의 인도 지배에 직접적 위협을 가하는 러시아의 블라디카프카즈 철도(흑해 동안[東岸] 노보로시이스크-카스피해 서안 바쿠), 중앙아시아 철도(카스피해 동안[東岸]의 크라스노보드스크-메르브/쿠슈카사마르칸드-타슈켄트/안디잔)는 즉각 군사작전을 위해 활용될 수 있었으므로 영국령 인도의 방위에 있어서 큰 위협이 되었다. 비록 아랄해 횡단철도(오렌부르크-타슈켄트)는 공사 중에 있었지만, 이 철도가 완공될 경우 러시아의 육군은 흑해·카스피해를 배로 건너야 하는 불편함 없이 유럽 평원의 군사력을 일거에 타슈켄트에 집결시킬 수 있었으므로, 이 철도는 영국에게 더욱 심각한 안보 위협요인으로 부상하기 시작했다.[18] 1891년 여러 지점에서 동시에 착공된 시베리아 횡단철도는 바이칼호 인근의 일부구간을 제외하고 거의 완공되어가고 있었고,[19] 청국 내 양쯔강 유역의 영국 세력권을 위협했다. 인도를 중심으로 하는 영제국의 핵심적

---

17 상게서, 87-88.

18 블라디카프카즈 철도는 1875년 착공되어 1894년에 로스토프-티코레츠카야-벨산-구데르메스-페트로프스크港까지 개통되었고, 1915년 모든 노선이 완공되었다. 투르쿠메니스탄인들에 대한 군사작전을 위해 1차 개통(1880~1888)에 이어 2차 확장(1896~1915) 공사를 거친 중앙아시아 철도는 1900년 이미 크라스노보드스크로부터 동측으로 안디잔·타슈켄트, 남측으로 메르브·쿠슈카까지 연결되었다. 러일전쟁 발발 직전을 기준으로 볼 때, 러시아군은 아랄해 횡단철도(1900년 양측 종점인 오렌부르크와 타슈텐트에서 동시 착공되어 1906년 1월에 개통)를 즉각 사용할 수 없었다. 그러나 러시아령 유럽평원~흑해 북안의 로스토프~카스피해 서안의 바쿠~카스피해 동안의 크라스노보드스크와 그 동측의 중앙아시아 철도망은 연수육로(連水陸路) 방식으로 즉각 가용했다(AD de Pater & FM Page, 전게서, 35, 161).

19 전지용, 『러시아의 역사』(서울: 새문사, 2016), 108.

안보이익에 대해 러시아 군사력이 미치는 위협의 강도(强度) 측면에서 볼 때, 영국의 반러전선(anti-Russian front) 중 중앙아시아 지역이 동아시아 지역보다 훨씬 더 심각한 러시아의 위협에 노출되어 있었다.

한편, 세계 도처에 백인자치령 및 식민지를 보유했던 해양제국으로서 영국의 소유지(possession)는 아래의 표와 같다. 영제국이 징병대상 · 노동력 · 과세대상 · 실질적 · 잠재적 영국제품 구매자로 이용할 수 있었던 해외인구는 1901년을 기준으로 할 때 대략 2억8천만 명—UN 통계국이 보유한 인구 통계자료의 작성 시점이 일치하지 않으므로 1901년 이후 조사된 인구는 인구증가율을 고려하여 낮게 추산했음—을 상회했고, 영국 본도의 인구 3,800여만 명을 추가할 경우 영국 정부가 이용할 수 있는 가용인구는 무려 3억1,800만 명으로 추정할 수 있다. 이 수치는 동일 시점의 러시아 인구 1억3,000만 명의 2.4배에 달하는 규모였다.

[표 9] 영제국(英帝國)의 해외 백인자치령 및 식민지의 면적 · 인구[20]

구 분		면적(㎢)	인구(명)	비고		구 분	면적(㎢)	인구(명)	비고
북미	캐나다	9,557,793	5,371,315	1901	중동	이집트	1,000,000	11,189,978	1907
	뉴펀들랜드	110,678	217,037	1901		바레인	598	89,970	1941
	바하마	11,404	53,735	1901		아덴	207	80,876	1946
	바바도스	431	182,867	1891		사이프러스	9,251	237,152	1901
	버뮤다	50	17,535	1901		소 계	1,010,047	11,597,976	-
	영국령 온두라스	22,268	37,479	1901	아시아	실론	65,607	3,578,333	1901
	자메이카	11,424	639,491	1891		인도(印度)	4,095,694	238,872,359	1901

---

20 Jeremy Black, *DK World History Atlas: Mapping The Human Journey* (New York: Dorling Kindersley Publishing Inc., 2005), 94-95; Goldwin Smith, 전게서, 703; United Nations, *Demographic Yearbook 1952, Fourth Issue* (New York: Statistical Office of the United Nations, 1952), 104-120.

구 분		면적(㎢)	인구(명)	비고	구 분		면적(㎢)	인구(명)	비고
북미	리워드 아일랜드	1,094	98,540	1901	아시아	영국령 보르네오	5,765	21,718	1911
	트리니다드·토바고	5,128	237,899	1901		말라야 연방	74,949	1,021,503	1901
	윈드워드 아일랜드	789	28,894	1901		홍콩	1,013	386,200	1901
	소 계	9,721,059	6,884,792	-		몰디브 아일랜드	298	72,237	1911
	-	-	-	-		싱가폴	735	220,344	1901
남미	영국령 가이아나	214,962	278,328	1891		버마	585,859	10,490,624	1901
	포클랜드	11,960	2,272	1911		소 계	4,829,920	254,663,318	-
	소 계	253,922	280,600			-	-	-	-
아프리카	바스토랜드	30,343	348,848	1904	유럽	채널(Channel)제도	195	95,618	1901
	베추아나랜드	712,200	125,350	1911		지브로올터	6	20,355	1901
	잠비아	10,368	90,404	1901		말타·고조(Gozo)	316	184,742	1901
	황금해안	204,089	3,735,682	1948		소 계	517	300,715	-
	케냐	582,624	5,186,966	1948	오세아니아	오스트레일리아	7,703,867	3,773,801	1901
	모리셔스	2,094	381,883	1901		뉴질랜드	268,666	815,858	1901
	나이제리아	876,922	?	1952		영국령 솔로몬군도	29,784	94,066	1931
	북 로데지아	751,900	1,816,000	1950		쿠크 아일랜드	259	8,213	1902
	남 로데지아	389,347	1,587,100	1948		피지 아일랜드	18,233	120,124	1901
	세인트 헬레나	122	3,477	1911		길버트·엘리스섬(島)	956	31,121	1911
	세이셸	405	19,237	1901		통가	697	20,700	1901
	스와질랜드	17,364	85,419	1904		소 계	8,022,462	4,863,883	-
	우간다	234,401	4,958,520	1948		총 계	27,652,748	288,194,332	-
	잔지바르·펨바	2,642	264,162	1948	1901년 기준 영국(本島) 인구: 38,236,898명(244,002㎢) ※ 1901년 기준 러시아 인구(추산): 31,363,281명 (21,464,000㎢)				
	소 계	3,814,821	18,603,048	-					

그뿐 아니라 영제국의 면적은 27,652,748㎢로서 러시아 제국의 면적 21,464,000㎢보다 약 600만㎢가 더 넓었으므로, 영국은 농산물 재배 및 광물자원 채취 등을 통하여 국부(國富)를 증진시킬 수 있는

잠재력 측면에서도 러시아보다 우세했다. 물론 영국인 스스로가 인도를 생명선(lifeline)이라고 지칭했듯이, 영국령 식민지 중에서 영국의 제국체제를 지탱하는 데 있어서 가장 결정적인 역할을 했던 곳은 인도였다.

II. 상부구조 및 군사력의 배비(配備)

역사적 시련을 통해 정착된 입헌군주 체제하, 영국 행정부(내각)는 국민 여론 및 야당의 견제 속에서 국가를 운영해야 했다. 영국의 정치는 국민 대다수의 일치된 여론을 조성하는 데 어려움도 있었지만, 국민적 상식에 동떨어진 무모한 국가정책을 입안하여 무리하게 시행하는 우를 피할 수 있었던 점에서 합리성 및 효율성을 발휘할 수 있었다.

내각은 시대적 필요성에 따라 구성 면에서 근소한 차이를 보였지만, 밸푸어 총리 재직 시를 기준으로 할 때, 대법관·추밀원장, 경제성·내무성·외무성·식민지성·육군성·해군성·인도성(印度省)·재무성의 장관(대신) 등을 포함하여 다양하게 구성되었다.

도서국가의 지리적 특성을 갖춘 영국은 전통적으로 바다가 제공하는 천연의 장애물을 이용하여 외적의 침략으로부터 보호를 받아왔다. 그러나 이러한 천혜의 장애물로서 바다의 기능은 외부 침략군이 영국 본도에 발을 디디기 이전, 이들을 해상에서 격멸할 수 있는 능력을 갖출 때에만 발휘될 수 있었으므로 영국 해군의 역할은 절대적으로 중요했다. 19세기 영국 국방군의 2대 군종(軍種, service)인 육군 및 해군 중에서 해군은 방대한 영제국의 식민지와 차치령, 해외 항만 및 석탄보급기지 등을 지탱함으로써 제국을 유지시켰던 선임군종(先任

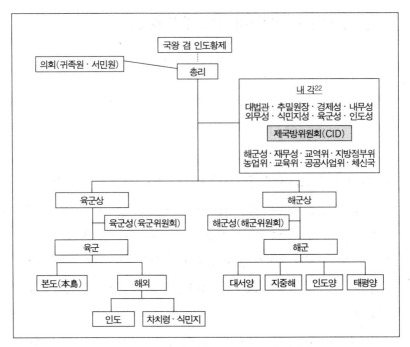

[그림 13] 러 · 일 개전 직전 입헌군주제하 영국군 구조

軍種, senior service)이었고, 영국민은 해군을 자랑스럽게 여겼다. 전통적 해양강국이었던 영국 해군의 피셔 제독이 "영국 육군은 부차적 (subsidiary) 군종으로서 수시로 상륙 임무를 수행해야 하므로 영국 해군이 발사하는 탄알(projectile)"이라고 묘사한 바에서도 이러한 관점을 확인할 수 있다.[21]

반면 매관(賣官, purchase of commission) 및 연공서열(seniority)에 의한

---

21 Franklyn Arthur Johnson, *Defence by Committee: The British Committee of Imperial defence 1885~1959* (London: Oxford University Press, 1960), 62.
22 영국의 내각은 시대별로 그 구성 면에서 근소한 차이를 보이는 바, 밸푸어 총리 재임 시 내각 구성을 기준으로 한 것이다. 스코트랜드, 아일랜드, 랭카스터 지방의 정무를 담당하는 장관은 생략했다.

진급이 관행화되어 있었던 영국 육군은 크림전쟁, 보어전쟁에서 제반 분야에 걸친 문제점 및 아마추어리즘을 드러냈다. 카드웰(Edward Cardwell)이 육군상으로 재임했던 기간(1868~1874) 중, 육군은 매관제도를 폐지하고 예비군을 증강시켰으며 영국 본도를 행정구역으로 나눈 지방군제도를 도입했다. 그러나 그가 육군상에서 물러난 이후 영국사회의 보수적 성격 및 후임 육군상들의 타협으로 인해 그가 시도했던 개혁의 많은 부분이 취소 또는 수정되었다.23 보어전쟁에서 드러난 육군의 난맥상에 대한 비판 여론에 힘 업어, 육군성은 1904년 2월 8일부—이 날 일본 연합함대가 선전포고 없이 뤼순항의 러시아 태평양 함대를 기습 공격했음—로 전쟁수행 참모요원(war staff)으로 구성된 육군위원회(army council)를 신설하여 해군성의 해군위원회(admiralty board)24와 연계된 육군 작전을 담당하도록 했다.25 그러나 해군성의 피셔 제독은 육군성이 작전기능(operations branch)을 갖게 되면 전문 지휘관들의 개인적 책무를 침해할 것이라고 주장하면서 강력히 반대했다.26

특히, 제2차 보어전쟁(1899~1902)을 치르면서 드러난 영국군 지휘

---

23 원태재, "빅토리아시대 영국 육군 개혁에 관한 연구, 1854~1874," 단국대학교 대학원 박사학위논문(1991), ii.

24 해군위원회는 1815년 이전 이미 창설되어 오랜 전통을 가지고 운영되어 오던 해군성의 작전담당 부서로서 인도양 및 태평양을 포함하여 전 세계 해역의 영국 함정의 운용을 통제했고, 함정의 기동 방향 결정 및 적과의 접촉, 보급지원, 장교의 임관 및 진급 문제 등을 총괄적으로 담당했다(Gregory Fremont-Barnes, *The Royal Navy 1793~1815* [Oxford: Osprey Publishing, 2007], 44).

25 Andrew Clark, "The Army Council and Military Medical Administration", *The British Medical Journal* 1(2251) (27 February 1904), 442; Franklyn Arthur Johnson, 전게서, 206.

26 상게서, 63.

체계의 취약성, 보어인 군대 전투력의 과소평가에 따른 군사작전의 연속적인 실패, 영국 본도 육군병력의 축차적 해외 유출에 따른 본도 방위 역량의 저하, 보어인 난민에 대한 잔학행위, 해군 및 육군 간 협조체계의 부적절성, 불량한 야전 위생대책, 과도한 전비(戰費) 사용, 영국 원정군의 활동에 대해 적대적 국제여론과 같은 문제점은 엄격한 보도 검열(censorship)에 의해 가려지거나 축소되었다.[27] 이 전쟁의 전반적인 실상이 알려지면서 영국 국민은 충격을 받았고, 특히 첫해의 전쟁이 장기화되자 국민 및 군대의 사기가 급격히 저하되었다. 또한 육군 및 해군 합동기획체계가 불비한 상태에서 영국 본도에 대한 가상의 침공 위협(imagined invasion danger)을 우려하여 남아프리카의 전선에는 병력이 부족한데도 전투부대를 본도에 잔류시키려고 했던 모

---

[27] 부연하면, 보어전쟁에 대한 전반적 책임은 식민지상(植民地相) 조셉 챔벌린에게 부여되었으므로 육군성(War Office) 및 해군성(Admiralty)의 군사적 노력을 통합하기에 부적절했다. 영국 원정군은 보어인 군대의 훈련·무장 상태, 전장의 지형조건에 대해 무지했으며, 3만3천 명 규모의 보어인 군대에 대해 최초 1만3천 명의 영국 육군을 투입하여 고전했다. 영국 정부는 본국으로부터 축차적으로 4십여만 명의 육군 병력을 증원하였고, 전비로 2.17억 파운드를 소모했다. 또한 장기 게릴라전을 펴는 보어인 군대의 존립 기반을 파괴하기 위해 보어인 장병 가족들을 집단수용소에 감금했고, 비위생적 수용소 내부에서 2만 8천 명의 수용자가 질병으로 사망했다. 또한 영국 육군의 야전 위생상태도 불량하여 2만2천여 명의 장병이 질병으로 사망했다. 당시 국제여론은 대체로 영국에 대해 적대적이었고, 영국 국민 중에서도 반전여론이 심각했다. 그러나 일부 언론인들의 편향적 보도 활동과 정부의 검열에 따라 이 전쟁은 전반적으로 성공한 전쟁으로 홍보되었고, 영국 국민들은 반대시위를 하거나 지지(支持)퍼레이드를 벌이는 두 부류로 나뉘어졌다(Peter T. Marsh, *Joseph Chamberlin: entrepreneur in politics* [Connecticut: Yale University Press, 1994], 483-522; William L. Langer, *The Diplomacy of Imperialism: 1890~1902* [New York: Alfred A. Knopf, 1960], 605-628, 651-676; Denis Judd and Keith Surridge, *The Boer War: A History* [London: I.B. Tauris, 2013], 1-54; G.R. Searle, *A New England?: Peace and War 1886~1918* [Oxford: Oxford University Press], 284-287).

순이 발생하기도 했다.28

　그러나 역설적이지만 보어전쟁에서 노출된 국가적 문제점은 영국 국민 및 관료들을 각성하게 했고, 1900년 솔즈베리 총리가 의회 내 군사전문가가 없음을 개선해야 할 사안으로 지적한 이후29 1902년 밸푸어 총리에 의해 영제국 방위와 관련된 주요 문제에 대한 자문기구로서 제국방위위원회(committee for imperial defence)가 신설되었다. 이 기구는 1904년 1월까지 실험적으로 운영되다가 동년 2월에 상설 조직으로 자리를 잡았다.30 제국방위위원회는 총리를 위원장으로 하고 전 각료, 육해군 장교, 사안별 전문가들을 위원으로 하여 구성되는 내각 내부의 중추조직(inner cabinet)으로서 제국의 방위문제에 있어서 총리의 두뇌 역할을 했으며, 상설 사무국(secretariat)과 분야별 부속위원회(subcommittee)를 포함하였다.31 제국방위위원회는 영국 국민 및 보수·진보 양당으로부터 사랑을 받았고, 내각 관료들의 의사결정 및 집행 기능에 방해가 되지 않도록 "생각하고 자문하는 역할"로 기능을 제한했으며, 제국 방위전략 관련 사안별로 최고의 전문가들이 참여해서 토론하고 최적의 대안을 염출할 수 있는 장을 제공함으로써 내각의 기능을 보좌하였다. 또한 이 조직은 관료·군인·민간전문가를 포함하는 다양한 위원들이 상호 질문 및 설득(inquiry and persuasion)할 수 있는 기회를 보장함으로써 방위문제의 전문가 및 초보자들이 자유롭게 교류하면서 공감대를 형성할 수 있게 했고, 기밀유지 원칙하 육·해군이 개별적으로 제국 방위정책을 기획하는 관행을 불식시켜 육·해군

---

28 Franklyn Arthur Johnson, 전게서, 40.

29 상게서, 44.

30 상게서, 60.

31 상게서, 73-76.

통합 방위기획체계를 정착시켰다.[32]

러일전쟁 발발 직전 영국군의 군사력 배비상태와 관련하여, 시효가 만료된 국가기밀이라도 국익에 해롭다고 판단하면 대외 유출을 금지하거나 파기하는 영국 정부의 관행 때문에, 그 당시 영국 국방력의 총량 및 배비상태를 정확히 파악하는 일은 현실적으로 쉽지 않다. 이에 대한 대안으로서 나폴레옹 전쟁(1803~1815), 크림전쟁(1853~1856), 인도 세포이의 무장봉기(1857~1858), 러터전쟁(1877~1878), 보어전쟁(1899-1902) 관련 연구문헌들을 분석하고, 러일전쟁 발발로부터 가장 가까운 시점까지 확인 가능한 역사자료를 통시적(通時的) 관점에서 연계시켜 영국 육·해군의 군사력 규모와 배비상태를 살펴보고자 한다.

첫째, 1862년 영국 육군 제14 왕립연대 소속 참모장교가 밝힌 당시 영국 육군의 편성 및 배치상태에 따르면, 아래의 [표 10]과 같이 본도에 6만7천여 명, 인도에 29만여 명, 백인자치령 및 기타 식민지에 12만3천여 명이 배치되어 있었다. 영국 육군의 정규군(regular-troops)은 본도 방위부대, 해외의 백인자치령 및 기타 식민지 방어부대, 이를 지원하는 보충부대로 구성되어 있었으며 그 규모는 218,971명이었다.

백인자치령은 영국인들이 대거 이주하여 형성된 해외의 공동체로서 1848년에는 캐나다, 1860년에는 오스트레일리아(서부지역 제외) 및 뉴질랜드, 1872년에는 남아프리카의 케이프콜로니가 자치권을 획득하였다. 육군상 카드웰은 백인자치령으로부터 영국군을 하고 스스로 공동체를 방위하도록 유도했으나,[33] 대부분의 자치령들은 모(母)

---

32 상게서, 81.
33 상게서, 12-15.

제국의 보호를 원했다.

[표 10] 영국 육군의 지역별 배비(配備) 규모(1862년 기준)[34]

구 분			병력(명)	말(匹)	대포(문)	비 고
			내 용			
유럽	본도 (本島) *정규군	근위보병	6,297			타지역 분쟁발생시 해상으로 이동하여 영국군 또는 식민지 혼성군을 지원할 수 있었음
		전열(戰列)보병	33,105			
		여왕근위기병	3			
		연 대	1,311			
		기마보병	10,560			
		마견(馬牽)포병	1,200	29,704	36 (6개 포대)	
		야전포병	5,060		138 (23개 포대)	
		주둔포병	4,680		? (39개 포대)	
		공병	2,316			
		치중대(輜重隊)	1,830			
		의무대	609			
		보급지원대	300			
		소 계	67,271	29,704	174(+)	
해외	인도 (印度)	영국군·세포이 혼성군	218,043		58	
		헌 병	79,264			
		소 계	297,307		58	
	백인자치령 및 기타 식민지 *정규군		123,559		192	
예비부대 (本島防衛)		연금수령 예비군	14,768			
		민병대	45,000			1860년대 초부터 식민지 순환근무
		의용기병	16,080	16,080		
		아일랜드 경비군	12,392			
		의용병	140,000			조선소(造船所) 경비임무 병행
		소 계	228,240	16,080		
보충부대 (本島防衛) *정규군		전열보병	24,770			126개 보충대
		기 병	369	369		9개 보충대
		포 병	2,975			
		소 계	28,141	369		
총 계			744,518	46,153	424(+)	

---

34 런던 소재 통합군 연구기관(United Service Institution)에서 제14 왕립연대 소속 페트리에(Petrie) 대위가 1862년에 제공한 강연으로부터 인용한 자료로서 통계치의

그러나 1858년 세포이 봉기 진압 후 인도 전역이 영국군에게 정복된 이래, 인도에 주둔했던 소수 영국군 지휘부와 다수 현지 원주민 용병(세포이)으로 편성된 혼성군35 그리고 기타 식민지의 영국 용병들은 전 세계에 대해 패권을 휘둘렀던 영국 정부의 필요에 따라 지구상의 모든 분쟁지역으로 전환될 수 있었다. 예를 들면 1856년 인도의 캐닝(C.G. Canning) 총독이 만든 일반모병법(General Service Enlistment Act)에 의거, 힌두인이 대다수였던 세포이들은 근무지역을 벗어나지 않는다는 종교적 의무와는 별개로 크림전쟁, 페르시아전쟁, 청국 원정(제2차 아편전쟁) 등과 같은 영국의 해외전쟁에 투입되었다. 그뿐 아니라 세포이 항쟁을 진압하기 위해 영국 정부는 청국(淸國), 버마, 실론, 모리셔스, 페르시아로부터 증원 병력을 인도로 파견하여 영군군 진압부대를 지원하기도 했다.36

예비부대는 분쟁지역의 부대를 군사적 필요성에 따라 증원 또는 지원하는 부대로서 연금수령 예비군, 민병대, 의용기병, 아일랜드 경비군, 의용병으로 구성되어 있었다. 이 중 4만5천여 명의 민병대는 1860년대 초부터 본도와 해외 식민지 사이를 순환하면서 근무하였다. 보충부대는 전시 정규군 부대가 피해를 입어 병력이 감소할 경우

정확성(accuracy)은 신뢰할 수 있다. *The New York Times* (1862.1.3).

35 세포이들은 동인도 회사가 소유했던 군대의 병사들로서 아무리 열심히 노력해도 장교가 될 수 없었고 영국 군인과의 차별도 심했다. http://100.daum.net/encyclopedia/view/24XXXXX67872(검색일: 2017. 10. 4)]; R. Ernest Dupuy & Trevor N. Dupuy는 세포이들이 벵갈부대·봄베이부대·마드라스부대로 편성되었고, 1857-58년 무렵 그 규모는 23만3천 명에 달했으며, 해당지역 내 정규 영국군 규모는 3만6천 명이었다고 주장한다. (R. Ernest Dupuy & Trevor N. Dupuy/허중권 역, 『세계군사사사전(*The Harper Encyclopedia of Military History from 3500 B.C. to the Present*)』 [서울: 학연문화사, 2009], 1035).

36 박승희, 전게서, 25.

손실된 병력을 보충하는 임무를 수행하였으며, 영국 본도 및 해외 분쟁지역에 대해 훈련된 병력을 지속적으로 제공하였다.

1872년에는 영국 본도를 66개 관구(管區)로 나누고, 각 관구에 2개 정규군 보병대대, 2개 민병대대, 일정규모의 의용군부대, 연금수령자 및 기타 예비군을 포함하여 1개 여단을 편성하였다. 또한 관구별 2개의 정규군 보병대대 중 1개 대대는 해외에 주둔하고 나머지 1개 대대는 본도에 남아 모기지(母基地)로서의 역할을 담당하도록 하는 지방군계획(localization-of-force scheme)이 법안으로 의회에서 통과되었다.

1872년에는 국내에 70개 대대, 해외에 71개 대대가 각각 주둔하고 있었으나, 일련의 소규모 식민지 분쟁을 치르고 난 뒤인 1879년에 이르러 본도에 59개 대대, 해외에 82개 대대가 주둔함으로 격심한 불균형을 보였다.[37] 아울러 1874~1885년의 10여 년 동안 영국 본도의 의용병 규모는 18만1천 명에서 25만1천 명으로 증가했고, 정규군과 같이 소총을 휴대하게 되었다.[38]

1891년 영국 육군은 해외 식민지 방어작전을 위해 2개 군단을 준비해 두었고, 1897년 정규군은 212,000명의 병력을 보유하고 있었지만 그 규모는 1862년의 218,000여 명에 비해 오히려 줄었을 뿐 아니라 다양한 임무를 수행하기에 부족했다.[39]

제2차 보어전쟁이 한창 진행되고 있었던 1900년 3월경에는 정규군 부대가 대거 남아프리카의 교전지역으로 증원되어 본도에는 불과

---

37 원태재, 전게서, 230-234.

38 H.M. & Field Officer and A. Hozier, "England and Europe. 1-The Bulwarks of Empire," *The Fortnightly Review* No. CCXX. New Series(April 1, 1885), 455.

39 Paul M. Kennedy/김주식 옮김, 전게서, 422-423.

1개 대대만이 남게 됨으로써 본도가 침략당할 경우 대응할 지상 전투력이 없게 되어 심각한 안보 불안감이 초래되었다. 이에 신임 육군상 브로드릭(John Brodrick)은 종래의 자원병제도를 중지하고 강제징집을 전제로 영국 본도를 5개 관구로 나누고, 각 관구 당 1개 군단을 주둔시키되, 정규군 12만 명 규모의 3개 군단에게는 해외 원정임무를 부여하고, 잔여 군단은 본도 방위를 담당하는 법안을 마련했으나, 언론 및 야당의 반대로 취소되었다.[40]

둘째, 영국 왕립해군(Royal Navy)은 해외 진출이 본격화된 16세기 이래 해외 자치령 및 식민지의 분포상태를 고려하여 대서양·지중해·인도양·태평양 해역(海域)을 관할하는 함대들을 편성하여 운용해 왔다.

각 함대들에게는 지리적 조건을 고려하여 해양별로 작전책임 해

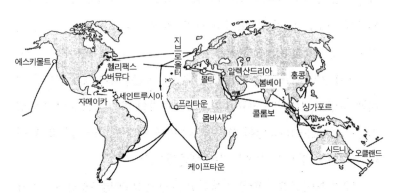

영국의 수중 케이블 주요기지와 석탄 보급지

[그림 14] 영국 해군의 수중케이블 및 석탄보급지 현황(1900년 기준)[41]

40 원태재,『영국 육군개혁사: 나폴레옹전쟁에서 제1차 세계대전까지』(서울: 도서출판 한원, 1994), 295-296.
41 Paul M. Kennedy/김주식 옮김, 전게서, 383.

역이 부여되었으나 실제로 책임 해역이 완벽하게 구분되지는 않았다. 예를 들면, 지중해함대는 포르투갈 해안까지 담당했고, 영국해협 담당 함대는 프랑스 서해의 비스케이만까지 진입하여 스페인 북부해안까지 순양(巡洋)했다. 즉, 모든 해역의 함대들은 부여된 작전공간 내부로 해상활동을 한정하지 않은 것이다.[42] 또한 주요 항만 사이에 설치된 수중케이블을 이용한 전신(電信)체계가 갖춰져 있어 근실시간(近實時間) 의사소통이 가능했지만, 해상에서 작전을 진행하는 함대들은 해군성과 정상적인 교신 없이 최소한의 지침에 따라 독단적으로 판단하여 전투를 진행했다.[43]

또한 영국 해군의 함대는 필요에 따라 승선한 해군 장병들로써 육상전투용 해군상륙부대인 해군여단(navy brigade)을 편성하였고, 이 여단을 교전지역에 상륙시켜 적군과 지상전투를 수행하도록 했다.[44] 해군성의 통제를 받는 해병은 3개 사단 규모로서 ―채텀, 포츠머스, 플리머스에 각 1개 사단이 주둔하고 있었음― 1755년 창설되어 향후 200여 년간 운용되었다. 이러한 영국 해군의 전통과 관습은 러일전쟁 발발 전까지 지속되었다. 이는 외선의 입지에 놓인 영국이 광범위한 유라시아 대륙의 외곽에서 유기적이며 기민하게 군사력을 운용하여, 러시아의 군사력을 봉쇄 또는 격멸시키기 위해 당연히 취해야 할 조치였다.

---

42 Gregory Freemont-Barnes, *The Royal Navy 1973~1815* (Oxford: Osprey Publishing, 2007), 14,17.

43 상게서, 41.

44 Eric J. Grove, 전게서, 68(기술의 발전에 따라 해군이 하선하여 육상에서 교전하는 것보다 승선한 상태에서 해상에서 교전하는 것이 더 좋은 전투방법으로 점차 인식되기 시작했다).

[표 11] 영국 해군함정 보유규모의 변천과정(1808-1858년 기준)[45]

구 분	1808	1814	1818	1834	1839	1842	1844	1846	1858
함정수 (척)	350	713	121	333	228	257	225	252	370
비 고	나폴레옹 전쟁					아편 전쟁 (1)			아편 전쟁 (2) 세포이 봉기

영국은 나폴레옹 전쟁 종료 이후부터 2국 표준주의 전략원칙을 유지했고, 국가의 안보를 선임군(senior service)인 해군에 우선적으로 의존했으며, 수시로 변화하는 해외 정세 및 본도·식민지의 안전에 대한 위협의 정도에 따라 보유 함정의 수를 조절하여 왔다. 1808~1858년 사이의 기간에 대해 집계된 영국 해군력의 변화과정을 보유했던 함정의 수를 기준으로 종합해 보면 위의 [표 11]과 같다.

[표 12] 영국 해군의 작전책임 해역 및 해군기지 운용여건(1885년 기준)

구 분		해군기지 운용여건
대서양	영국해협 해역	본도의 항만에 의존하여 함정 수리 및 석탄 보급
	북미 해역	북측 핼리팩스항, 중간 버뮤다島, 남측 자마이카 및 안티구아島를 활용, 일부 요새화 시설을 제외하고 나머지 시설은 요새화 진행 중
	남미 해역	포클랜드島 활용
	케이프 해역	석탄보급창, 세인트헬레나·아센시온島, 시에라리온, 인근 연안 이용
지중해	지중해 해역	수에즈 운하를 통해 인도, 호주, 청국에 이르는 직통 항로를 관할, 지브로올터 및 말타島의 요새화 시설 이용

45 Gregory Freemont-Barnes, 전게서, 13; Eric J. Grove, 전게서, 1-2, 9, 15, 46; Rebecca Berens Matzke, *Deterrence through Strength: British Naval Power and Foreign Policy Under Pax Britannica* (Nebraska: University of Nebraska Press, 2011), 48.

구 분		해군기지 운용여건
인도양	인도 해역	요새화된 아덴항에서 홍해 출구 확보, 요새화된 봄베이항·실론(트린코말리)·모리셔스의 항만 이용하여 함정 수리
태평양	호주 해역	시설이 매우 열악, 가장 근접한 석탄보급창은 실론 및 싱가폴(4,000마일 이격), 멜보른 및 시드니 항만 이용 가능
	중국 해역	요새화되지 않은 홍콩항을 중심으로 운용, 싱가폴을 경유하여 실론으로 연결되는 중요 교역 중심지, 홍콩 동측으로는 석탄보급창 또는 대피용 항만이 없음. 6,000마일 이격된 홍콩과 시드니의 중간지점에 석탄보급창 설치 요망
	태평양 해역	본도에서 가장 멀리 이격, 가장 광범위한 해역으로서 이용 가능한 항만은 밴쿠버항이 유일, 인근의 탄광 활용 가능

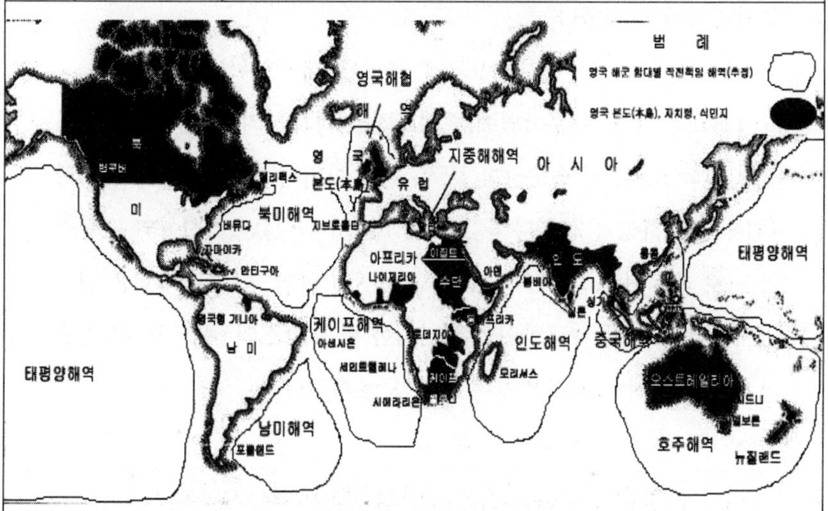

[그림 15] 영국 해군의 작전책임 해역 및 해군기지 현황(1885년 기준)

나폴레옹 전쟁(1803~1815) 기간 중 1808년 350척을 보유했던 영국 해군은 전함 건조에 박차를 가해 1814년에는 역대 최고로 많은 713척의 함정을 취역시켰다가 전쟁 종료 후 3년 뒤에는 121척으로 보유 규모를 과감히 축소시켰다.[46] 1871년 글래드 스톤 총리가 해군

---

46 예를 들면, 1808년 영국 해군이 해역별로 보유·운용했던 함대 현황은 아래의 표와 같다(Gregory Freemont-Barnes, 전게서, 13).

성에 대해 본국 수역(home waters) 위주로 해군력을 운용하고, 그 외부에 대해서는 운용 목적이 명확할 경우에만 해군력을 운용하도록 주문한 바 있다.[47] 해군성은 1885년에 들어 해상작전 및 지원기지 운용의 용이성을 감안하여 전 세계의 바다를 9개 해역으로 구분하였고, 각 해역 내에 위 [그림 15]와 같이 해군기지들을 운용하였다.[48] 즉, 영국해군은 모든 가용 함정을 9개 해역을 담당하는 함대 또는 전대에 임무의 우선순위에 따라 분배함으로써 세계의 모든 바다에 대해 제해권을 유지하고자 노력했다.

아울러 영국정부는 1889년에 제정된 해군방위법(Naval Defense Act 1889)에 의거, 이후 4년에 걸쳐 2천만 파운드의 예산을 사용하여 신형 전함 10척, 신형 순양함 38척, 신형 어뢰정 19척, 신형 고속포함 4척을 건조하도록 하였다.[49] 그러나 1893~1894년 러시아와 프랑스가 서로 제휴하여 12척의 전함을 건조했던 반면 영국은 10척을 건조했으므로,[50] 사실 해군방위법은 러시아 및 프랑스의 해군 군비경쟁을 억제하기보다는 더 부추기는 결과를 초래했다.

구 분	북미 해역	서인도 해역	남대 서양	회망봉 해역	포르투갈 연안	발트해	지중해	인도양	호송· 순양 (全지구)	계
총사령관함	-	1	-	-	-	-	1	1	1	1	-	5
부사령관함	1	1	1	1	1	1	1	2	4	1	-	14
전열함	-	1	4	-	5	4	9	10	24	21	2	80
소형함정	6	20	48	27	4	8	9	9	29	9	4	173
호위함	3	9	10	8	3	1	5	5	26	-	8	78
계	10	32	63	36	13	14	25	27	84	32	14	350

47 Eric J. Grove, 전게서, 55.

48 H.M. & Field Officer and A. Hozier, 전게서, 446-447.

49 Lawrence Sondhaus, 전게서, 161.

50 Jon Tetsuro Sumida, *In Defence of Naval Supremacy: Finance, Technology and British Naval Policy, 1889~1914* (New York: Routledge, 1993), 16.

해군방위법(Naval Defense Act 1889)에 의거 공식적으로 적용하기 시작한 2국 표준주의 원칙이 독일의 건함정책—빌헬름 2세는 독일 해군력을 종전보다 30% 증가시키는 것을 목표로 건함사업을 추진했음[51]—으로 인해 1900년부터는 3국 표준주의로 재전환된 사실은 유럽지역 내 전운이 급속히 고조되었음을 의미했다. 영국으로서는 러불동맹(1891) 구도하 러시아 및 프랑스 연합함대뿐 아니라 건함사업에 박차를 가하고 있었던 독일의 군사적 위협에 직면하여, 지구 도처에 흩어져 있던 함대들은 점차 영국 본도를 중심으로 집결시키지 않을 수 없었다. 실제로 모든 영국 해군 함정들은 북해에서 예상되는 '최후의 대결전'(Armageddon)을 준비하고 있었다.[52]

51 이학수, "해양강대국의 해양전략: 피셔제독과 영국 해군 개혁," 국립중앙도서관 영상자료(검색일: 2017.9.5).
52 Paul M. Kennedy/김주식 옮김, 전게서, 418.

III. 군사력의 운용

1. 전략 목표 및 군사력의 지향 방향

나폴레옹 전쟁 이후 독일민족의 통일(1871)까지 영국은 세계에서 산업화를 선도했던 강국이었고, 단극체제하 힘의 우위(preponderance)를 통해 영국 주도의 국제질서(Pax Britannica, 영국의 힘의 우위에 의한 평화)를 강요할 수 있는 지구적 패권국가였다. 영국의 전략 목표는 힘들게 장악한 국제적 주도권(initiative)을 유지함으로써 Pax Britannica를 지속시키는 데 있었다.

영국은 다른 어떤 제국보다 광대한 식민지를 소유했고, 간헐적으로 발생했던 각종 분쟁에도 불구하고 국가의 해군력과 잠재력은 실제로 그다지 큰 도전을 받지 않았다. 나폴레옹 전쟁이 종식된 1815년 이후 프랑스·네덜란드·스페인과 같은 영국의 주요 경쟁국들의 침체에도 불구하고, 영국은 종종 발생했던 전쟁에서 승리하여 해외 식민지 및 해외자원을 실질적으로 독점함으로써 세계 지배체제를 유지할 수 있었다.[53] 영국은 풍부한 노동력(또는 구매력) 및 천연자원을 제공했던 해외 자치령 및 식민지에 대한 지배체제를 유지하기 위해 해양으로 군사력을 투사할 수 있는 해군이 절대적으로 필요했고, 강력한

---

53 상게서, 286-287.

해군의 보호를 받는 해상 교역체계는 다시 영국의 경제력과 군사력을 강화시켜 주었다.

사면이 바다에 의해 둘러싸인 영국은 육상으로 국경을 맞대고 있는 적대국가가 없었으므로 안보 측면에서 이점을 누리기는 했지만, 대다수의 인구가 자급자족할 수 없었던 여건 속에서 바다가 매우 제한된 기간이라도 봉쇄된다면 국가는 큰 혼란에 빠질 수밖에 없었다.54 더욱이 19세기 후반(後盤)에 들어서는 본도가 적의 공격으로부터 안전하지 않다면 해외 교역(commercial communication)은 무가치해지므로 본도의 안전은 해군력 운용의 기본토대라는 여론과 해안에서 불과 3일만 행군하면 도달할 거리에 있는 수도 런던은 적의 상륙 및 공격에 취약하다는 불안감이 표출되기 시작했다.55

나폴레옹 전쟁 후 본격화된 영·러 세력권 경쟁 구도하 영국 군사력의 지향 방향은 전반적인 국내외 정세와 적대국 러시아의 군사력 지향 방향에 따라 좌우되었다. 영국의 해군 운용 면에서, 홍콩을 중심으로 하는 중국해역 동측의 바다는 본도에서 너무 떨어져 운항 소요시간이 과다했을 뿐 아니라, 증기선의 원거리 운항에 필요한 석탄공급기지도 확보되지 않은 상태였고, 수중 통신케이블이 설치되지 않아 실시간 지휘통제가 불가능했으므로 해군력의 투사가 매우 제한되었다.

아래 [표 13]과 같이, 나폴레옹 전쟁 기간 중에는 서로 협력했던 영국과 러시아가 종전 후 적대로 돌아섰고, 이후 러시아가 중동(지

---

54 H.M. & Field Officer and A. Hozier, 전게서, 437(영제국의 국방을 담당했던 1차적 방위역량으로서 영국 해군의 역할은 식민지를 보호하고, 식민지들 사이 그리고 식민지와 모국 사이의 해상 교역로를 연결시키며, 공해에서 무역선의 안전항해를 보장함으로써 쌀·밀·밀가루 등의 식량 유입을 보장하는 데 있었다[상게서, 440]).
55 상게서, 444.

[표 13] 19세기 영국 군사력 지향 방향의 변화추이

구 분	지향 방향	비 고
나폴레옹 전쟁(1803~1815) 기간 중	유럽(대륙)	對露: 적대 → 협력(동맹)
나폴레옹 전쟁(1803~1815) 이후 크림전쟁(1853-56)까지	유럽 · 중동(근동)	러시아 해군의 흑해 · 지중해 진출 차단에 주력
크림전쟁(1853~1856) 이후 러터전쟁(1877~1878)까지		
러터전쟁(1877~1878) 이후 청일전쟁(1894~1895) 직전까지	서남아시아(인도)	러시아의 인도(印度) 위협 대응
청일전쟁(1894~1895) 이후 러 · 일 개전(1904) 직전까지	유럽(本島)	프랑스 · 독일의 본도(本島) 위협 대응

중해) 방향으로 집요하게 진출을 시도하자 영국은 이를 차단하는 데 주력했다. 지중해로의 출로가 차단된 러시아가 다시 인도로 눈길을 돌리자, 영국은 인도 주둔 영국인 · 세포이 혼성군 및 아프가니스탄 용병을 이용하여 결전에 대비했다. 영국은 러시아가 삼국간섭(1895)을 주도하면서 홀연히 동북아시아(극동) 문제에 깊이 개입하자, 유럽에서 러시아 · 프랑스 · 독일의 3대 적대세력의 위협이 경감되는 행운(good luck)을 누렸다.[56]

1891년 러불동맹이 체결되고 내륙국가 러시아가 유럽평원 내 종횡으로 잘 연결된 철도망을 구축하여 내선전략의 이점을 대폭 강화시킨 이래, 외선의 위치에 놓인 영국은 전략적으로 열세해지기 시작했고, 러시아 군사력의 진출방향에 따라 수동적으로 대응하지 않을 수

---

56 1878년 영국 식민지상 카나본(Carnarvon)은 심각해진 영제국의 안보문제를 해결하기 위해 카나본위원회(Carnarvon Commission)를 발족시켜 2년 반 동안 해외 영국 소유지, 석탄보급기지, 교역체계 보호에 대해 연구했다. 그는 "우리는 진부한 것에 탐닉하고, 필요한 것에는 아끼며, 항상 과거와 같이 행운이 미래의 성공을 보장한다고 생각하고 있다"고 지적하면서, 천혜의 장애물인 바다로 둘러싸인 섬나라 영국의 행운이 미래에도 지속될 수 없음을 강조했다(Franklyn Arthur Johnson, 전게서, 17).

없었다. 러시아군의 진출방향과 관련된 영국 군사력의 대응 문제를 구체적으로 살펴보면, 러시아가 ① 유럽 방향으로 진출할 경우 영국 해군은 러·불 연합함대에 맞서 북해 또는 영국해협에서 결전을 하든가 또는 독일에 의존하여 러·불 연합전력을 상쇄해야 했으나, 독일은 영국의 동맹체결 제안을 거절했고,57 ② 중동(근동)으로 진출할 경우 오토만제국 또는 불가리아 공국과 제휴하여 영국 지중해함대로써 러시아군의 진출을 차단해야 했으며, ③ 중앙아시아의 서투르키스탄 방향으로 진출할 경우 아프가니스탄의 친영정부 및 현지 용병에 의존하여 하여 러시아 육군의 인도(India) 진입을 봉쇄해야 했으며, ④ 중앙아시아의 동투르키스탄으로 진출할 경우 현지 주민 및 용병을 이용하여 러·청 국경의 관문 이리(伊犁, 쿨자)에서 차단하는 것이 요망되었으며, ⑤ 동북아시아의 만주에서 한반도 또는 중국 내륙으로 진출할 경우 일본 또는 청국에 의존하여 러시아군을 타도해야 했다.

2. 러·일 개전(開戰) 직전 영국에게 요망되었던 군사력 운용의 우선순위

영국 정부의 입장에서 위의 다섯 개 군사력 지향 방향의 우선순위를 결정할 경우, 고려할 수 있는 주요 전략적 요인은 영국의 전략 목표, 러시아의 군사력 지향 방향, 해상교통로를 이용한 군사력 투사의 용이성, 해군 수송수단에 의존하는 육군 및 해군 전투력 전환 운용의 용이성 등이다.

---

57 권성순, "러일전쟁에 작용한 황화론 연구: 독일·영국·일본의 외교정책을 중심으로," 부산대학교 대학원 정치학 석사학위 논문(2012), 43-45.

첫째, 19세기말 제국의 생존 전략 문제에 봉착했던 영국은 러시아·프랑스·독일 해군력의 의도적 도전에 대하여 심대한 위기감을 느낀 나머지 3국 표준주의 전략을 검토하기 시작했고, 이를 위해 북해 및 영국해협 일대로 해군력을 끌어모으기 시작했다. 또한 영국은 원해의 자치령이나 경제적 가치가 적은 식민지보다 본도의 방위를 통한 제국의 생존을 보장하는데 다급해졌으므로 영국의 Pax Britannica가 심각한 도전을 받게 되었다.

따라서 영국 해군이 주노력을 유럽의 북해 일대의 본국수역에 지향한다면 본도(本島)에 대한 러·불 연합군 또는 독일군의 침공 및 상륙을 방지하는 생존전략 목표에 가장 잘 기여할 수 있었고, 지중해에 지향한다면 러·불 연합해군이 수에즈운하-홍해-인도양-인도(핵심적 식민지) 방향으로 진출하는 것을 차단할 수 있었다. 반면, 주노력을 대서양의 북미 해역에 지향한다면 서인도제도와의 활발한 교역을 보장할 수 있었고, 아프리카 남단 및 서해안의 케이프 해역에 지향한다면 아프리카 내 식민지에 대한 이권을 유지할 뿐 아니라 수에즈 운하를 이용하지 않는 함정 및 교역선의 운항을 지원하는 것이 용이했다. 또한 주노력을 인도양으로 지향한다면, 아프리카 동해안 및 인도 아대륙(亞大陸)의 전 해안에 대한 경쟁세력의 침투를 방지할 수 있었고, 3C정책에 의거 카이로-케이프타운-캘커타를 연결하는 식민 착취지구를 보다 확고히 지배할 수 있었다. 그러나 주노력을 지리적으로 가장 멀리 떨어진 동북아시아로 지향할 경우 러시아 태평양함대의 남진을 차단할 수는 있었지만 영국 함대에 대한 지휘통제가 곤란했고, 석탄 재보급기지가 없어 필히 동북아 지역 내의 국가들과 협조체계를 구축하여 지원을 받지 않을 수 없었다. 이 경우 더욱 심각한 문제는

본국 수역으로 집중시킨 해군력을 동북아시아로 분산시킴으로써 본
도의 생존 문제가 더욱 심각한 위협을 받게 되는 데 있었다.

둘째, 뒤—[표 19] 및 [그림 22] 참조—에서 언급한 바와 같이 러시
아 군사력의 지향 방향 측면에서 볼 때, 러시아로서도 제반 정세와 여
건을 감안한 군사력 운용의 우선순위는 유럽-서투르키스탄-중동(근
동)-동투르키스탄-동북아시아 순이었다. 따라서 철도체계의 이점을
활용하여 지리 · 전략적 주도권을 쥔 러시아의 행동에 대응해야 했던
영국으로서도 군사력 운용의 우선순위는 어쩔 수 없이 위에 준했을 것
이라고 판단할 수 있다. 참고로, 영국 육군은 해외로 원정작전을 수행
할 경우 반드시 해군 함대의 보호를 받는 군용 또는 민간 수송선을 사
용해야만 교전 지역으로 이동할 수 있었고, 일단 군사작전이 진행되면
작전은 지속시키는 데 필요한 보충병력 및 군수지원 물량의 지속적 운
송도 해군에 의존할 수밖에 없었으므로 해군에 종속될 수밖에 없었다.

셋째, 해상교통로를 이용한 군사력 투사의 용이성은 자연히 본도
로부터의 원근 여부와 영국이 당시 구축해 놓은 해외 항만(港灣) 및
선박 수리시설, 석탄 보급기지, 수중 전신케이블 상태와 연계하여 고
려되어야 한다. 군사력 투사의 용이성에 대한 우선순위를 판단해본다
면, 본국 수역-지중해 해역-인도양 또는 북미해역-태평양 순이 될
것이다. 특히, 영제국 인구의 절대 다수는 1901년 기준 2억3천8백여
만 명에 달했던 식민지 인도의 원주민이었고, 이들은 영국의 경제력
및 군사력을 지탱시키는 보루(堡壘)로서 절대적으로 사수해야 할 대
상이었다.

넷째, 해군 함정을 이용한 육상 및 해상 전투력 전환 운용의 용이
성 측면에서 볼 때, 본도로부터 멀리 떨어진 해역으로 함대를 신장 배

치할 경우, 유사시 이 전력을 본도로 전환하는 데 많은 시간이 걸리고, 요구되는 시기에 본도로 복귀하지 못하는 함정 및 함정에 승선한 육군 병력은 유휴화(遊休化)될 가능성이 높아진다. 따라서 군사력 전환 운용의 용이성이 가장 높았던 곳은 본국수역이었고, 가장 낮았던 곳은 동북아시아 해역이었다.

[표 14] 러·일 개전 직전 영국에게 요망되었던 군사력 운용의 우선순위

해군	대서양 (영국해협·북해)	지중해	인도양		태평양 (동북아 근해)
	1	2	3		4
육군	유럽(本島)	중동(근동)	서투르키스탄	동투르키스탄	동북아시아
	1	3	2	4	5

[그림 16] 러 · 일 개전 직전 영국에게 요망되었던 군사력 운용 구역 · 우선순위

1871년 통일된 민족국가 독일제국의 등장 이래 조성된 유럽 내 세력균형의 변화에 발맞추어, 영국은 핵심 식민지 인도를 제외한 잔여 해외 소유지 내 방위전력을 절약하여 임박한 유럽대륙 내 전쟁 발발 가능성에 대비하였다. 영국은 본도 및 주변 해역 방위전력을 증강하고자 노력하지 않을 수 없었다. 이처럼 급박하게 변화했던 유럽의 정세를 배경으로 위의 네 가지 주요 전략적 고려 요소별 분석결과를 종합해 볼 때, 영국에게 요망되었던 군사력 운용의 우선순위는 위 [표 14] 및 [그림 16]과 같이 평가해볼 수 있다.

3. 군사력의 실제 사용

전술(前述)한 바와 같이 세계 패권국 영국은 러시아의 도전에 맞서 Pax Britannica를 유지하고자 했으며, 러·불 동맹의 연합 해군력에 추가하여 해양 진출에 새로이 가세한 독일 해군의 도전에 직면하여 북해의 본도뿐 아니라 해외 자치령 및 식민지가 위협을 받았다. 당시 심각한 재정난에 봉착한 영국의 해군력은 최우선적으로 북대서양의 영국해협 및 북해에서 운용되는 것이 순리에 맞았다. 그러나 영국이 일본을 방치했다면, 러시아와 일본이 우호관계로 돌아서 상호 타협하였을 것이고, 이는 극동지역의 반러전선(anti-Russian front)의 붕괴를 초래했을 것이며, 궁극적으로는 일본의 묵인 또는 협조하에 러시아 태평양 함대가 인도양으로 진출하여 인도를 위협하게 되는 위기상황을 야기하였을 것이다.

마침 차르 니콜라이 2세가 솔즈베리 총리의 여러 차례에 걸친 대러(對露) 협상 요구(1885~1904.1)를 무시해버리자,[58] 영국은 러시아와의 외교적 타협이 사실상 불가능해졌다. 그뿐 아니라 영국은 동북아(극동)지역에서 운용할 군사력도 매우 부족했으므로 일본의 군사력에 의존한 대러(對露) 간접투쟁(indirect war) 외에는 다른 대안이 없었다. 특히, 러시아가 극동지역의 이권을 포기하고 다시 서투르키스탄을 통해 인도 서북부를 위협하는 정책으로 선회한다면, 영국에게는 더욱

---

58 Evgeny Sergeev, *The Great Game 1856~1907: Russo-British Relations in Central and East Asia* (Washington DC: Woodrow Wilson Center Press, 2014), 287-291, 304-305, 307(영국 총리 솔즈베리는 1885년 12월부터 인도[India] 전선[前線] 확보를 위한 목적으로 극동문제 관련 중재 역량을 유지하고자 했으며, 공로증[恐露症] 제거를 위해 러시아에 대해 협상전략을 추구했다. 1896년 9월 27~29일, 러시아 차르 니콜라이 2세가 영국을 방문했을 때, 솔즈베리는 양국 간 쟁점[터키해협, 페르시아, 인도, 극동 지역에서의 갈등]에 대한 논의를 시도했으나, 니콜라이 2세는 솔즈베리가 러시아와 유럽 대륙국가들 사이의 협력관계 및 러청 비밀동맹[李-로바노프 조약, 1896.6.3]에 쐐기를 박으려 한다고 의심하여 거부했다. 1898년 1월에는 솔즈베리가 차르에게 청국 문제 위주로 협상을 요청했으나, 니콜라이 2세는 영국의 대청[對淸] 차관 제공, 웨이하이웨이[威海衛] 점령, 청국 동북지방 내 이익의 균형 파괴 행위를 빌미로 협상을 중단했다. 1899년 2월 스콧-무라비요프 협정이 체결되어 러시아는 영국의 양쯔강 유역 내 상업적 이권에 미개입하고, 영국은 러시아의 청국 동북부[만주] 내 이권에 미개입한다는 원칙에 합의했다. 이 협정으로 영·러는 청국 내 철도 이권 관련 타협안[delimitation of British and Russian spheres of railway concessions]을 마련하여 아시아 내 그레이트 게임은 종식될 조짐을 보였다. 그러나 그 이후 영국이 청국 육군을 재편성하고, 상하이[上海]-뉴우창[牛莊] 구간의 철도 건설에 예산을 제공하겠다는 의사를 표명한 것은 러시아의 등 뒤에 비수를 꽂는 일[stab Russia' back]이었다. 1899년 말, 영국은 러시아에게 영-일-러 3자 동맹 체결을 제안했으나, 러시아는 한국에 대한 러시아의 침투를 영국이 거부한다고 주장하면서 반발했다. 1903년 후반기에 한국에 대한 러·일 간 쟁탈문제[scramble]와 중동 바그다드 철도와 관련된 열강들의 경쟁으로 인해 국제적 긴장이 고조되자, 영국 정부는 영불 협상[1904년 4월 영불화친조약으로 귀결]을 시작함과 거의 동시에 러시아 정부에 대해 외교적 접근[diplomatic advances]을 재개했다. 그러나 러시아 정부는 1904년 1월 영국 외무성이 러시아에 다시 보낸 세력권 확정에 관한 합의서 초안을 거들떠보지도 않았다).

영국라 일본.... "내가 뒤에 있어.... 바로 뒤에 있으니까. 자, 앞으로 나가. 무서워하 상대는 동작도 느리고 머리도 우둔하니까 걱정 말고. ..."

[그림 17] 러 · 일 개전 관련 영국의 군사력 간접운용(間接運用) 풍자화[59]

큰 국가적 위기가 초래되므로 이 또한 방지해야 할 문제였다. 다시 말하면, 영국으로서는 러시아가 극동에서 일본과의 전쟁에 휩쓸려 들어가도록(embroil) 유도하는 데 외교적 역량을 집중하지 않을 수 없었다.

이러한 전략적 필요성에 따라 영국은 – 동북아 문제를 놓고서 일본과 타협안을 마련하고자 꾸준히 노력했던 러시아에 앞서 – 일본과 군사동맹을 서둘러 체결하지 않을 수 없었다. 1902년 1월 30일 체결된 영일(군사)동맹은 사실상 양국이 러시아 및 그 동맹국 프랑스에 대해 공동으로 투쟁하겠다는 것을 약속한 것이었고, 그 후 약 열흘 뒤 러시아의 팽창정책을 억제하려는 목적으로 동맹의 내용을 의도적으로 공개하였다. 일본 총리를 역임했던 이토 히로부미(伊藤博文)의 상트 페테

---

59 조르주 비고·芳賀徹·淸水勳·酒井忠康·川本皓嗣 編,『비고-素描 콜렉션 3 - 明治의 事件』(東京: 岩波書店, 1989). 석화정, 전게서, 40에서 재인용.

르부르르 방문 및 차르 니콜라이 II 알현으로 일본과의 외교적 타협 가능성을 기대했던 러시아는 심각한 모독감을 느꼈고 영일동맹에 대해 분노했으며, 일본에 대한 러시아의 혐오감이 심화되었다.[60]

결국, 영국은 러·일 개전 직전 자신에게 요망되었던 군사력 운용의 우선순위를 철저히 준수함으로써 육·해군의 주력을 본도 방위를 위해 효과적으로 운용했다. 아울러 영국은 한반도와 만주를 배경으로 한 러일전쟁에 대비하여 일본의 전쟁준비를 뒤에서 지원했으며, 동시에 유럽·근동 방면의 러시아 해군력의 극동지역으로의 전환을 차단 또는 방해하는 데 군사·외교적 역량을 집중했다. 이와 같은 영국의 대일(對日) 지원은 일본으로 하여금 도저히 승리할 가능성이 없는 무모한 대러(對露) 전쟁을 단행할 수 있게 했다.

영국의 대일(對日) 지원 사례로서, 1902년 7월 7일에는 영·일 군사대표들이 태평양지역의 문제를 논의하기 위해 만주와 한반도에 대한 비밀자료 상호 교환 규정을 체결했고, 양국은 합동정보국(joint intelligence bureau)을 상하이(上海)와 톈진(天津)에 설치했다.[61] 또한 영국의 은행가들은 거금의 전쟁자금을 일본의 협력자들에게 대출해주었고, 영국의 무기 제조업자들은 일본이 주문한 무기들을 조달했으며, 언론보도에 의하면 영국 해군 장교들은 전쟁에 대비하여 일부 일본 전함의 선원들(crews of some Japanese men-of-war)을 훈련시켰다. 1903년에는 그린위치(Greenwich)에 소재한 영국 왕립 해군대학(Royal Naval College)에서 전략 워게임(strategic war game)을 실시하여 영·일 협력체제하 태평양상의 영국 해군기지 방호문제, 영국 지중해 함대와

---

60 하야시 다다스/A.M. 풀리 엮음/신복룡·나홍주 옮김, 전게서, 203.
61 Evgeny Sergeev, 전게서, 295.

러·불 연합전대(flotilla)의 교전 문제를 모의연습(模擬演習)했다. 비록 밸푸어 총리는 러일전쟁에서 중립적 자세를 견지하겠다고 표명했으나, 사실상 일본에게 호의적(好意的) 태도를 취했다. 1903년 8월 초 러시아가 극동총독부 및 극동문제특별위원회를 신설하자, 영국 정보기관은 합동정보국의 활동 관련 정보를 대량으로 획득하여 일본과 공유함으로써 러·일 간 분쟁의 임박성을 파악하고 대비했다.[62]

---

62 상게서, 296(보도에 따르면 1905년 5월 쓰시마 해전 기간 중 영국 해군장교들이 일본 전함의 선원들을 지휘했다고 한다).

제4부

러시아와 일본은
어떻게 영국의
역외세력균형 전략에
대응했는가?

I. 러시아의 전략적 선택

1. 19세기 국내외 상황 전개

알렉산드르 I(1801~1825), 니콜라이 I(1825~1855), 알렉산드르 II
(1855~1881), 알렉산드르 III(1881~1894), 니콜라이 II(1894~1917)로 연
결되는 19세기 러시아 차르(황제)들의 계보를 분석해 보면, 낡은 봉건
체제의 불합리성을 개혁하기 위해 노력했던 두 명의 차르—알렉산드
르 I, 알렉산드르 II—를 제외하고 나머지 차르들은 모두 개혁에 소극
적이었거나 반대하였다.[1]

---

1 알렉산드르 1세는 나폴레옹의 모스크바 침공을 분쇄한 뒤 제6차 대불동맹군을 지휘하여
  파리를 점령했을 뿐 아니라, 서구 계몽주의 사상에 따라 「입헌군주제」를 도입하기 위한
  국내정치 체제의 개혁과 농노의 해방 문제를 계획했으나 실행하지 못했다(Alan
  Palmer, *Alexander I: Tsar of War and Peace* [New York: Harper and Row, 1974],
  52-55). 알렉산드르 2세는 선친(先親) 니콜라이 1세가 치룬 크림전쟁(1853~1856)
  에서 패전한 러시아의 군제를 개혁하여, 군구제도(軍區制度)뿐 아니라 모든 신분의 남
  자에 대한 국민개병제를 정착시켰고 전략철도를 확충했다. 가장 큰 치적으로서 그는
  농노를 해방시켰고, 프랑스 방식의 사법제도를 도입했으며, 지방의회(또는 차치기구)
  인 젬스트보를 활성화하였다(Edvard Radzinsky, *Alexander II: The Last Great Tsar*
  [Washington DC: Free Press, 2005], 150-151). 그가 1861년 3월 3일 농노제 폐지
  칙령을 발표할 당시, 러시아의 대다수 인구는 농노로서 황실 또는 사인(私人) 지주들에
  게 귀속되어 있었다. 황실 소유의 농노(crown peasant) 인구는 약 2,225만 명으로서
  1863년 해방되었다. 불과 10만 9,340명의 사인(私人) 지주들에 의하여 소유된 농노는
  약 2,200만 명—이는 사인 지주 1명당 평균 201명의 농노를 보유했음을 의미함—이었
  고, 이들이 1865년 7월에 가서야 자유로운 신분이 됨으로써 농노제가 완전히 종식되었

300년 넘게 지속된 로마노프 왕가의 러시아 통치 기간은 전제정치 체제를 벗어나지 못했고, 절대군주제(absolute monarchy) 아래에서 국가 권력과 부(富)는 차르에 의해 통제 및 분배되었다. 차르는, 헌법에 귀속될 뿐 아니라 입법권에 의해 견제되는 입헌 군주보다 더 많은 권력을 지녔고, 러시아 정교회의 수장을 겸임하면서 종교적 문제에 있어서도 서구의 군주들보다 더욱 많은 권한을 행사했다. 러시아의 전제정치 체제에 대해 크리스챤 월마르는 "차르의 말은 법이었고(Tsar's word is law), 19세기 말의 러시아 행정은 다가오는 20세기의 근대적 이념이라기보다는 18세기의 봉건주의와도 같았으며 러시아는 여전히 절대군주제도가 지니는 원시적 체계에 의해 통치되고 있었다"[2]라고 혹독하게 비판했다.

제정 러시아에는 보야르(boyar)두마[3], 지방의회(자치적 행정기구)인 젬스트보(zemstvo)[4], 시의회(municipal duma)[5]와 같은 전근대적 대의

다(War Office Intelligence Div., *The Armed Strength of Russia – Primary Source Edition* [London: Her Majesty's Stationery Office, 1882], 9).

2 Christian Wolmar, 전게서, 2, 47.

3 10~17세기에 불가리아, 키에프, 모스크바, 왈라치아, 몰다비아, 루마니아 공국에서 구성되었던 군주 다음으로 높은 귀족인 보야르들의 협의체를 의미한다. 최초 10~12명의 보야르로 구성했다가, 1616년에는 20명으로, 1636년에는 50명—이 중 1/3만이 보야르 두마를 구성—으로 증가했다(Gustave Alef, "Reflections on the Boyar Duma in the Reign of Ivan III," *The Slavonic and East European Review*, 45, 104 [1967]: 76-123).

4 젬스트보는 알렉산더 II(1855~1881) 재위 시 추진된 대규모 진보적 개혁 조치의 일환으로 신설된 지방 행정기구로서 1864년 처음으로 관련 법령이 효력을 발휘했으나 1917년 10월 혁명 이후 폐쇄되었고 노동자 위원회로 대체되었다. 젬스트보는 최저 계층의 공동체에 의한 지방자치제도로서 등장하여 선거구 및 주 의회의 형태로 지속되었고, 1864년 각 선거구 및 각 주별로 한 개의 지자체를 설립했다. 지자체는 대의원회 및 행정위원회로 구성되었으며, 5개 계층—590에이커 이상의 토지를 소유한 대지주, 소지주 대표, 상층 마을주민 대표, 중·하층 도시주민 대표, 농민 대표—의 의견을 대변했다.

(代議)기구(representative institution)들이 미진한 상태로 남아 있었으나 전제적 사고방식을 지닌 알렉산드르 III의 반대에 부딪쳐 발전하지 못 하였고, 서구식 국가의회(state duma)는 1905년 민중혁명의 압력에 의해 이듬해에 어쩔 수 없이 도입되었다가 1917년 해체되었다.

러시아의 마지막 차르였던 니콜라이 II는 황태자 시절 미국을 공식 방문하여 미국 의회제도의 장점을 관찰했으며, 1893년에는 영국을 방문하여 의회의 논의과정을 관찰한 뒤 입헌군주제도에 대해 감동을 받았음에도 불구하고, 러시아 기득권 계층의 이익을 조금이라도 포기 시키려 하지 않았다. 그는 지방의회(zemstvo) 출신의 농민 및 노동자 대표단의 입헌군주제 수용, 황실 개혁, 농민 생활여건 개선대책에 관한 건의를 무시했다.[6] 그는 오히려 "내가 이해하기로는 지난 몇 달 동

러시아 전체 인구 중 귀족이 차지하는 비율이 1.3%에 불과했으나, 젬스트보 구성원의 74%는 귀족으로 구성되어 더욱 큰 표결권한을 행사했다. 그럼에도 불구하고, 젬스트보는 더욱 많은 사람들로 하여금 그들의 작은 공동체 운영—교육, 의무, 구호, 복지, 식량 공급, 도로정비 등—에 대해 발언의 기회를 갖도록 했다. 알렉산드르 III는 1890년 6월 25일자 칙령에 의거 젬스트보의 권한을 엄격히 제한했고, 관할 지방행정관에 복속시켜 젬스트보 회원들을 규제하였다(Terence Emmons & Wayne S. Vucinich, *The Zemstvo in Russia: An Experiment in Local Self-Government* [Cambridge: Cambridge University Press, 2011], 34; War Office Intelligence Div., 전게서, 8).

5 모든 가구주, 세금납부 상인, 노동자들은 개인별 보유 재산 순으로 시의회에 등록했고, 전체 재산의 가치를 3등분하여 3개의 선거인단을 구성했으며, 각 선거인단은 시의회를 위해 동일한 수의 대표를 선출했다. 행정권한은 시의회가 선출한 복수의 의원들로 구성된 기구에 의해 행사되었다. 알렉산드르 III는 1892년과 1894년에 공표한 법에 따라 시의회를 젬스트보와 같이 중앙정부의 관할 행정관 권한 밑으로 복속시켰다(Peter Stearns, *World Civilizations: The Global Experience* [New York: Pearson Education, 2007], 620).

6 Robert D. Warth, *Nicholas II, The Life and Reign of Russia's Last Monarch* (Connecticut: Praeger Publishers, 1997), 20; Orlando Figes, *A People's Tragedy: The Russian Revolution 1891~1924* (London: The Bodley Head, 2015), 165; Andre Pierre, *Journal Intime de Nicholas II* (Paris: Payot, 1925), 127.

안 몇몇 지방의회들이 무분별한 망상에 빠져 지방의회가 국가의 행정에 참여하도록 해 달라는 목소리를 냈다. 나는 전 국민의 선(善)을 위하여 고인이 되신 나의 부친이 취했던 바와 같이 확고하고 강력히 절대군주제의 원칙을 유지하는데 나의 모든 역량을 바칠 것이다"[7]라고 응수했다. 그는 선친 알렉산드르 3세의 억압적인 보수정책을 반복하여 대다수의 신민(臣民)들과 지배층 간의 의사소통의 길을 차단함으로써 전제정치 체제에 대한 불만이 적절히 해소되지 못한 채 대규모 사회혁명으로 분출되도록 방치했다.

또한 니콜라이 II는 국내 정치 · 경제 · 사회분야에 대한 개혁 문제를 놓고서 서구화주의자(westernizer)들과 슬라브족 숭배주의자(slavophile)들 사이에서 점증했던 국내정치 불안 현상에 직면하여, 국내의 "혁명적 움직임을 중지시키기 위한 작은 전승(戰勝)이 극동에서 필요하다"고 판단했으며, 동북아시아 지역에 대해 한층 더 공격적인 대외정책을 추구하기 시작했다.[8]

제정 러시아의 중앙 정무(政務)기능을 담당했던 조직으로서 제국통치원로원(帝國統治元老院, imperial governing senate)은 1711년 피터 대제에 의해 보야르 두마를 대체하여 창설되어 1917년 러시아가 붕괴될 때까지 유지되었다. 이 조직은 러시아 황제의 입법 · 사법 · 행정 기구로서 행정장관이 원로원의 원장 직위를 담당했고, 그는 황제와 원로원을 연결시키는 기능을 수행했다. 차르의 말에 따르면, 행정장관은 "통치자의 눈" 역할을 담당했다. 제국통치원로원은 애초 피터대제 부재 시에만 설치되도록 하였으나 상설기구로 변했으며, 원로의

---

7 Catherine Radziwill, *Nicholas II, The Last of the Tsars* (London: Cassell And Company Ltd., 1931), 100.

8 Robert H. Donaldson & Joseph L. Nolgee, 전게서, 28.

수는 1712년 9명에서 시작하여 10명으로 늘었다. 행장장관과 원로들 간에 합의되지 않는 사안들은 모두 차르가 결정하였다.9 또한 이 기구는 내각과 비슷한 성격의 자문기구로서 그 아래에 여러 분야의 국가 행정을 담당하는 8개 성(省)—육군·해군·외무·통상·재무·법무·산업·광업성—이 있었다. 각 성은 다시 3~5명으로 구성된 운영위원회를 두어 행정력이 한 개인에게 집중되는 것을 막았고, 각 성(省)의 장관(大臣)은 자신의 권력을 강화했다.10

제정 러시아의 국가권력은 민주주의 체제 혹은 견제·균형의 원칙과는 거리가 멀었으므로 전제군주의 손에 정책과 관련된 실무적 특권이 부여되어 있었다. 실례를 들면, 크림전쟁(1853~1856)에서 패색이 짙어지자 독약을 먹고 자살한 니콜라이 I의 경우 제국통치원로원, 장관(대신)회의와 같은 정무(政務)기관들을 모두 무시하고 개인적으로 정무를 추진하기도 했다.11

한편, 슬라브인(74.45%), 타타르인(7.90%), 핀란드인(5.16%), 리투아니아인(3.34%), 세르비아인(2.73%), 코카서스인(2.48%), 인도유럽인(1.65%), 왈라치아인(1.04%), 몽골인(0.50%), 동시베리아인(0.04%) 등으로 구성12 되어 있었던 다민족 국가 러시아의 인구는 1882년 실시된 인구조사 통계에 따르면 88,360,611명이었으나 1893년에는 109,800,000명,

---

9 Mark D. Steinberg & Nicholas Valentine Riasanovsky, *A History of Russia* (Oxford: Oxford University Press, 2005), 121-123.

10 R.D. 차크스/박태성 편역, 『러시아사』(서울: 역민사, 1991), 155; 김학준, 『러시아사』 (서울: 대한교과서주식회사, 1991), 78(추후 알렉산드르 I 재위 시 8개 성은 외교·전쟁·해군·내무·재무·상업·법무·문교성으로 개편되었고, 나중에 국가안전성를 포함하여 3개 성이 더 설립되었다).

11 R.D. 차크스, 전게서, 216, 239.

12 War Office Intelligence Div., 전게서, 8.

1897년에는 125,540,021명으로 증가했고, 기간 중 인구 증가율을 감안했을 때 1903년에는 약 1억 5,200만 명으로 늘어난 것으로 판단해볼 수 있다.[13]

1893년에 미국의 현지 시찰자 북월터가 파악한 러시아 인구분포 현상에 따르면, 핀란드 및 폴란드를 포함한 러시아령 유럽평원에 91,800,000명(전체 인구의 83%)이, 시베리아·코카서스·중앙아시아를 포함한 러시아령 아시아지역에 18,000,000명(전체 인구의 17%)의 인구가 거주하고 있었다. 또한 유럽지역에는 약 800만 명(8.7%)이, 아시아지역에는 200만 명(11.1%) 이하의 인구만이 도시에 거주하였고, 나머지는 농촌에서 농업 분야에 종사했다.[14] 이러한 통계치가 시사하는 바와 같이, 러시아 정부로서는 과밀한 유럽평원의 인구를 시베리아·코카서스·중앙아시아 등의 비유럽지역으로 분산시키고, 도시와 농촌 간의 생활수준의 격차를 해소할 필요가 절실했다.

러시아는 유럽평원에 과도하게 편중된 인구를 동아시아로 이주시키기 위해 1861년부터 1882년까지 제1차 이민법을 시행하여 아무르 지방의 정착민들이 1데시아틴 당 3루블을 내면, 가구당 100데시아틴(약 270에이커, 약 33만 평)까지 소유할 수 있을 뿐 아니라 10년 동안 징집이 면제되고 20년 동안 납세가 면제되도록 하는 정책을 추진했다.[15] 농노제에서 해방된 자유로운 신분의 농부들은 정부의 인구 분산정책에 따라 새로운 정착지로 이주했고, 빠르게 자급능력을 구비함으로써 새로운 권한과 여건에 따라 사회에 대한 책무를 다하도록 동기를 부여받았으며, 사회에 대하여 활력과 에너지를 공급했다. 또한

---

13 상게서, 5; United Nations, 전게서, 120.
14 John W. Bookwalter, 전게서, 29.
15 A. 말로제모프/석화정 옮김, 전게서, 30.

그들은 유럽평원 내 주요 거주지를 모든 방향으로 조밀하게 연결하는 각종 철도망 및 하천·운하, 시베리아 및 연해주 지역에 구간별로 완공된 철도 및 대형 하천들을 이용하여 잉여 농축산물을 판매함으로써 풍족한 소득을 올리기도 했고, 상업에도 종사하여 부를 획득해서 도시의 건물이나 부동산을 소유하기도 했다.[16]

대륙국가로서 유럽평원·중동(근동)·중앙아시아·동북아시아에 걸치는 방대한 지역에서 여러 변방 국가들과 인접했을 뿐 아니라, 과거 몽골족에 의해 정복당했던 고통스러운 역사적 경험을 지닌 러시아는 국가의 안보를 위해 변방의 이민족들을 정복하여 완충공간을 확대해 나가는 방식으로 팽창정책에 몰두하였다. 영·러 세력권 대결 구도하 영국의 견제를 받아오던 러시아는 해상으로 진출할 수 없었으나, 유럽평원 및 서시베리아 남부의 곡창지대를 이용한 자급자족 농경체제(農經體制)하 해외에 식민지를 운영할 필요성도 절실하지 않았다.

그러나 크림전쟁(1853~1856) 시 영불 연합해군이 발트해로 진입하여 핀란드만 입구의 레발(Reval)의 러시아 해군기지를 포격했을 뿐 아니라 상트 페테르부르크 면전의 크론슈타트 해군기지를 정찰했으며, 보트니아만의 보마르순트(Bomarsund)에 상륙하여 러시아군의 노티치(Nottich) 요새를 파괴했던 일련의 위협적인 사건[17], 러터전쟁(1877~1878)에서 러시아가 얻은 전승의 과실을 영국이 가로챘던 일, 1885년 아프가니스탄 북부 국경 마을 판데(Panjdeh)에서 무력분쟁이 발생했을 때, 인도의 배후에 대한 러시아 지상군의 위협을 견제하기 위해, 영국 해군이 재차 상트 페테르부르크를 위협했던 교훈 등을 감안할

---

16 John W. Bookwalter, 전게서, 35, 37, 39, 40.
17 Eric J. Grove, 전게서, 33-34.

때, 러시아로서는 유럽 내 다른 국가들의 움직임에 대해 민감하지 않을 수 없었다. 특히, 1891년 체결된 러불동맹 및 1893년 조인된 후속 러불 비밀군사협정의 취지를 감안할 때, 러시아가 러시아령 유럽지역에 대한 방위에 우선순위를 두어야 하는 것은 당연한 조치였다. 아울러 러시아는 서투르키스탄을 남북으로 관통하는 카스피해 횡단철도 및 오렌부르크와 타슈켄트를 연결하는 아랄해 횡단철도 건설에 박차를 가하여 영국의 급소(急所) 인도에 대한 압박을 강화하였다.

2. 상부구조 및 군사력의 배비(配備)

전제정치 체제하 차르의 입법·사법·행정 기구로서 국가의 전권(全權)을 장악했던 제국통치원로원(10명의 원로로 구성)은 차르와 육군상 및 해군상 사이에서 군정(軍政) 및 군령(軍令) 업무를 관리(지시·감독·보고)했다. 원로들은 군사적 사안에 대한 논의하여 건의할 수는 있었지만, 합의되지 않은 모든 사안은 차르가 결정했다.

내각은 외교성·내무성·재무성·상업성·법무성·문교성·육군성·해군성·국가안전성 외에 2개 부로 재편(再編)되었는데, 각 성의 장관들은 차르에 의해 직접 임명되었고, 차르의 취향에 맞게 복무했다. 각성의 장관은 업적이나 공과에 의해 선발되지 않았고 국민의 민의에 대해서도 책임을 지지 않았다. 차르만이 장관들을 임명하거나 해고할 수 있었기에 차르에게 아부(sycophancy)하는 경향을 보였고, 차르가 꼭 알아야 할 문제보다는 듣고 싶어하는 말을 하여 차르의 비위를 맞추려 했다.[18]

---

18 http://alphahistory.com/russianrevolution/tsarist-government/

알렉산드르 III가 젬스트보 및 시의회를 중앙정부의 관할 행정기구 밑에 복속시키는 억압적 조치를 취함으로써 러시아에서 잠시 싹을 틔웠던 서구식 대의정치제도의 발전 가능성은 무산되었고, 차르의 판단 및 지시의 합리성을 검토하고 조절할 수 있는 견제와 균형(check and balance)의 기제(機制)가 존재하지 않았다.

이러한 획일적인 러시아의 국가지도 체계는 다행히 차르의 지적 혜안이 탁월하고 판단력 및 지도력이 뛰어날 경우, 다원적이며 복잡한 의회민주주의 체제에 기반을 둔 서구식 국가지도 체계보다 빠르고 강력한 능력을 발휘할 수 있다. 그러나 불행히 개인적 역량이 부족한 차르가 국정을 이끌게 될 경우, 민의 반영이 가능한 의사소통의 통로가 없어 국민적 단결을 이뤄낼 수 없고, 정실에 의해 임명된 장관(大臣)들은 차르가 올바른 판단 및 결심을 하도록 보좌할 수 없으므로 국가를 파국으로 이끌 가능성이 다분했다.

1860년대에 러시아 정부는 전통적 유럽 국가들과의 관계, 스스로 인식한 외부 위협의 우선순위, 인구분포 및 산업발전 상태, 우마차(牛馬車)도로·철로·하천·운하 등을 연계한 연수육로(連水陸路)의 교통 여건 등을 종합적으로 고려하여 대체로 유럽지역에 집중적으로 군사력을 배비하였다.

1861년 11월 9일 알렉산드르 II에 의해 육군상(戰爭相, 육군대신)으로 임명된 밀류틴은 1881년까지 무려 20년을 근무하면서 러시아령 유럽지역을 군구별(軍區別)로 구분하였고, 각 군구를 담당하는 일반참모부(general staff)를 신설하여 자신의 권한을 집중시켰다. 1874년 러시아는 종전의 상비농노군(常備農奴軍, standing serf army)의 잔재

(검색일: 2017.10.2).

를 폐지하고 사회 전 계층의 남아를 대상으로 하는 국민개병령(國民皆
兵令, universal conscription act)을 선포함으로써 대규모 징집병으로 구
성된 국민군을 보유하게 되었다.[19] 또한 러시아는 1898년에 이르러
서유럽 국가들이 채택한 방식으로 일반참모본부를 육군에 편성하여
근대화된 러시아 제국의 군사력을 과시했다.[20]

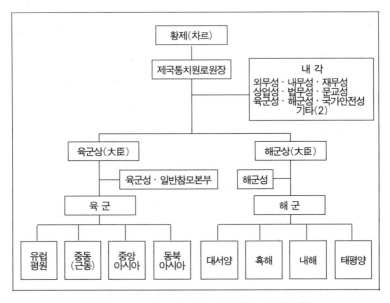

[그림 18] 러·일 개전 직전 차르 전제 체제하 러시아군 구조

---

19 Edvard Radzinsky, 전게서, 150. 1825년을 기준으로 볼 때, 러시아 농민들의 현역복
　무 기간은 25년[前線 연대], 15년[황실 근위부대], 12년[기술부대]로 상이했다
　(Albert Seaton, *The Russian Army of the Crimea* [Oxford: Osprey Publishing,
　1973], 14). 1834년에 들어 20년 현역 복무 후 5년간 예비역으로 복무하도록 개정되
　었고, 1855년에는 다시 12년 현역 복무 후 3년간 예비역으로 복무하도록 조정되었다
　(Jerome Blum, *Lord and Peasant in Russia: From the Ninth to the Nineteenth
　Century* [Princeton: Princeton University Press, 1971], 465-466; War Office
　Intell. Div., *The Armed Strength of Russia – Primary Source Edition* [London:
　Her Majesty's Stationery Office, 1882], 199).
20 John W. Steinberg, 전게서, 25, 114.

또한 그는 헝가리 소요사태(1849)에 대한 개입과 크림전쟁(1853~1856)으로 인해 국가 재정이 파탄이 나자 군 행정구조를 효율화시킬 필요성을 절감하여, 1864~1865년 겨울 지리적 여건에 따라 유럽지역에 15개의 군구를 설치함으로써 20세기를 지향한 러시아 군정(軍政)체계의 골간을 마련했다. 각 군구별로 군령(軍令)구조에 기초한 군정(軍政)기구를 보유하도록 했고, 각 군구는 육군상의 직접적인 지휘를 받도록 하여 러시아 육군의 모든 예하부대들에 대한 중앙집권적 통제체제를 마련했다.[21]

1882년 영국 육군성 정보국에서 분석한 러시아 육군 전투서열에 기초한 분석내용에서도 유럽지역을 중시하는 러시아 정부의 전통적 대외정책 및 군사력의 배비상태를 확인할 수 있다.

첫째, 아래 [표 15] 및 [그림 19]에서 보는 바와 같이, 육군의 15개 군구는 러시아령 유럽지역 내 15개 군단(상트 페테르부르크·빌나·리가·민스크·바르샤배[2개 군단 위치]·세바스토폴·오뎃사·오렐·카르코프·지토미르·키에프·모스크바·루블린·카잔)에 의해 관리되었고, 유럽 평원 남측의

[표 15] 러시아 육군의 지역별 배비(配備) 규모(1882.4월 기준)[22]

구 분		규모 및 보유부대수	비 고
유 럽	유럽평원	근위군단, 정예보병군단, 15개 군구 담당군단, 기타	모두 우랄산맥 서측 유럽평원에 위치
중 동	코카서스	2개 군단, 기타	흑해와 카스피해의 중간지역

---

21 John W. Steinberg, 전게서, 11.
22 이 표의 통계수치는 영국 전쟁성 정보국에서 1882년 간행한 '러시아 군사력 – 일차사료 편집(The Armed Strength of Russia – Primary Source Edition)'에 근거하여 분석한 자료를 종합한 것이다(세부내용은 붙임 2: 영국 전쟁성에서 파악한 제정(帝政) 러시아 육군의 전투서열[1882년 4월 기준] 참조).

구 분		규모 및 보유부대수	비 고
중앙아	투르키스탄	22개 보병 · 소총대대, 6개 코사크 연대, 2개 야포여단, 3개 마견(馬牽) 포대	카스피해 동측의 사막 · 초원지역
	서시베리아	4개 보병대대, 1개 기병연대, 1개 야포포대	세미팔라틴스크, 타슈켄트
동북아	동시베리아	8개 보병 · 전선(前線)대대, 4개 코사크 보병대대, 4개 코사크 기병연대, 2개 포병여단 및 2개 마견(馬牽)포대, 1개 공병중대	바이칼호 동측
예비부대		24개 보병사단(基幹편성), 23개 포병여단(基幹편성)	모두 유럽평원에 위치
보충부대 (전시편성)		164개 보병대대, 8개 기병여단, 6개 포병여단, 3개 마견(馬牽) 포대	99% 유럽평원에 위치

[그림 19] 러시아 육군의 지역별 배비(配備) 상태(1882. 4월 기준)

코카서스 지방에는 2개 군단이 배치되어 중동(근동) 지역에 대한 영토
확장 또는 완충지대 확보 임무를 수행했다. 또한 전쟁 진행 간 발생하
는 우발사태에 대비하기 위한 예비부대의 전부와 전쟁을 지속하는데
필수적인 보충부대의 99%가 우랄산맥 서측의 유럽평원에 편중되어
있었다.

반면, 러시아령 동시베리아 산지 지역에는 기병 4개 연대, 포병 2 개 여단, 보병 14개 대대 등 매우 빈약한 수준의 병력을 유지하고 있었 고, 서시베리아 평원 지역에는 기병 1개 연대, 보병 4개 대대, 야포 1개 포대만이 세미팔라틴스크(자이산스크)와 타슈켄트에 제한적으로 배치됨으로 인해 사실상 바이칼호 서측으로부터 세미팔라틴스크 사 이의 2,000여 킬로미터 폭의 지대에는 전투부대가 전혀 배치되지 않 았다.

러시아 육군은 계속 진화하여 1883년 프리아무르(Cis-Amur, 아무 르강 인근지방) 지역을 관할하는 군구(軍區)를 설치했다. 그리고 1894 년에는 이 군구 내 기존 전력을 20개 보병대대, 10개 기병중대, 2.5개 코사크 대대, 5개 포병 포대, 1개 공병중대, 1개 요새포대로 강화했 고, 1898~1902년의 기간 중에는 다시 병력·장비를 추가하여 보병 은 31개 대대, 기병은 15개 중대, 요새포대는 3개로 증강시켰으며, 청국 동부지역 철도 건설을 위해 5개 보병대대를 신설했다.[23]

1904년 2월 8일 러·일의 개전 시점을 기준으로 볼 때 유럽평원에 는 10개 군단이 추가로 신설되어 25개 군단이, 시베리아지역에는 넓 게 분산되고 제대로 조직되지 못한 2개의 군단이 배비하고 있었다.[24]

---

23 Alexei Nikolaievich Kuropatkin/심국웅 옮김, 전게서, 53-54.
24 Richard Connaughton, *Rising Sun and Tumbling Bear: Russia's War with Japan* (London: Cassell, 2003), 29-30(유럽지역의 25개 군단 중 극동지역에서 발발한 전쟁에서 적극적 역할을 감당한 군단은 6개 군단—제 1·4·8·10·16·17군단—뿐이 었다. 3개의 군단이 추가로 유럽에서 극동으로 증원되었으나 이동속도가 너무 느려 전쟁에 투입되지 못했다. 특히, 1904년 초 바이칼호 남단을 통과하는 우회철도 구간 이 개통되지 못한 상태에서 일본군의 급습을 당한 러시아 정부는 바이칼 호수의 얼음 위로 철도를 급조하여 개전 후 약 50일 동안 60량 이상의 군용열차를 호수 위로 어렵 게 통과시켰고, 해빙 후 같은 해 9월까지 호수 남측 우회철도를 완공하여 열악한 수송 능력을 부분적으로 개선하기도 했다).

또한 러시아 육군의 전쟁 지속능력과 관련, 1882년 기준 인구조사에 근거한 인구 규모(88,360,611명)를 고려할 때, 당시 4개 주요 지역별로 배치되어 있었던 러시아 육군의 전·평시 병력규모는 아래의 [표 16]과 같다. 즉, 러시아 육군은 평시 71만 명 수준의 상비 병력에 전시 동원병력이 추가되어 무려 200만 명 수준으로 증편되도록 대비태세를 갖추고 있었다. 이는 전체 인구의 0.8%로 평시 병력수요를 충족하다가, 전시가 되면 추가 인원을 동원하여 전체 인구의 2.4%로 전시 병력 수요를 조달할 수 있었음을 시사한다. 1903년 러시아의 인구가 42% 더 증가하여 1억5,200만 명 수준에 육박한 점을 감안할 때, 전시 동원인력을 포함한 총 가용병력은 최대 360만 명에 달했을 것으로 추정할 수 있다.

[표 16] 러시아 육군의 지역별 전투력 배비(配備) 규모(1882.4월 기준)[25]

구 분		유 럽	코카서스	투르키스탄	시베리아	총 계
평시전력	전투원	544,412	92,147	22,282	11,913	670,754
	비전투원	34,318	5,572	1,858	965	42,713
	인력총계	578,730	97,719	24,140	12,878	713,467
	말(馬)	91,560	23,928	8,246	3,412	127,146
	대포	1,344	196	48	24	1,612
전시전력	전투원	1,738,174	201,884	34,177	29,817	2,004,052
	비전투원	68,440	9,905	2,571	2,201	83,117
	인력총계	1,806,614	211,789	36,748	32,018	2,087,169
	말(馬)	320,309	71,170	12,811	14,745	419,035
	대포	3,462	388	76	58	3,984

이처럼 막대한 지상병력을 동북아시아의 교전지역으로 수송하는 데 관건이 되는 시베리아 횡단 철도망이 러·일의 개전 이전 완공되었다면, 러시아 육군은 지속적이며 수월하게 지역으로 전투병력 및 전

---

25 War Office Intelligence Div., 전게서, 336.

쟁 지속 물자를 보충할 수 있었을 것이다. 또한 시베리아 횡단철도가 러일전쟁 발발 이전 개통되었다면, 이 철도망은 일본 본도(本島)로부터 병참선이 점차 신장되어 보급지원의 난관에 봉착하게 될 일본 육군으로 하여금 혹한의 만주 내륙지방 기후 속에서 장기 지구소모전(持久消耗戰, protracted war of attrition)을 수행하도록 강요할 수 있었을 것이다. 궁극적으로, 원활한 내륙철도 수송능력을 이용할 수 있는 내선(內線)의 러시아의 외선(外線)의 일본이 전쟁을 지속시키는 데 필요한 가용자원이 고갈되도록 유도하여 일본의 패망을 강요할 수 있었을 것이다.

둘째, 아래 [표 17] 및 [그림 20]과 같이, 1882년 4월을 시점으로 볼 때 지리적 여건에 따라 해군은 발트해에 발트함대, 흑해에 흑해함대를 운용했던 반면, 태평양의 연해주와 내륙호수인 카스피해 및 아랄해에는 각각 소규모의 전대를 배비하였다. 주력함대인 발트함대는 배수량이 8,749~1,200톤에 달하는 철갑함(鐵甲艦) 및 목조함(木造艦) 197척을 발트해 및 백해(白海)에 보유했고, 영국의 본토를 해상으로 공략하기에 가까운 지점에 위치하고 있었다. 그러나 19세기 말에 들어 북해를 중심으로 해군전력을 집중시켜 본도(本島) 방위에 주력했던 영국 해군의 해상전략 개념을 고려 시, 러시아 발트함대의 영국 본도 침공이 성공할 가능성은 크지 않았다.

흑해함대는 배수량이 3,590~422톤에 달하는 철갑함 및 목조함을 8척 보유하고 있었는데, 이 함대는 크림전쟁(1853~1856) 패전 후 해체되었다가 프로이센의 통일전쟁(1864·1866·1870~1871) 지원에 후의를 느낀 독일제국의 지원을 받아 1871년 복구되었다. 그러나 1877~1878년의 러터전쟁과 1978년 6월 4일 체결된 사이프러스 조약에 의거 흑해함대의

[표 17] 러시아 해군의 지역별 배비(配備) 규모(1882.4월 기준)[26]

구 분		규모 및 보유함정수	인 원	비 고
대서양	발트해	근위대, 1개 함대(10개 구분대·기타): 197척 (대형 함정)	20,133(+)	배수량≤8,749톤
흑해		1개 함대(2개 구분대): 8척(중형 함정)	4,414	배수량≤3,590톤
내해	카스피해	1개 전대(戰隊): 13척(소형 함정)	1,074	배수량≤725톤
	아랄해	1개 전대(戰隊): 6척(초소형 함정)	331	배수량≤194톤
태평양	시베리아	1개 전대(戰隊): 13척(소형 함정)	2,244	배수량≤1,472톤

[그림 20] 러시아 해군의 지역별 배비(配備) 상태(1882. 4월 기준)

지중해로의 진출은 영국 해군에 의해 강력히 차단되었다.

내해(內海)인 카스피해에는 배수량 725톤 미만의 소형 철갑 및 목조함 13척을 보유한 카스피해전대가, 아랄해에는 배수량이 194톤 미만의 철갑함 6척을 보유한 아랄해전대가 배치되었으며, 러시아 육군이 코카서스 및 투르키스탄 지방에 대한 군사원정을 실행할 때 인력 및 물자를 수송하는 역할을 하였다.

---

26 War Office Intelligence Div., 전게서, 276-291. (이 표의 통계수치는 영국 전쟁성 정보국에서 1882년 간행한 '러시아 군사력 – 일차사료 편집[The Armed Strength of Russia – Primary Source Edition]'에 근거하여 분석한 자료를 종합한 것이다. 세부내용은 "붙임 2: 영국 전쟁성에서 파악한 제정[帝政] 러시아 해군의 전투서열 [1882년 4월 기준]" 참조).

태평양에는 배수량이 1,472톤 미만의 철갑함 및 목조함 13척을 보유한 시베리아전대가 배치되어 있었는데, 최초 캄차카반도의 페트로파블로프스크에 주둔했다가 1854년 크림전쟁이 동아시아로 확전되자 아무르강 하구의 니콜라예프스크로 이전한 뒤, 1872년 블라디보스토크로 재이전하였다.

시베리아전대는 여전히 결빙으로 인해 1년 중 불과 3개월밖에는 해상훈련을 할 수 없는 악조건에 놓여 있었으나 거듭 전력을 늘여왔고, 요동반도 조차협정(1898.3.27) 이후 기항지(寄港地)를 뤼순항・블라디보스토크・제물포항으로 확장시켜 태평양함대로 증강되었으며, 1903년 8월 12일 극동총독부가 뤼순에 창설된 이후 함대사령부도 뤼순항에 위치했다. 1904년 2월 러시아와 일본 간 적대행위가 시작되기 전, 태평양함대는 뤼순항에 극동함대 전력의 대부분인 7척의 전함, 6척의 순양함, 13척의 구식 어뢰정을, 블라디보스토크에 소수 어뢰정의 지원을 받는 4척의 1급 순양함을, 제물포항에 포함(砲艦) 코레이예츠 및 미국산 1급 방호(防護) 순양함 바랴그호를 배비함으로써 1902년 영일동맹에 근거한 두 해양국가(영국 및 일본)의 위협에 대비하고 있었다.[27]

---

27 Richard Connaughton, 전게서, 35-36. 러일전쟁 개전 시점을 기준으로 "쿠로파트킨은 러시아의 태평양 함대에는 철갑전함 7척, 대형 순양함 9척, 소형 순양함 4척, 구축함 42척이 있었으나 전쟁준비가 되어 있지 않았을 뿐 아니라 집결해 있지도 않았고, 블라디보스토크에 4척의 순양함이, 제물포에 1척의 순양함이, 나머지 함정들은 뤼순항에 있었다"라고 진술했다(Alexei Nikolaievich Kuropatkin/심국웅 옮김, 전게서, 100). 러시아 태평양 함대를 구성하는 함정의 수와 관련하여, 쿠로파트킨의 주장과 Richard Connaughton의 주장은 약간의 차이를 보인다.

3. 군사력의 운용

1) 전략 목표 및 군사력의 지향 방향

이기적 국가행위자(state-actor)로서 강대국들은 약육강식(弱肉强食)의 제국주의 시대를 맞아 다른 국가행위자를 희생시켜서라도 자국의 이익을 극대화하려 했던 바, 러시아도 이러한 제국주의의 관행으로부터 예외가 될 수 없었다. 1725년 피터대제가 임종 시 "세계지배의 역사적 운명을 따르라"[28]고 했다는 유언과 같이, "광활한 영토와 풍부한 자원을 기초로 무한한 성장 잠재력을 지녔던 러시아가 추구한 전략 목표는 우선적으로 본토의 안전을 위한 완충공간으로서의 세력권(sphere of influence)을 확대하고, 궁극적으로는 힘의 우위(preponderance)를 통해 영국 주도의 지구적 패권체제를 타파하고 영국의 지위를 빼앗는 데 있었다.

이와 같은 웅대한 전략 목표에 견주어 볼 때, 19세기의 러시아는 우랄산맥 서측의 유럽평원에 인구·경제·군사력이 불균형적으로 편중되어 있었다. 육군상을 지냈던 쿠로파트킨이 1903년 일본 방문 시 판단했던 유라시아의 인구·지리적 여건과 위 [그림 21]의 러·일 육군 대치상태를 보면, 이러한 국가자원의 불균형한 분포상태를 확인할 수 있다. 즉, 러시아령 유럽평원에 9,500만 명, 그 동측으로 바이칼호수에 이르는 서시베리아 평원 및 중앙시베리아 고원 지역에 900만 명, 바이칼호 동측으로 블라디보스토크에 이르는 동시베리아 산지 및 연해주에 100만 명이 거주하고 있었다.[29] 유럽평원 외부에는 불과 1

---

28 피터 홉커크/정영목 옮김, 전게서, 43.

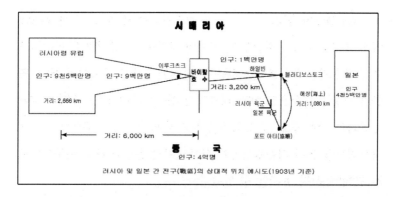

[그림 21] 러시아 및 일본 간 전구(戰區)의 상대적 위치 예시도(1903년 기준)[30]

천만 명의 인구가 살고 있었으므로 유사시 군사력으로 즉각 동원할
수 있는 자원이 매우 제한되어 있었다.

또한 전쟁 발발 전까지 시베리아 횡단철도가 완공되지 못해 재래
식 우마차 도로들이 이르티슈·옵·예니세이·앙가라 강(江) 등과 연계
되어 연수육로(連水陸路)로 사용되었고, 그 위로 마차(하절기) 및 썰매
(동절기)와 같은 원시적 수송수단이 운용되었다. 특히, 모스크바로부
터 바이칼호까지 약 6,000km, 바이칼호에서 블라디보스토크까지 약

---

29 쿠로파트킨은 러시아령 유럽평원의 독일국경~우랄산맥을 1,666마일(2,666km)로,
　바이칼호~블라디보스토크 사이를 2,000마일(3,200km); 블라디보스토크~한만(韓
　滿)국경~뤼순을 600마일(960km)로 판단했다(Brett R. Gover & Anne Ford, 전게
　서, 4, 5).

30 Alexei Nikolaievich Kuropatkin, *The Russian Army and the Japanese War -
　Being historical and critical comments on the military policy and power of Russia
　and on the campaign in the far east*, trans. by A.B. Lindsay (London: John
　Murray, 1909), 34. 이 그림은 쿠로파트킨이 러일전쟁 발발 이전 1903년 일본 방문
　시 그린 요도이다. 그는 유럽평원에 9,500만 명, 그 동측으로 바이칼호에 이르는 서시
　베리아 및 중앙시베리아의 일부지역에 900만 명, 그 동측으로 태평양 연안까지 100만
　명의 러시아 주민이 거주하는 것으로 판단했다. 그의 판단에 따르면, 당시 러시아 인구
　는 UN 인구통계국 및 일본측 통계값보다 약 2,000~2,500만 명이 적게 추산되었다.

3,200km였으며, 블라디보스토크와 뤼순항 사이의 해로가 약 1,080km
에 달하여 러시아는 한반도 및 만주의 교전지역으로 병력을 이동하고
후속 군수지원 물자를 운반하는 데 막대한 노력을 들여야만 했다. 또
한 뤼순항을 모항으로 하는 태평양함대는 블라디보스토크의 전대와
분리되어 상호 협조 및 통합된 전투력의 발휘가 곤란했으므로 필히
대한해협을 통한 자유항행권을 확보해야만 온전한 해상 전투부대로
서 건제(建制)를 유지할 수 있었다.

　　세계 패권국으로 도약하기를 원했던 러시아로서 전 국토를 균형
있게 개발하고 인구를 분산시키는 것이 국가 경제뿐 아니라 국방 차
원에서도 장기적으로 필요한 과제였다. 이와 같은 과제는 지속적으로
변화하는 국제정세와 전략환경과 맞물려 구체화되었고, 이는 앞에서
설명한 5개의 국력 지향 방향 – 유럽·중동(근동)·서투르키스탄·동투
르키스탄·동북아시아 – 중 어떤 곳을 주노력 지향 방향으로 판단하여
우선순위를 두고 국가의 역량을 투입해야 하는가 하는 문제로 나타났다.

　　19세기 러시아 대외정책의 추이를 개관해 보면, 나폴레옹 전쟁

[표 18] 19세기 러시아 군사력 지향 방향의 변화 추이

구 분	주노력의 지향	비 고
나폴레옹 전쟁(1803~1815) 기간 중	유럽	프랑스에 대해 적대
나폴레옹 전쟁(1803~1815) 이후 크림전쟁(1853~1856)까지	유럽·중동(근동)	폴란드, 흑해
크림전쟁(1853~1856)이후 러터전쟁(1877-1878)까지		흑해, 지중해, 발칸 반도
러터전쟁(1877~1878) 이후 청일전쟁(1894-1895) 발발 전까지	동·서 투르키스탄	인도(印度) 및 청국 위협
청일전쟁(1894~1895) 발발후 러일전쟁(1904~1905)발발 전까지	동북아시아(극동)	露, 삼국간섭(1895) 주도

(1803~1815) 시에는 프랑스를 타도한 뒤 중부 유럽의 폴란드까지 세력권을 확대했다. 이 전쟁이 종료된 후 1907년 영러협상 타결 시까지 지속된 영국과 유라시아 전역에서 벌인 권력 투쟁(great game) 기간 중, 당시 국제적 역학관계에 따라 위 [표 18]과 같이 진출 방향이 점차 동쪽으로 전환되어 왔다. 폴란드 및 핀란드를 포함한 드넓은 유럽평원과 우랄산맥을 넘어 광할한 시베리아 지방을 장악한 내륙국가 러시아는 지리적 입지를 고려할 때 어떠한 방향으로 진출한다고 하더라도 당시 세계 최대 해양 패권국이었던 영국과 충돌이 불가피했다.

구체적으로 살펴보면, ① 러시아가 유럽방향으로 진출할 경우 러시아는 프랑스와 제휴(1871년 이후)하여 해상으로 영국 본도(本島)를 공략하거나, 중부 유럽의 강국인 독일을 타도함으로써 세계 패권을 장악할 수 있고, ② 중동(근동)으로 진출할 경우 발칸반도의 범슬라브 세력을 이용하여 위성국가들을 세우거나, 지중해의 제해권을 장악함으로써 영국의 인도 · 동인도제도 · 청국과의 해상교역을 차단할 수 있고, ③ 중앙아시아의 서투르키스탄 방향으로 진출할 경우 코카서스 또는 카스피해 동부 지방으로부터 아프가니스탄을 통과하여 최단거리에서 인도를 직접 공략함으로써 영국의 경제적 생존기반을 파괴할 수 있으며, ④ 동투르키스탄 방향으로 진출할 경우 시베리아철도를 이용(1896년 이후)하여 옴스크 · 노보시비르스크까지 군사력을 이동시킨 뒤, 이리(쿨자)를 통해 청국 내부로 침투해서 티베트인 · 몽골인 · 청국 회교도의 청국 정부에 대한 분리주의 운동을 조장할 뿐 아니라[31]

---

31 1893년 12월, 루이아트족 몽골계 러시아인 바드마예프는 동아시아가 알렉산드르 III에게 귀속되어야 하고, 이를 위해 시베리아횡단철도뿐 아니라 란조우(蘭州, 甘肅省의 首都)에 이르는 철도를 부설해야 하며, 청국의 "뒤뜰"인 그 곳에서 티베트인, 몽골인, 청국 회교도의 만주 왕조에 대항한 전반적인 반란을 비밀리에 조장해야 한다고

티베트를 통과하여 육상으로 인도를 우회 공략할 수 있고, ⑤ 동북아시아로 나아갈 경우 프리아무르(Cis-Amur) 지방으로부터 만주 또는 한반도를 경유하여 양쯔강 유역 또는 일본으로 진출해서 영국의 청국 및 일본에 대한 통상이익(通商利益)32을 침해하게 된다. 점차 힘이 빠져가는 세계 패권국 영국은 러시아가 어떠한 팽창전략을 취한다 하더라도, 러시아의 국가행동은 자국의 안보이익을 심각하게 침해하므로 결코 묵인할 수 없었다.

2) 러·일 개전(開戰) 직전 러시아에게 요망되었던 군사력 운용의 우선순위

러시아 정부의 입장에서 위 진출방향에 대한 우선순위를 결정할 경우 감안할 수 있는 주요 전략적 고려요소는 러시아의 전략 목표, 외선(外線)에 위치한 주변부 국가들의 군사적 위협, 철도망을 중심으로 한 국가의 균형 개발상태 및 인구분포, 군사력의 배비 및 전환 운용의 용이성 등이다.

첫째, 전략 목표의 달성 차원에서 러시아는 주노력을 유럽이나 중

주장했다. 그는 반란에 성공한 지도자들이 차르에게 보호를 요청할 것이고, 다수의 아시아인들이 유혈사태 없이 러시아 제국에 통합될 것이라고 운수상 겸 재무상 비테를 통해 알렉산드르 III에게 건의했다. 그러나 청일전쟁·삼국간섭과 같은 동아시아의 사건들로 말미암아 러시아 정책이 훨씬 더 현실적인 노선으로 변화하면서, 이 계획은 러시아의 동아시아 문제에서 배제되고 말았다(A. 말로제모프/석화정 옮김, 전게서, 83-85).

32 1902년 기준, 일본은 근대화·산업화를 위해 영국으로부터 기계류·철도차량(rolling stock)·자본재(capital goods)를 집중적으로 수입하고 있었다. 당시 일본의 전체적인 수입량은 수출량보다 많았고, 영국령 인도 및 영제국 본토로부터의 수입량이 무려 37.29%에 달했다(Ian H. Nish, 전게서, 8).

[표 19] 러일 개전 직전 러시아에게 요망되었던 군사력 운용의 우선순위

육군	유럽	중동(근동)	서투르키스탄	동투르키스탄	동북아시아
	1	3	2	4	5
해군	발트함대	흑해함대	카스피해전대	아랄해전대	시베리아전대 (추후 태평양함대)
	1	2	–	–	3

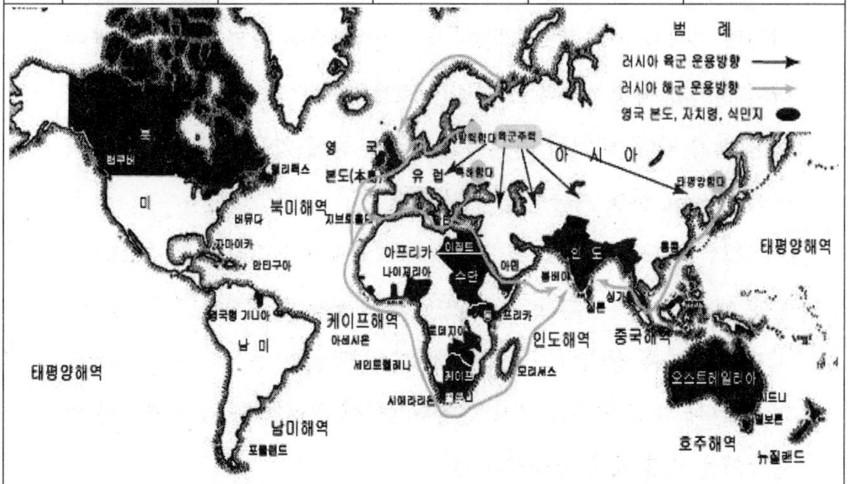

[그림 22] 러 · 일 개전 직전 러시아에게 요망되었던 군사력 운용방향 · 우선순위

동(근동)으로 지향할 경우, 영국이나 독일과 같은 전통적 강국들에 대해 강력한 정치 · 군사적 압력을 행사함에 따른 직접적인 군사적 충돌 가능성을 감수해야 했고, 서투르키스탄-인도 방향으로 지향할 경우 영국과 인도의 지배권 문제를 놓고서 국지적 전쟁을 치르게 될 가능성이 농후했다. 그러나 러시아가 동투르키스탄이나 동북아시아로 진출할 경우 해당 지역 내 지리적 연대세력(geographical ally)과의 협력을 토대로 영국과 직접적인 충돌을 회피하면서 세력을 확장하기가 용이했다.

둘째, 영국의 반러시아 전선 외부에 위치한 주변부 국가들의 군사

적 역량을 이용하는 문제와 관련하여, 영국은 주변부의 지리적 동맹 세력에 의존하거나 이 세력을 지원함으로써 러시아에 대한 간접전쟁 (indirect war)을 수행할 가능성이 상존했다. 실례로, 1892년 러시아 운 수상 비테가 "유럽 각국 정부는 청국이 러시아에 대항하도록 호전적 의지를 자극할 것이며, 블라보스토크 및 연해주 지역을 포함한 방어 력이 취약한 동부지역과 그 인접 영토를 빼앗으려 할 것"[33]이라고 지 적한 바가 있다. 이처럼 러시아는 영국을 등에 업은 청국의 실지회복 (revanchism) 전쟁 가능성을 우려했다.

그러나 러시아는 청일전쟁(1894~1895)에서 승리하여 급부상한 일 본에 대해서는 여전히 노란 원숭이(yellow apes)로 비하하였고, 일본이 먼저 러시아를 공격하는 사태는 절대로 발생할 수 없다고 오판했으 며, 일본에 대한 영국의 군사적 배후지원이 초래할 수 있는 중대한 위 협요인을 소홀히 취급하였다.[34]

셋째, 철도망을 중심으로 한 국가의 균형적 개발상태 및 인구분포 의 측면에서 볼 때, 1904년 2월 러일전쟁 발발 직전까지 러시아의 철 도체계는 유럽평원에 편중되어 있었고, 시베리아에서는 시베리아철 도(첼리야빈스크~이르쿠츠크), 우수리철도(카바로프스크~블라디보스토크) 만이 개통되었고, 동청철도(타르스카야~하얼빈~블라디보스토크; 하얼 빈~뤼순·다롄)은 여전히 완공되지 못하여 이 지역의 개발 및 인구유입 은 지체되고 있었다. 19세기 말(1893년 기준) 러시아 인구의 83.6%가

---

33 A. 말로제모프/석화정 옮김, 전게서, 84.
34 피터 홉커크/정영목 옮김, 전게서, 647. 리차드 코노턴은 삼국간섭(1895) 이후 "러시 아 육군이 뤼순항을 점령하고 있었던 시기에 러시아군은 일본어를 구사할 수 있는 장 교를 단 한 명도 보유하고 있지 않았다"고 지적하면서, 일본군의 동향에 대해 무지했 던 러시아 군의 오만함을 비판했다(Richard Connaughton, 전게서, 25).

유럽평원에 편중되어 있었으므로 러시아 군사력도 유럽평원을 방위하는데 최우선적 역점을 두지 않을 수 없었다.[35]

넷째, 19세기 말 유럽평원에 집중되어 있었던 러시아의 군사력을 철도체계를 이용하여 분쟁지역으로 투입할 수 있는 능력 차원에서 볼 때, 지리적으로 가까운 유럽·중동(근동)·중앙아시아에 대해서는 이러한 능력이 잘 발휘될 수 있었다. 그러나 오렌부르크-타슈켄트-인도 방향이나 바이칼호-만주 북부(하얼빈)-랴오둥반도(뤼순·다롄) 방향으로는 철도 건설이 지체되어 적시적인 군사력의 투입이 불가능했다.

결과적으로 이상의 네 가지 고려요인을 종합하여 러일전쟁 발발 직전까지 러시아에게 현실적으로 요망되었던 전략적 주노력(main effort) 지향 방향의 우선순위를 평가한다면, 위 [표 19]와 같이 판단해 볼 수 있다. 즉 북해 및 본도 방위를 위해 군사력을 집중하고 있었던 영국과 건함정책에 주력하고 있었던 독일의 군사력에 대비하는데 최고의 우선권을 부여하되, 동북아시아 지역으로 육군 및 해군의 주력 투입·운용은 시베리아 횡단철도가 개통될 때까지 자제하는 전략이 러시아에게 요구되었다.

그러나 이처럼 곤혹스러운 전략적 난제를 무시하고 러시아가 팽창주의적 사고에 집착하여 굳이 동북아에 우선순위를 둔 모험적 국가전략을 단행하고자 할 경우, 러시아가 선택할 수 있는 군사전략의 목표는 크게 3가지로 규정해 볼 수 있다. ① 서부전선의 방위태세가 취약해지지 않도록 유의하면서, 유럽·근동의 적정규모 육·해군 병력을 극동으로 신속히 전환시켜 일본군의 침공을 억제하거나, ② 일본군의 선제공격을 받았을 경우, 유럽·근동의 해군을 극동으로 전환함 없이

---

35 John W. Bookwalter, 전게서, 26-29.

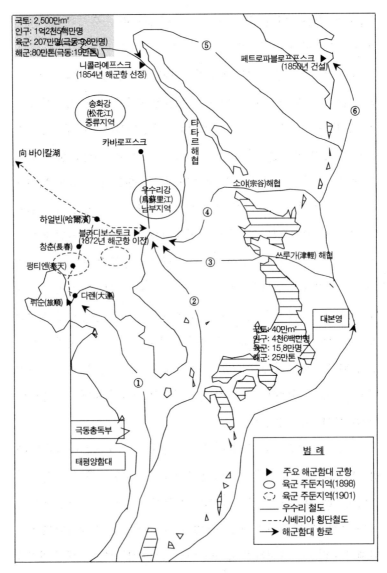

국토: 2,500만km²
인구: 1억2천5백만명
육군: 207만명(극동:9.8만명)
해군: 80만톤(극동:19만톤)

니콜라예프스크
(1854년 해군항 선정)

페트로파블로프스크
(1850년 건설)

송화강
(松花江)
중류지역

타타르해협

카바로프스크

向 바이칼湖

소얘(宗谷)해협

우수리강
(烏蘇里江)
남부지역

하얼빈(哈爾濱)

블라디보스토크
(1872년 해군항 이전)

창춘(長春)

쓰루가(津輕) 해협

펑티엔(奉天)

뤼순(旅順)

다롄(大連)

대본영

국토: 40만km²
인구: 4천6백만명
육군: 15.8만명
해군: 25만톤

극동총독부

태평양함대

범 례

▶ 주요 해군함대 군항
◯ 육군 주둔지역(1898)
⬭ 육군 주둔지역(1901)
── 우수리 철도
---- 시베리아 횡단철도
─→ 해군함대 항로

[그림 23] 러시아 발트·흑해함대의 극동지역 증원 시 목적지 및 항로 판단[36]

---

36 그림 안의 러시아 및 일본 육·해군 전력규모는 다음 문헌에 따른 것이다: 戶高一成,
전게서, 165; 로스뚜노프 외 전사연구소/김종헌 옮김, 전게서, 90, 97.

시베리아 횡단철도가 완전 개통될 때까지 일본군 육군 주력부대에 대해 만주 내륙에서 지연전을 감행하여 시간을 버는 한편, 신속히 이 철도를 개통하여 유럽에서 철도로 수송된 지상 증원전력으로써 일본군 주력을 격멸하거나, ③ 일본군의 선제공격을 받았을 경우, 유럽 · 근동의 해군을 극동으로 전환시켜 육 · 해군 합동으로 단기 제한전쟁을 수행함으로써 만주 또는 일본 본도(本島) 내 일본군 주력을 격멸하는 것으로 판단해 볼 수 있다. 여기서 러시아가 일본의 선제공격을 허용하기 이전 일본에 대해 선제적 조치를 취하는 경우를 배제한 이유는 차르 니콜라이 II가 "군사행동은 러시아가 아니라 일본이 먼저 시작하는 것이 바람직하고, 일본이 한반도 점령에 국한된 전투행위를 한다면 그 어떠한 대응도 하지 말라"고 지시했기 때문이다.[37]

[표 20] 러시아 발트 · 흑해함대의 극동지역 증원 시 목적지 · 항로의 우선순위

목 적 지	항로 #1	항로 #2	항로 #3	순위
뤼순(旅順)	남중국해-대만해협-동중국해-황해	-	-	1
블라디보스토크	남중국해-대만해협-동중국해-대한해협-동해	남중국해-태평양-쓰루가해협	남중국해-태평양-소야해협	2~4
니콜라예프스크	남중국해-태평양(일본 · 사할린 동측)-타타르해협	-	-	5
페트로파블로프스크	남중국해-태평양(쿠릴열도 동측)	-	-	6

특히, 러시아의 유럽 · 근동 방면의 해군 전력이 극동으로 전환될 경우, 러시아 군사전략 목표의 실현 용이성, 영국 정부의 지원을 받는 일본 해군의 정보 및 작전 능력, 제반 운항여건(항해 거리 및 소요시간, 선원들

---

37 로스뚜노프 외 전사연구소/김종헌 옮김, 전게서, 100; A. 말로제모프/석화정 옮김, 전게서, 349.

의 피로도, 석탄재보급 등)을 종합적으로 고려할 때 목적지별로 사용할 수 있는 항로와 그 우선순위는 위 [표 20] 및 [그림 23]과 같다.

블라디보스토크가 년 중 3~4개월 결빙되어 부동항으로서 적절하지 못한 점에 불만을 품고 있던 러시아 정부는 1898년 청국과 요동반도 조차협정(파블로프 협약)을 체결함으로써 뤼순항(旅順港, Port Arthur) 및 다롄항(大連港)을 조차했다. 그뿐 아니라 1903년 8월부터 뤼순항에는 신설된 극동지역 총독부가 주둔했고, 극동총독 알렉세예프가 함대기지와 지상전이 전개될 전장(戰場)은 상호 근접해야 한다고 주장한 원칙에 따라 태평양 함대의 주기지(主基地)가 블라디보스토크에서 뤼순항으로 변경되었다.[38]

1899년부터 이 항구와 하얼빈(哈爾濱) 사이에 남만지선(南滿支線, SMR: South Manchurian Railway)을 부설하기 시작한 러시아로서는 극동지역의 군사적 중심(重心, center of gravity)인 뤼순항과 남만지선의 보호가 무엇보다 절실했다. 또한 러시아는 황해로 지향될 것으로 판단되는 일본 해군의 제해권을 무력화시키기 위해, 유럽·근동 방면의 해군 전력을 극동으로 전환할 경우, 이 해군전력을 뤼순항으로 증원하는 조치가 가장 필요했다.

3) 군사력의 실제 사용

위에서 논한 바와 같이 영국의 숙적(宿敵) 러시아는 공영증(恐英症, anglophobia)을 느꼈으면서도 인도를 영국의 손아귀에서 빼앗아 영국의 패권을 무력화시킬 방도를 꾸준히 모색했다. 러일전쟁 발발 직전

---

38 상게서, 104.

까지 고조된 유럽 내부 국제관계의 긴장 상태 및 러시아 서부전선에 대한 군사적 위협을 감안할 때, 러시아에게 요구되었던 군사력 운용의 최고 우선순위는 유럽지역에 부여하는 것이 당연했다.

18~19세기에 걸쳐 유럽·근동·중앙아시아·동북아시아(연해주)로의 영토 확장 사업에서 만족스러운 결과를 얻은 러시아는 새로운 영토의 확보에 대해 더이상 과욕을 부릴 필요가 없었다. 오히려 러시아 국내정치의 낙후성을 점진적으로 개혁하고, 황실과 국민 사이의 소통을 원활히 하여 국가적 단합을 이루어 나가면서 이미 확보한 영토 주변의 국가들과 평화로운 공존관계를 추구하는 것이 요구되었다. 그러나 차르 니콜라이 II는 동북아시아에서 만주와 한반도를 아우르는 세력권을 새로이 확보하려고 무모한 욕심을 냈다.

사실, 19세기 말 러시아에게는 발트해로부터 흑해의 다뉴브강 하구에 이르는 서부국경에 포진하고 있었던 독일 및 오스트리아가 위협적이었다. 20세기 초 러시아 육군성은 독일·오스트리아 국경이 가장 큰 위협에 노출되어 있다고 판단했고, 이 두 나라가 자국을 침공할 가능성에 대해 우려했다. 러시아 육군성은 이 국경을 방어하는 것을 최고로 중요한 과제로 간주했다. 이미 상당한 영토를 확보한 러시아로서는 중국과 평화를 유지하고 일본과 전쟁을 회피하면서 극동에서는 방어 위주 전략을 유지하는 것이 가장 합리적 선택[39]이었을 것이다.

한편, 1871년 프로이센이 프랑스를 격파함으로써 달성한 독일 민족의 통일은 반대급부적으로 프랑스 국민들에게 알사스-로렌의 실지(失地)를 되찾고자 하는 정신(revanchism)을 고무시켰고, 독일에 대한 보복전쟁을 준비하게 하는 동기를 부여했다. 러시아에 대한 오랜 구

---

39 Alexei Nikolaievich Kuropatkin/심국웅 옮김, 전게서, 48-49.

애(求愛) 끝에 러불동맹(1891.8.27)을 체결한 프랑스는 러시아의 관심
과 군사력을 독일의 동측 국경으로 집중시키길 원했다. 러시아는 프
랑스의 대독(對獨) 보복전쟁에 연루될 가능성을 우려하면서도 프랑스
의 차관이 필요하여 러불동맹 및 후속 군사협정(1893.12.30)을 비준했
지만, 러불동맹을 국가 안보의 기초로 간주했던 프랑스의 군사모험주
의를 통제할 수 있는 능력도 지니고 있었다.

러일 개전 직전, 이처럼 긴박한 유라시아 전세 속에서 차르 니콜라
이 II가 유럽지역의 방위에 치중하는 것은 가장 합리적이고 순리에 맞
는 판단이었을 것이다. 즉, 극동지역에서 국가역량을 절약하는 대신,
유럽의 서부국경 지역에 절약된 역량을 집중함으로써 전쟁발발 가능
성을 억제하고, 이 기간을 활용하여 낙후된 국내정치 체제를 개선하
는 것이 타당했을 것이다.

그러나 최고 국책 결정권자로서 차르는 이와 정반대로 군사력을
운용했다. 이는 러·청 비밀동맹(1896.6.3, 李-로바노프 조약)에 의한 만
주 관통 동청철도(東淸鐵道) 건설 행위, 조선(朝鮮) 산림회사 설립협정
(1896.9.10)에 근거한 블라디보스토크로부터 뤼순을 잇는 압록강·두
만강 유역의 군사방벽 설치 시도, 궁극적으로 만주 전역을 러시아 영
토에 종속시키려 했던 계획[40]으로 표출되었다. 특히, 그는 1897년 11
월 26일 자신이 주관하였던 러시아 특별각료회의(육군상 반노프스키
[P.S. Vannovskii], 해군성 국장 티르또프[P.P. Tyrtov], 재상 비테[S.Y. Witte], 외
상 무라비요프[M.N. Muravyov] 참석)에서 합의된 "뤼순이나 다른 항구를
점령하지 말자"는 최종 결정을 독단적으로 번복하여 같은 해 12월 19
일 뤼순항에 러시아 함대를 주둔시켰다.[41]

---

40 박종효, 『한반도 分斷論의 基源과 러·일戰爭』 (서울: 도서출판 선인, 2014), 110.

[그림 24] 러·일 개전 관련 러시아의 무모한 동진정책(東進政策) 풍자화[42]

그뿐 아니라 니콜라이 II는 요동반도 조차협정(1898.3.27)을 체결하여 뤼순·다롄항에 이르는 동청철도의 남만지선 건설권을 획득했고, 한·러 마산포 조차협정(1900.3.29)을 통해 마산포를 태평양함대의 모항(母港)으로 만들려고 획책했으며,[43], 한불·러불 경의선 철도 부설 계약(1903년 후반)[44]을 맺어 일본의 견제 속에서 한반도 내부로의 침투를 시도했다. 이러한 일련의 국가정책은 무모하리만큼 과욕적(過慾的)이었을 뿐 아니라 극동지역에 치중되어 이 지역에 이권을 지닌 해양국가 영국·일본·미국을 극도로 자극했다.

---

41 A. 말로제모프/석화정 옮김, 전게서, 151-153.

42 석화정, 전게서, 66.

43 박종효, 전게서, 84.

44 상게서, 89-90.

또한 그는 1903년 5월 15일 외국 세력의 만주 침투를 불허하는 강경한 대외정책으로서 신노선(new course)을 발표하고 이를 단행하였다. 8월 12일에는 관둥(關東)[45]지역 및 흑룡강지역을 통합하여 동아시아(극동) 총독구를 편성하고, 극동총독부를 뤼순에 창설하여 총독의 군사지휘권을 강화시켰으나, 이로 인해 기존 육군상 및 해군상은 동아시아 군사문제에 대한 권한을 상실했다.[46] 그는 그 이후로부터 러일전쟁 발발 시까지 진행된 러일교섭 과정에서 줄곧 한반도 북부 중립지대화 및 대한해협 자유항행권 보장을 일본측에 요구했으나, 이미 영국의 지원을 담보로 한 일본이 러시아가 확실히 점령하지 못한 만주마저 점령하겠다는 의지를 표명함으로써[47] 러·일 양국 간에는 첨예한 대치(對峙)상태가 조성되었다.

1904년 1월 차르는 외교적 타협을 재시도했던 영국의 제안을 무시하고, 세계적 권위(world prestige)와 "무적의 제국" 러시아가 지닌 힘을 확장(augment)하기 위해 일본에 대해 "단기 전승"(短期 戰勝, short victorious war)거두고자 결심했다.[48]

1904년 2월 8일 차르는 "일본군이 먼저 군사행동을 시작하는 것이 바람직하므로 일본 해군이 북위 39도선 이북으로 진출하거나 또는 일본 육군이 한만국경을 넘어 만주로 진출할 경우 반격하라고 지시했다.[49]

---

45 여기서 언급된 관둥(關東)반도는 산하이관(山海關) 동측의 랴오둥(遼東)반도 및 남만주를 지칭한다.

46 최문형, 전게서, 316-317.

47 로스뚜노프 외 전사연구소/김종헌 옮김, 전게서, 54. 이 내용은 말로제모프가 분석한 니콜라이 II의 전쟁 지시에서도 확인이 가능하다(A. 말로제모프/석화정 옮김, 전게서, 349).

48 Evgeny Sergeev, 전게서, 307-308.

대륙국가로서 지닌 내선의 이점을 지닌 러시아는 지상력(land power)를 위한 육군의 전력증강 사업을 지체시킨 반면, 극동지역 해양력(sea power) 확충에 조급하여 해군 전력을 증가시켰는데, 이는 제한된 국가예산을 비효율적으로 사용한 조치가 아니었는가 하는 의구심을 자아낸다. 또한 러시아는 서부국경의 전력을 감소시켜 동부국경(극동지역)의 병력을 증강시킴으로써 독일 및 오스트리아에 대한 지위 및 억제능력을 상대적으로 약화시켰다.

결국, 동북아를 무대로 하는 전쟁을 위해 절대적으로 필요한 시베리아 횡단철도가 개통되지도 못한 상태에서, 차르는 영국의 배후지원을 받는 일본에 대해 승리할 수 있다는 오판하에 한 치의 양보도 없이 군사적 긴장상태를 고조시킴으로써 러·일 개전의 빌미를 제공했다.

---

49 A. 말로제모프/석화정 옮김, 전게서, 349. 이 지시는 차르가 "일본군이 한반도 점령에 국한한다면 러시아군은 일체 대응하지 말고, 우수리 남부 및 관둥[關東]의 러시아군이 침공을 당할 경우 방어에 나서도록 지시"한 내용과 유사하다(로스뚜노프 외 전사연구소/김종헌 옮김, 전게서, 100).

II. 일본의 전략적 선택

1. 19세기 국내외 상황 전개

1800년대에 들어 일본은 봉건적 도쿠가와(德川) 막부체제를 타도하고 메이지(明治) 유신을 성공시켜 사회 전 분야에 대하여 대대적인 서구식 개혁을 달성했을 뿐 아니라, 1894~1895년에는 중화체제의 맹주(盟主)인 청국을 무력으로 타도한 뒤 동아시아의 지역 패권국(regional hegemon)으로 급부상하였다.

1868년 사스마번(薩摩藩)과 조슈번(長州藩)의 삿조(薩長)동맹 세력은 존왕토막(尊王討幕)의 기치 아래 정변을 일으켜 이듬해 6월에는 지방 번주(藩主)들의 영토와 주민을 천황 무쓰히토(睦仁)에게 반납(版籍奉還)했고, 1873년에는 징병령을 공포하여 국민개병제를 시행했으며, 그 외에도 1876년까지 서구식 학제(學制)의 제정, 태양력 사용, 토지·조세제도 개혁 등 주요 개혁을 단행했다.[50] 천황 무쓰히토는 막부의 권력을 인수한 이후 메이지(明治) 시대를 열었고, 1912년 사망할 때까지 국가를 실질적으로 통치하였다.

일본은 1881년 영국·독일·프랑스의 정치체제를 참고하여 입헌정부 체제로의 이행을 도모하였다. 이토 히로부미(伊藤博文, 보수파)는

---

50 戶高一成, 전게서, 68-69.

군주가 강력한 군대를 장악하고 의회보다 우위에 서는 독일형, 오오쿠마 시게노부(大隈重信, 온건파)는 군주의 권리가 제한되고 의회가 국정을 주도하는 영국형, 이타가키 타이스케(板垣退助, 급진파)는 군주의 존재를 인정하지 않고 의회가 국정의 전 분야를 담당하는 프랑스형 정치체제의 도입을 모색했다. 영국형 정체(政體) 옹호론자들은 오오쿠마 시게노부를 총재로 하여 입헌개진당(1882)을, 프랑스형 옹호론자들은 이타가키 타이스케를 총재로 하는 자유당(1881)을 결당하였다.[51]

1889년에는 제국헌법이 제정되어 양원제에 기초한 정당 활동이 활성화되었으나 서구식 의회 민주주의(parliamentary democracy)와는 거리가 멀었다. 1880년 초 정당들이 결성되어 민중을 선동하는데 수완을 발휘했다. 그러나 제국헌법을 제정한 배후 세력이 의도 한 바는 정당이 국가 정치를 지배하거나, 또는 의회 내 다수당의 지도자가 총리가 되고 총리가 다수당의 지원에 의존해야 하는 영국식 의회제도가 아니었다. 또한 영국의 내각이 민주적이었다면 일본의 내각은 관료적이었고, 일본 내각의 중추조직은 총리 · 외상 · 육군상 · 해군상으로 구성되어 운용되었다.[52]

제국헌법은 내각제도, 사법권의 독립, 신민(臣民)의 권리 및 의무를 규정했고, 일본은 아시아에서 최초로 입헌 군주국가가 되었다. 국가의 주권은 천황에게 있었으므로 천황은 입법 · 행정 · 군사 · 외교 등 모든 분야에서 최고의 권한을 보유했으며, 특히 내각 및 의회의 통제를 받지 않고 육 · 해군에 대한 통수권을 행사할 수 있었다.[53] 또한 원

---

51 상게서, 84.
52 Ian H. Nish, 전게서, 2.
53 戸高一成, 전게서, 91; Ian H. Nish, 전게서, 3.

로(元老)라고 하는 유신정변(維新政變) 참여 정치인들의 느슨한 조직 (loose body)은 헌법외적 기구(extra-constitutional device)로서 천황에게 차기(次期) 총리 임명을 자문했고, 1892년 이래 1898년까지 원로 중에서 한 명이 총리로 선출되기도 했다. 그러나 원로들 사이에는 갈등 요인이 있었으므로 원로 협의체(genrō council)는 결코 단합된 연합체 (united group)가 아니었으며, 수시로 실권을 쥐고 있는 내각을 비난하기도 했다. 그러나 원로들은 실제로 군사·재정·외교 분야의 경험과 전문성을 통하여 국가의 중요 문제를 함께 검토하는 절차를 도입하였다.[54]

1885년 이토 히로부미를 초대 총리로 하여 출범한 일본의 내각은 1904년 러일전쟁 발발 시까지 11번 교체되었다. 이 기간 중 이토 히로부미가 4번, 구로다 기요다카(黑田淸隆)가 1번, 야마가타 아리토모 (山縣有朋)가 2번, 마츠다카 마사요시(松方正義)가 2번, 오오쿠마 시게노부(大隈重信)가 1번, 카츠라 타로(桂太郎)가 1번 총리로 재직했다. 일본 제국 내 가장 권력이 강력했던 3인의 정치인은 이토 히로부미, 야마가타 아리토모, 가츠라 타로였는데, 이토는 친러반영적(親露反英 的) 입장을 견지했고, 카츠라는 이와 반대로 친영반러적(親英反露的) 태도로 일관했다. 일본 지도자들은 항상 두 개 파로 갈라져 때로는 육군과 해군으로, 때로는 조슈(長州)와 사쓰마(薩摩)로, 때로는 반영국파와 친영국파로 호칭되었다. 육군파인 조슈파는 강력한 반영국파였

---

54 Ian H. Nish, 전게서, 4-5. 정시구는 "메이지시대 일본의 원로는 7~8명으로 구성된 핵심 그룹으로서 그중 최고 실력자는 초대 총리를 지낸 이토 히로부미(伊藤博文)였는데, 이 자는 근대 일본의 기틀을 닦은 인물로 평가되며, 안중근 의사가 그를 저격 대상으로 택한 데는 그만한 상징성이 있었다"고 주장했다(정시구, "일본 초기 의원내각제의 태정관제[太政官制]," 『한국행정사학지』 제25호[2009], 124).

고, 해군파인 사쓰마파는 강력한 친영국파였다.[55]

영국이 1885년부터 1887년까지 거문도를 무단으로 점령한 뒤 블라디보스토크의 러시아 태평양 함대를 위협하는 사건이 발생하자, 러시아는 동북아 지역에서 육군을 위주로 하는 방위전략으로 전환했다. 러시아는 이 전략에 발맞추어 1887년 6월 시베리아 횡단철도 건설을 확정했으며, 1891년 이 철도의 동측 종점 블라디보스토크에서 착공식을 거행하였다. 시베리아 횡단철도를 이용하여 극동으로 동진해 오는 러시아에 대해 위기감을 느낀 야마가타는 1889년 1월 일본 본도를 의미하는 주권선을 방위하기 위해 그 외곽에 이익선을 설정하고, 양개 선 사이의 세력권(sphere of influence)을 확보해야 한다는 논리를 개진했고, 일본 정부의 대외정책은 야마가타의 군사적 개념에 따라 좌우되었다. 1884년 갑신정변을 사주하여 조선 내 친일 개혁정권 수립을 획책했다가 실패한 일본이 1894년까지 근 10년에 걸쳐 준비해온 청국과의 일전(一戰)의 각오는, 야마가타의 세력권 논리에 힘입어 청일전쟁의 도발로 나타났다.

사실 메이지 유신 정부의 등장 이래 대다수의 일본인들은 제국헌법(1889)이 자신에게 어떻게 관여되는지 관심이 없었고, 일본의 지방인들은 여전히 도쿠가와 이에야스를 신(神)으로 숭배했으며, 메이지정부를 마음으로 우러나 복종하지 않았다. 그뿐만 아니라 서민에게는 천황의 존재도 거의 알려지지 않았으나, 청일전쟁을 치르면서 모든 일본인들에게 국민의식이 서서히 싹트기 시작했고 천황의 권위도 확립되었다.[56]

---

55 하야시 다다스/A.M. 풀리 엮음/신복룡·나홍주 옮김, 『하야시 다다스 비밀회고록』(서울: 건국대학교출판부, 1989), 29, 68.
56 戸高一成, 전게서, 90; 하라 아키라/김연옥 옮김, 『청일·러일전쟁 어떻게 볼 것인가』

일본은 파죽지세로 육상 및 해상에서 청국군을 공격하여 불과 8개월 만에 청국 정부를 굴복시킨 후, 불평등한 시모노세키(下關) 강화조약(1895.4.17)을 체결하여 청국만이 조선의 독립을 인정한다는 서약을 받아냈다. 또한 이 조약에 의거 일본은 청국의 조선에 대한 종주권(宗主權)을 박탈했고, 요동반도·대만을 빼앗았으며 거대한 전쟁배상금까지 챙겼다.

또한 청일전쟁에서 성공한 일본은 야마가타가 구상했던 한반도·남만주·대만을 잇는 거대한 세력권을 형성하는 데 성공한 듯했다. 그러나 강화조약이 체결된 뒤로 불과 1주일이 경과한 시점에 러시아·프랑스·독일 3국은 "일본의 요동반도 점령으로 조선의 독립이 유명무실해지고, 유럽 각국의 통상 이익을 저해하게 되며, 청국의 수도가 위태롭게 되어 동양의 평화에 장애가 된다"[57]는 명분으로 일본에 대해 간섭하여 일본에게 이의(異意)를 제출했다. 독일과 프랑스는 태평양으로 함대를 증강시켜 일본을 압박했고, 러시아는 프리아무르 지역의 부대에 동원령을 내림과 동시 일본 근해의 항구(코베·나가사키)에 군함들을 집결시켜 무력시위를 벌였다.[58]

일본 정부는 3국의 권고를 거부할 경우 3국과의 무력분쟁에서 이길 자신감이 없었고, 권고를 수락하는 것은 너무나 굴욕적이어서 국내 여론이 반발할 것을 두려워했으며, 결국 국제회의에 회부하여 해결하고자 했다. 국제적 고립을 벗어나기 위해 안간힘을 다했던 일본은 미국 및 영국에 접근했으나, 별다른 외교적 지원을 얻어내지 못했

(파주: 살림출판사, 2015), 100-101.

57 최문형, 전게서, 267.

58 로스뚜노프외 전사연구소/김종헌 옮김, 『러일전쟁사』 (서울: 건국대학교출판부, 2004), 14; Ian H. Nish, 전게서, 29.

다. 1895년 5월 5일, 일본은 랴오둥(遼東)반도에서 작전 중이인 자국 군대의 해상 병참선이 3국 해군에 의해 차단되는 불온한 사태를 방지하기 위해 고심하던 중, 3국 공사와 교섭을 통해 적정 보상금을 받는 조건으로 요동반도 전면 반환에 합의했다.[59]

삼국간섭에 굴복한 사건으로 국민적 분노(public indignation)가 끓어 올랐고, 특히 요동반도 반환이 결정되자 일본 전역에서 무려 40명의 일본인이 할복(*seppuku* or ritual disembowelment)하여 불만을 표시하는 등 이토 히로부미 내각의 존립을 위태롭게 했다.[60] 이토는 삼국이 제시한 굴욕적 조건을 검토하는 과정에서 공론화 자체가 부적절한 것으로 간주되는 천황의 칙유(勅諭, rescript)를 신민(臣民)들에게 발표함으로써 이들이 3국의 간섭 조건을 수용하도록 결정하였다.[61]

삼국간섭 이후 일본 사회에 형성된 대외정책 여론은 크게 두 가지로 나누어졌다. 하나는 감성적 차원의 주전론(主戰論)으로서 와신상담(臥薪嘗膽)의 심정으로 온 국민이 국력을 키우고 군비를 증강하여 러시아에 대한 복수전을 감행해야 한다는 것이었다. 또 다른 하나는 러시아와의 타협론으로서 일본이 지닌 제한된 잠재력을 고려하여 만한교환론(滿韓交換論)에 따라 러시아와 세력권의 한계를 확정(delimitation of spheres of influence)함으로써 상호 우호관계를 유지해야 한다는 것이었다. 여기서 말하는 만한교환론이란 러시아가 일본이 한반도를 자국 세력권으로 편입하는 것을 허용하는 대신, 일본은 러시아가 만주를 자국 세력권으로 확보하는 것을 서로 인정하자는 대외정책 이

---

59 최문형, 전게서, 268-269.

60 SCM Paine, *The Sino-Japanese War of 1894~1895: Perceptions, Power, and Primacy* (New York: Cambridge University Press, 2003), 289, 291.

61 Ian H. Nish, 전게서, 4.

론이었다.

러시아에 대한 주전론과 타협론을 놓고서 다시 조슈번(육군 중심, 친러시아 노선) 대 사쓰마번(해군 중심, 친영국 노선)의 파벌관계가 남긴 유산이 일본 정계에 작용했다. 대러 전쟁론은 국수주의 반러단체인 흑룡회(黑龍會)나 동경제국대학 소속의 7명의 박사가 주로 선동하였는 바,[62] 전자는 일본의 승리를 예상한 러일전쟁 예보를 제시했고, 후자는 일본 군대가 바이칼호까지 침공해야 한다고 주장했다. 반면 대러 타협론은 이토 히로부미를 위시한 노장파(老壯派) 원로들이 추구했던 국가전략이었으나, 1901년 6월초 이토 히로부미의 제4차 내각(1900.10.19~1901.6.2)이 퇴진하고 카즈라 타로 내각(1901.6.2~1906.1.7)이 등장하면서 무산되고 말았다. 신임 총리 가츠라 타로는 무쓰히토 천황의 재가를 받아 영일동맹을 적극적으로 추진함으로써 취임 후 8개월 만에 일본이 원하는 조건을 최대한 관철시켜 동맹을 체결하는데 성공하였다.

참고로, 러일전쟁 발발 직전 1903년을 기준으로 한 일본의 인구 규모에 대해 토다카 카즈시게는 4,600만 명으로, 쿠로파트킨은 4,500~4,700만 명으로 추산했다. 1900년 기준으로 쿠로파트킨은 일본이 탐냈던 조선의 인구를 약 1,100만 명으로, 청국의 인구를 약 4억 명으로 추산했다.[63]

---

62 A. 말로제모프/석화정 옮김, 전게서, 236; 戶高一成, 전게서, 165.

63 戶高一成, 전게서, 165; Alexei Nikolaievich Kuropatkin/심국웅 옮김, 전게서, 73; Alexei Nikolaievich Kuropatkin, *The Russian Army and the Japanese War - Being historical and critical comments on the military policy and power of Russia and on the campaign in the far east*, trans. by captain A.B. Lindday (London: John Murray, 1909), 34.

2. 상부구조 및 군사력의 배비

　12세기 말 시작되어 1868년까지 계속된 세습적 군사독재자 쇼군 (將軍)의 정부(政府)인 막부(幕府)는 천황의 법적 지위를 인정했으나, 군사·행정·사법적 실권을 장악하여 무인정치(武人政治) 시대를 지속 시켰다. 도쿠가와 막부(1603~1867)는 일본에서 가장 강력한 중앙정부 로서 천황과 다이묘(大名), 종교지도자들을 통제했으며 도쿠가와 가 문의 영토를 관장하고 외교업무까지 다루었다. 도쿠가와 막부가 에도 (江戶)에서 발전시킨 중앙집권적 행정체계는 19세기 말 새로 들어선 메이지(明治) 천황 유신정부(維新政府)의 토대가 되었다.[64]

　1868년 사쓰마·조슈·토사·히젠(薩摩·長州·土佐·肥前)의 서남웅번 (西南雄藩)을 주축으로 한 다원적 연합정권인 메이지 유신정부가 수립 될 당시, 이 정부는 여전히 자신의 군대나 재정(財政)을 보유하지 못했 고 오로지 독자적 병력과 재력을 가지고 있는 하부의 제번(諸藩)에 전적 으로 의존할 수밖에 없었다. 메이지 유신정부는 이러한 제번(諸藩)의 상호 대립의 균형점 위에서만 그 존재 근거를 부여받은 과도적·형식적 정권에 불과했으므로, 내부적 대립을 조정하고 모든 지방권력을 극복 하여 중앙집권적 제국(帝國)으로 자신을 완성하는 것이 시급한 과제였 다. 이러한 정치적 사정이 신정부 수립 이후의 국가 상부구조(관제) 개 혁 노력에 일관되게 반영되었다.[65]

　1871년 예하 번들의 무력을 관리하기 위해 병부성(兵部省, hyōbushō) 이 설치되었다가 이듬해 2월 신설된 육군성 및 해군성으로 대체되었

---

64 http://100.daum.net/encyclopedia/view/b08b3271a(검색일: 2018.2.19).
65 강광수, "일본 통치구조의 할거성(割據性)에 관한 연구: 내각제도의 형성과정을 중심 으로,"『대한정치학회보』17집 3호(2010.2), 5-6.

으며, 1871년 유신 정부는 판적봉환(版籍奉還) 정책을 추진하여 구 번주(藩主)들이 자신의 영토와 주민을 천황에게 반환시키도록 함으로써 육·해군에 대한 중앙 통제 능력을 강화했다.[66]

메이지 원년(1868)부터 내각제도가 창설(1885)되기까지 일본 중앙 정부의 모든 기관을 통괄하는 기구로서 태정관(太政官)이 운용되었고,[67] 1885년(메이지 18년) 12월 22일에는 내각직권(內閣職權)이 반포되어 태정관제도가 폐지되고 내각제도가 창설되었다. 여기서 내각은 이토 히로부미가 프러시아에서 습득한 대재상제(大宰相制)를 모델로 하여 만든 것으로서, 총리를 수반(首班)으로 하는 10명의 대신(大臣)으로 구성된 내각이 직접 천황을 보필하였다. 또한 내각의 각 대신은 각 성(省)의 장관으로 기능을 수행했으며, 총리가 각 성(省)에 대한 통제력을 발휘할 수 있도록 내각 보좌기구가 정비되었다. 그러나 천황 친정(天皇親政) 및 부국강병(富國强兵)의 실현이라는 메이지유신의 기본 이념을 위해 다음과 같은 태정관제도의 유산이 잔존했다: ① 군령(軍令)기관을 내각의 밖에 설치하여 내각으로부터 천황의 통수권을 독립시킴으로써 천황의 친정(親政)을 보장, ② 각 성(省)의 대신의 지위를 향상시키되 내각 및 총리의 각 성(省)에 대한 통제력을 약화.[68]

---

66 Charles J. Schencking, *Making Waves: Politics, Propaganda, and the Emergence of the Imperial Japanese Navy, 1868~1922* (Redwood: Stanford University Press, 2005), 13.

67 정시구, 전게서, 116. 태정관은 1868년부터 1879년까지 여러 차례 변천과정을 겪었는바, 1869년 6省(民部, 大藏, 兵部, 刑部, 宮內, 外務), 1871년 8省(神祇, 司法, 外務, 文部, 大藏, 兵部, 工部, 宮內)이 설치되었다(상게서, 118). 1868년 4월 공포된 정체서(政體書)는 천하의 모든 권력을 태정관에 귀속시켰고, 태정관의 권력을 입법·사법·행정의 삼권으로 구분함으로써 최초로 삼권분립 형식의 정치형태를 규정했음. 그러나 이 제도의 한계는 관직(官職)에 따른 삼권의 기능적 분립과 동일인에 의한 관직의 겸직으로 인해 그 결함이 노출되었음(강광수, 전게서, 4).

또한 내각직권(內閣職權)에 근거하여 총리의 보좌기구로서 법제국 (法制局) 및 내각서기관실(內閣書記官室)이 설치되었으나 각 성(省)에 대한 조정 기능이 없었고, 내각법에 따르면 총리가 내각회의를 주도 하여 각료에 대해 지시를 내릴 권한도 없었다. 총리는 동배(同輩) 대신 들 중의 수석(primus interpares)에 불과했다.[69] 또한 각 성(省)의 대신 은 내각의 구성원이면서도 해당 성(省)의 행정장관임과 동시에 그 성 의 사무에 관해 천황을 단독적으로 보필할 지위를 가짐으로써 각 성 (省) 사이의 경쟁이 한층 격렬해졌다.[70]

1889년 메이지 헌법에 의거 천황은 국가의 수반(head of state) 및 일본 제국군 총사령관(generalissimo)의 지위를 확보했으며, 천황 친정 체제(親政體制)를 정착시킴으로써 유명무실했던 천황의 권력을 확립 했다.

육군과 해군의 군사력을 통합·조정·운용하는 최고의 군령기관은 대본영(大本營, IGH: imperial general headquarters, *daihon'ei*, だいほんえ い)은 1893년 5월 19일 신설되어 일본 제국 육군 참모본부 및 해군 군령부를 위한 중심 지휘기구(central command)로서 전시 육·해군의 작전 노력을 조율(coordinate)하는 기능을 했다.[71] 전시 또는 국가적 위 기상황이 발생했을 때 천황의 국가 통수 기능은 대본영에서 중앙집권

---

68 정시구, 전게서, 124-125. 정시구는 군벌(軍閥)인 육·해군 수장(首長)이 내각을 거 치지 않고 (明治 11년에 육군 조령, 明治 19년에 해군 조령에 의해) 직접 일본 천황과 독대(獨對)를 가능하게 함으로써 내각 총리대신이 군을 통솔하지 못했고 군국주의로 향하는 길을 열었다고 주장했다; 강광수, 전게서, 16.

69 마스지마 도시유키 외/이종수 옮김, 『일본의 행정개혁』(파주: 한울아카데미, 2002), 20. 정시구, 전게서 126에서 재인용.

70 강광수, 전게서, 17.

71 Louis-Frederic Nussbaum & Käthe Roth, *Japan Encyclopedia* (Cambridge: Harvard University Press, 2005), 139.

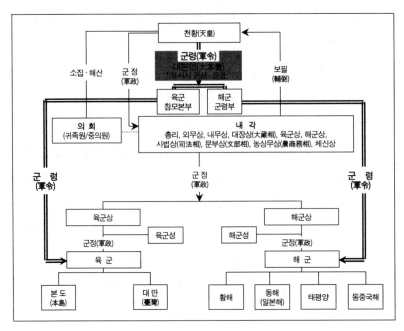

[그림 25] 러·일 개전 직전 입헌군주제하 일본군 구조

적으로 발휘되었다. 대본영은 천황을 수장(首長)으로 한 —내각 및 민간기관들로부터 완전히 독립된— 특별(ad hoc) 군사 지휘감독 기구로서 육군측에서는 육군 참모본부장·작전부장·육군상이, 해군측에서는 해군 군령부장·작전부장·해군상이, 그리고 감군(監軍, inspector general of military training) 및 천황의 부관이 참석했다.[72]

영국과 마찬가지로 영토가 바다에 의해 둘러싸인 섬나라 일본은 바다를 통해 해안에 상륙한 적에 의해 본도가 침공당할 최악의 가능

---

72 예를 들면, 대본영은 1894년(메이지 27년) 6월 5일 설치되어 청일전쟁을 지휘한 뒤 1895년 4월 1일 해산되었으며, 러일전쟁 지휘를 위해 1904년(메이지 37년) 2월 11일 재설치되었다(有賀傳, 『日本陸海軍の 情報機構とその活動』[東京: 近代文藝社, 1994], 70-71; 대한민국 육군본부, 『청일전쟁(1894-95): 19세기 국제관계, 주요전투, 정치적 결과를 중심으로』[계룡: 국군인쇄창, 2014], 254).

성을 항상 우려했다. 예를 들면, 19세기 말 제국주의가 절정에 달했던 시대에 일본은 서구 열강의 군사적 위협을 백화(白禍)로 받아들였으며, 구체적으로 "북쪽으로는 러시아가, 서쪽으로는 프랑스가, 동쪽으로는 미국이 일본을 위협하고 있다"고 판단했다.[73]

이처럼 일본 열도에 대한 안보위협이 복합적으로 작용했던 19세기 후반, 메이지 유신으로 등장한 일본 제국의 육군은 여러 번(藩)들의 군대를 느슨히 연합한 조직(loose amalgam)이었으며, 당시 주요 도로의 명칭을 따서 토카이도(東海道), 토산도(東山道), 산닌도(山陰道), 호쿠리쿠도(北陸道)를 관할하는 4개의 부대로부터 발전하였다. 유신정부의 4개 부대는 황실과 연대(連帶)을 강조하여 유신 정변의 명분을 정당화했고, 천황의 권위를 내세워 대중적 지지를 확보하고자 했다. 그러나 초기 유신정부 육군의 지휘계통은 불명확했고, 많은 부대들은 황실보다는 원 소속의 번(藩)에 더 충성하는 경향을 보였다.[74]

유신정부는 육군을 중앙집권화하기 위해 분투했으며, 교토(京都)에 국립 사관 양성학교(national officers' training school)을 설립하기 위한 기금을 각 번(藩)에 제공하도록 요구했고, 일본 제국 육군의 기반을 마련한 자로 인정받고 있는 야마가타 아리토모(山縣有朋)는 지방의 번(藩) 및 기존 무사계급을 희생시켜 강력한 중앙정부의 상비 국민군(standing national army)을 창설하는 데 기여했다.[75]

1871년 병부성(兵部省)은 6천 명 규모의 황실근위대 창설 계획을 발표하여 각 번보다는 유신정부에 대한 충성을 유도했고, 전국을 4개

73 석화정, 『풍자화로 보는 러일전쟁』(파주: 지식산업사, 2007), 145.
74 Jeremy Black, *War in the Modern World Since 1815* (Abingdon-on-Thames: Routledge, 2013), 10.
75 상게서, 29.

의 군구(military district)로 구분한 뒤 각 군구에 진대(鎭臺, garrison)를 설치하여 농민 봉기 또는 무사들의 반란에 대비했다.

[표 21] 메이지 유신 직후 진대(鎭臺) 설치 현황

황실근위대	여타 번(藩) 출신 부대		
도쿄(東京) 진대	오사카(大阪) 진대	구마모토(熊本) 진대	센다이(仙臺) 진대

4개 진대의 총 병력은 대부분 보병과 수백 명의 포병 및 공병으로 구성된 8,000여 명 수준이었고, 가고시마(鹿兒島) · 후시미(伏見) · 나고야(名古屋) · 히로시마(廣島) 등지에서 소규모 파견대들이 방위 임무를 수행하고 있었으며,[76] 1871년 말까지 유신정부의 육군은 연안방어 및 근대화를 우선적 과업으로 추진했다.

일본 제국 육군은 애초 프랑스 군사고문단의 지원을 받아 근대화에 착수했으나,[77] 보불전쟁(1870-1871)에서 프랑스가 패전한 뒤부터는 프로이센 육군을 모델로 하여 발전을 도모했다. 1872년 4월에 창설된 육군성(ministry of army)은 애초 일본 제국 육군의 군정 및 작전지휘(軍令) 업무를 모두 관할했었는데, 1878년 12월 육군 참모본부(imperial Japanese army general staff office)가 창설된 후 군정기능만을 보유하게 되었다.

이후 육군성의 주요 기능은 육군 예산 확보, 무기조달, 인사관리, 국회 · 내각과의 관계, 육군 정책 전반의 관할을 포함했다. 육군상의

---

76 상게서, 24.

77 Meirion Harries & Susie Harries, *Soldiers of the Sun: The Rise and Fall of the Imperial Japanese Army* (New York: Random House, 1994), 20.

정치적 지위는 강력했으며, 1885년 내각제도가 시작된 이래 총리가 아니라 천황을 직접 보필(輔弼)했다. 육군성의 창설 이래 육군상은 현역장군으로 보직했으며, 1900년 야마가타 총리에 의해 군부대신(軍部大臣) 현역무관제(現役武官制)를 법제화하여 정당(政黨)의 군사문제에 대한 영향력 행사를 차단했다. 이 당시 일본에서는 육군상이 반대하면 내각은 결정할 수 없었고, 육군이 육군상을 천거하지 않으면 내각을 조직할 수도 없었다.[78] 따라서 육군의 육군상 지명 거부 권한(veto power)은 대의(代議) 민주주의를 침해했을 뿐 아니라 군국주의가 부상하게 만든 주요 요인으로 작용했다.

1878년 일본의 육군 참모본부(army general staff office)가 독일 일반 참모본부를 본 딴 천황 직속의 군령기관으로 설치되어[79] 군사전략 기획 및 군사력의 운용에 대해 광범위한 권한을 행사했다. 1886년부터 1890년까지는 독일 군사고문으로서 야콥 메켈 소령이 일본 육군에 파견되어 육군 참모본부의 훈련을 지원했다. 구체적으로 육군 참모본부는 전쟁계획 준비 및 시행, 군사훈련, 군사정보, 부대 전개 및 기동의 감독, 야전규정 편찬, 군사지도 제작 등의 작전 지휘 · 통제 기능을 담당했다. 육군 참모본부장은 천황과 직접 독대가 가능했고, 민간 관료들로부터 영향을 받지 않고 육군을 독단적으로 운용할 수 있었다. 1889년 일본 제국헌법에 규정된 문민감독(文民監督, civilian oversight)으로부터 육군이 완전히 독립한 것은 육군을 천황의 개인적 지휘 밑

---

78 이성주, 전게서, 217.

79 강광수, 전게서, 16; Jeremy Black, 전게서, 82-83; Rita Suessmuth, *Question on German History: Path to Parliamentary Democracy* (Bonn: German Bundestag Public Relations Division, 1998), attachment #1(Prussian hegemony and constitutional change in the German Empire after 1871).

에 놓았을 뿐 아니라, 내각 또는 민간 영역의 리더십으로부터 격리시키는 결과를 가져왔다.

일본 육군은 1873년 징병령을 발표하였고 자격조건에 부합한 모든 남성을 모병하여 군대를 운용했다. 1873년 약 17,900명에 달했던 육군은 2년 뒤 33,000여 명으로 배가되었고, 1874년 민중 소요로 시작되어 1877년 사쓰마번 지역의 불만사족(不滿士族)들의 반란(西南戰爭)으로 절정에 달한 내전을 진압하는 데 투입되었다. 또한 1874년 대만(臺灣) 원정작전 시 최초로 육군이 해군의 지원을 받아 해외로 전개하는 작전적 경험을 습득했다.

1894~1895년의 청일전쟁 시에도 육군은 제해권을 확보한 해군의 해상수송 및 보급지원 능력에 의존하여 한반도 · 만주(滿洲) · 대만(臺灣)에서 지상작전 경험을 쌓았다. 청일전쟁 당시 일본 육군은 7개 사단과 2개 혼성여단 규모의 병력을 보유하고 있었으며, 이를 다시 2개의 군으로 편성하였다. 제1군은 3 · 5사단 및 9혼성여단으로, 제2군은 1 · 2 · 4 · 6사단 및 12혼성여단으로 편성되었고, 본도 방위를 위해 근위사단(종전 후 7사단으로 개칭)을 보유했다. 사단은 2개의 여단(2개 보병연대로 구성) 및 보병대(4개 연대로 구성), 포병 · 기병 · 공병 · 병참부대로 편성되었고, 전시에는 동원병력을 포함하여 13,000명 내외로 증편이 가능했다. 당시 병력은 상비군 63,693명, 예비군 91,190명, 국방의용군 106,088명, 본도 방위 병력 15,000명에 달했고, 실제 출정 병력은 174,000명 수준이었다.[80]

청일전쟁에서 승리한 뒤 일본 육군은 요동반도를 무력으로 점령했다가 러시아 · 프랑스 · 독일의 삼국간섭(1895년 4월 23일부터 약 2개월

---

80 대한민국 육군본부, 전게서, 214-215.

[표 22] 청일전쟁 발발 직전 일본 육군 배치상태

제1군			제2군					근위사단 (7사단)
3사단	5사단	9혼성여단	1사단	2사단	4사단	6사단	12혼성여단	
나고야	히로시마	히로시마	토쿄	센다이	오사카	구마모토	후쿠오카	토쿄

간 유효)에 의해 반환했다. 그러나 일본군의 평후(澎湖) 제도(諸島) 및 타이완(臺灣) 원정(1895.3.25~10.21)은 다른 제국주의 열강의 간섭을 받지 않고 수월하게 진행되었다. 일본은 타이완에 카바야마 스케노리(樺山資紀)를 초대 총독으로 파견하여 저항하는 탕징송(唐景崧)의 포모사 공화국(Republic of Formosa)을 타도한 뒤 총독부를 설치하고 군정(military rule)을 단행했다.[81] 이 공화국은 시모노세키 조약에 의거 청조가 공식적으로 일본에 할양하였으나, 할양에 반대하는 세력이 1895년 5월 23일 개국을 선포하고 저항하자, 일본군이 무력으로 진압함으로써 동년 10월 21일 전복되었다.

일본군의 평정작전 기간 중인 1895년 6월 3일 청조의 실권자 서태후는 리진팡(李經方)을 대만에 파견하여 기륭항(基隆港)에 정박 중이던 일본 군함에서 대만의 주권을 이양하는 행사를 시행했다. 애초이 행사는 타이페이(臺北)에서 개최될 예정이었으나, 전권공사 리진팡이 생명의 위협을 느껴 함상에서 시행할 것을 간청하여 장소가 변경되었다.[82] 리홍장(李鴻章)의 평가에 따르면 1915년까지 타이완의

---

81 Yosaburo Takekoshi, *Japanese rule in Formosa* (New York: Longmans, 1907), 82-84; Inazo Nitobe, "Japan as a Colonizer," *The Journal of Race Development*, 2(4) (1912), 350-351.

82 Henry McAleavy, *Black Flags in Vietnam: The Story of Chinese Intervention* (London: Allen & Unwin, 1968), 281; James W. Davidson, *The Island of*

저항운동이 실질적으로 지속되었고, 일본은 그때까지 타이완을 완전히 평정하지 못했다.[83] 타이완을 실효적으로 점령·통치하기 위해 대규모 병력의 투입이 필요했던 일본 정부는 1897년까지는 약 10만 명 이상의 진압부대를 타이완에 유지했다. 이 기간 중 일본군이 무고한 양민, 여성, 노약자들을 살해하자, 피살된 사람들과 친족관계에 있는 농민들이 유혈의 복수전(vendetta war)을 벌였다.[84]

1900년에는 청국의 배외세력(排外勢力)인 의화단이 북경까지 진출하여 외국 공사관을 점거하는 사태가 벌어졌다. 남아프리카 보어전쟁(1899~1902)으로 인해 대규모 지상병력을 파병할 여력이 없었던 영국 정부의 요청에 따라, 13,000여 명의 일본 육군 병력이 북경으로 파견되어 8개국 연합원정군의 일원으로서 의화단 반란을 진압하는데 기여했다.[85]

청일전쟁에 이은 러시아 주도의 삼국간섭은 일본 정부·군·국민에게 와신상담(臥薪嘗膽)의 각오로 러시아와의 일전을 준비하게 하는 동기로 작용했다. 러시아와의 전쟁 가능성을 고려한 일본 육군의 군비확장 관련, 1895년 4월 15일 감군(監軍) 겸 육군상을 겸직했던 야마가타 아리토모(山縣有朋)는 〈군비수립에 관한 의견서〉를 상주(上奏)

Formosa, Past and Present: History, People, Resources, and Commercial Prospects. Tea, camphor, sugar, gold, coal, sulphur, economical plants, and other productions (London: Macmillan, 1903), 292-295.

83 SCM Paine, 전게서, 292.

84 Ward, Sir A. W. and Sir G. W. Prothero and Sir Stanley Leathes K.C.B, *The Cambridge Modern History*. Volume 12 (London: Macmillan, 1910), 573.

85 총 33,000여 명의 8개국(英·美·日·露·獨·佛·伊·墺) 연합원정군의 육군 병력의 40%를 일본 육군이 제공했다. 그러나 일본 육군에서는 과도한 밀집대형, 무모한 공격 행위로 인해 다른 연합국 육군보다 많은 사상자가 발생했다(Jeremy Black, 전게서, 99).

하여, "종래의 군비는 오로지 주권선(主權線) 유지를 위한 것이지만, 이번의 전승 효과를 헛되이 하지 않고, 나아가 동양의 맹주가 되기 위해서는 반드시 이익선(利益線)의 확장을 꾀해야 할 것이다"라고 군제 개혁의 개략적 방안을 제시했다.

그는 기존 7개 사단의 전력을 실질적으로 배가하려 했고, 이는 의회의 가결을 통해 보병 2개 여단(4개 연대)과 포병 1개 연대를 기간으로 하는 13개 사단의 편성으로 결정되었다. 신설된 사단들은 1897년부터 3년에 걸쳐 거의 설치가 완료되었다.[86] 일본 본도의 영토는 정규군 사단의 수에 의거하여 12개 사단 군관구로 분할되었고, 각 사단 군관구는 2개의 여단구역으로 나뉘었으며, 각 여단구역은 2개의 연대지역으로 재분할되었다. 각 연대지역은 정규보병연대, 13개 예비대대, 민병대 소속 1개 보병연대의 병력을 보충하는 데 이용되었다. 근위 보병 및 기병은 사단 군관구에서 직접 병력을 보충 받았다.[87]

한편, 일본 제국 해군과 관련하여 1860년대 중반까지 도쿠가와 막부는 사쓰마(薩摩), 조슈(長州), 카가(加賀) 등의 번(藩)들로부터 8척의 전함과 36척의 보조함정을 지원받아 1개 함대를 겨우 유지하였다.[88] 메이지 유신으로 인해 야기된 봇싱전쟁(戊辰戰爭: 1868.1~1869.6)이 한창 진행 중이던 1868년 3월 26일 오사카항(大阪港)에서 최초로 유신 정부 해군의 관함식이 거행되었는데, 총 배수량 2,252톤의 군함 6척(사가·조슈·사쓰마·쿠루메·구마모토·히로시마 지방에서 동원된 군함)은 당시 프랑스 해군의 단일 함대 규모보다도 왜소했다. 1870년 신정부는 200척의 함정을 보유한 10개 함대로 구성된 해군을 창설하고자

---

86 藤原彰/서영석 옮김, 『日本軍事史 上』(서울: 제이앤씨, 2012), 144-145.
87 로스뚜노프 외 전사연구소/김종헌 옮김, 전게서, 92.
88 Charles J. Schencking, 전게서, 15-16.

하는 야심찬 계획을 입안했으나 재정문제로 인해 제한되었다.[89] 해군성이 1872년에 설치되었고, 해군은 판적봉환(版籍奉還, 1871) 이후 지방 번(藩)들의 해군을 중앙에서 통제할 수 있게 되었다.[90]

해군성(1872~1945, ministry of the navy)은 일본 제국해군의 군정(軍政, administrative affairs) 및 작전지휘(軍令)를 모두 담당했으나, 1893년 5월 군령부가 창설되면서 군정 기능만을 보유하게 되었다. 해군성의 수장인 해군상은 정치적 권한이 강력했으며, 총리가 아니라 천황을 직접 보필(輔弼)했다. 제국 해군 군령부(軍令部, imperial Japanese navy general staff)는 해군성으로부터 일본 해군에 대한 작전권을 인수하여 해양 방위전략, 함대의 전쟁 계획 및 작전을 관할했다.[91]

[표 23] 청일전쟁 발발 직전 일본 해군 배치상태

요코스카(橫須賀)함대: 8척	구레(久瀨)함대: 9척	사세보(佐世保)함대: 10척
후소(扶桑)	이츠쿠시마(嚴島)	마츠시마(松島)
하시다테(橋立)	치요다(千代田)	요시노(吉野)
나니와(浪速)	콩고(金剛)	다카치호(高千穗)
다카오(高雄)	히에이(比叡)	아키츠시마(秋津洲)
야에야마(八重山)	야마토(大和)	카츠라기(葛城)
무사시(武藏)	츠쿠시(筑紫)	가이몬(海門)
아마기(天城)	텐료(天領)	니신(鯖魚)
아타고(愛嚴)	마야(摩耶)	이와키(磐城)
	아카키(赤城)	초카이(鳥海)
		오시마(大島)

1873~1879년, 주로 연안방어에 집중했던 일본 해군은 34명의 영국 해군 사절단(naval mission)의 지원을 받아 근대화를 도모했다.[92]

---

89 상게서, 7.
90 상게서, 13.
91 Ronald H. Spector, *Eagle Against the Sun* (New York: Free Press, 1985), 33.
92 상게서, 12.

1883년 5월에는 8개년에 걸친 해군 확장계획(1883~1890)이 수립되었으나 현대식 전함 부품 구입비용이 증가되어 계획 추진에 차질이 초래되기도 했고,[93] 일본 해군은 청일전쟁을 앞두고 청국 해군과 군비 경쟁을 가속화하였다. 이 시기에 일본은 세계 최고의 기술을 선도했던 프랑스 해군의 기술자 에밀 베르탱(Emile Bertin)의 기술 지도를 받아 4년간 구레·사세보·요코하마 병기창에서 기뢰, 순양함, 어뢰·어뢰정 등을 제작하면서 해외 도입도 병행하였다.[94]

청일전쟁 직전 일본 해군의 3개의 함대는 요코스카(橫須賀)·구레(久瀨)·사세보(佐世保) 군항에 위치하고 있었고, 각 함대는 4척의 함정으로 편성된 전대(戰隊)를 2개씩 보유하고 있었다. 해군은 러일전쟁이 발발하기 직전까지도 자체적 전함 건조능력이 없어서 대부분의 전함을 영국에서 주문·생산 후 도입하였다.[95]

이 당시에는 군함을 설계하여 진수(進水)하기까지 10년 이상의 기간이 소요되었고, 전쟁을 목전에 둔 일본이 혼자의 힘으로 전함을 급속히 확보하는 것은 이룰 수 없는 일이었기에 영국 해군의 전함 공급은 엄청난 지원이었다.[96]

93 Charles J. Schencking, 전게서, 27.
94 David C. Evans and Mark R. Peattie, 전게서, 14; Christopher Howe, *The Origin of Japanese Trade Supremacy, Development and Technology in Asia from 1540 to the Pacific War* (Chicago: University of Chicago Press, 1996), 281.
95 Richard Connaughton, 전게서, 35.
96 전홍찬, "영일동맹과 러일전쟁: 영국의 일본 지원에 관한 연구," 『국제정치연구』 제15집 2호(2012), 134.

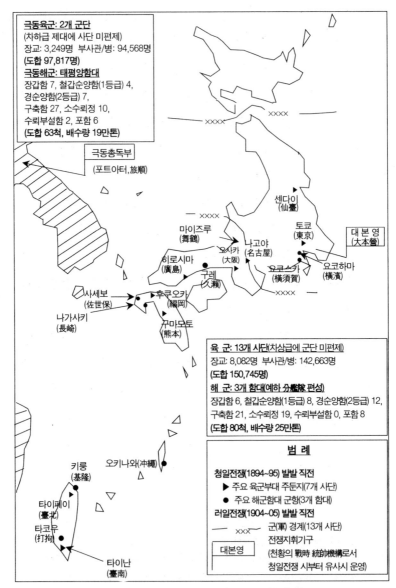

극동육군: 2개 군단
(차하급 제대에 사단 미편제)
장교: 3,249명 부사관/병: 94,568명
(도합 97,817명)
극동해군: 태평양함대
장갑함 7, 철갑순양함(1등급) 4,
경순양함(2등급) 7,
구축함 27, 소수뢰정 10,
수뢰부설함 2, 포함 6
(도합 63척, 배수량 19만톤)

극동총독부
(포트아터,旅順)

센다이
(仙臺)

마이즈루
(舞鶴)

나고야
(名古屋)

토쿄
(東京)

대본영
(大本營)

오사카
(大阪)

히로시마
(廣島)

구레
(久瀨)

요코스카
(横須賀)

요코하마
(横濱)

사세보
(佐世保)

후쿠오카
(福岡)

나가사키
(長崎)

구마모토
(熊本)

육 군: 13개 사단(차상급에 군단 미편제)
장교: 8,082명 부사관/병: 142,663명
(도합 150,745명)
해 군: 3개 함대(예하 分艦隊 편성)
장갑함 6, 철갑순양함(1등급) 8, 경순양함(2등급) 12,
구축함 21, 소수뢰정 19, 수뢰부설함 0, 포함 8
(도합 80척, 배수량 25만톤)

범 례

청일전쟁(1894~95) 발발 직전
▶ 주요 육군부대 주둔지(7개 사단)
● 주요 해군함대 군항(3개 함대)
러일전쟁(1904~05) 발발 직전
── ×××── 군(軍) 경계(13개 사단)
전쟁지휘기구
(천황의 戰時 統帥機構로서
청일전쟁 시부터 유사시 운영)

대본영

키룽
(基隆)

오키나와(沖繩)

타이페이
(臺北)

타코우
(打拘)

타이난
(臺南)

[그림 26] 러·일 개전 직전 일본 육·해군 배비상태[97]

97 ① 일본해군 - Richard Connaughton, 전게서, 26; 로스뚜노프 외 전사연구소/김종

일본의 해군은 청일전쟁이 종료될 때까지 "육군의 참모본부에 예속되어 지상군이 방해받지 않고 진출하는 것을 보장하는 데 필요한 조치"를 넘어서는 해상작전을 취하지 않도록 운용되었다. 즉 일본 해군은 육군에 대한 지원군종(support service)에 불과했다.[98]

그러나 청일전쟁 기간 중 일본의 대본영에서 추진한 전략 · 작전계획은 해군의 제해권 장악 여부에 육군의 지상작전이 종속된다는 점에 그 특수성이 있었고, 해군 역할의 중요성이 재인식되었다. 즉, 해군이 제해권을 장악하면 해군에 의해 수송된 육군은 샨하이관(山海關)과 톈진(天津) 사이의 해안에 상륙하여 직예(直隷) 평야를 공략하여 조기

헌 옮김, 전게서, 90, 92, 97; 藤原彰/서영석 옮김), 전게서, 144-145; 쿠로파트킨/심국용 옮김, 전게서, 100, 298-299. 후지와라 아키라(藤原彰)는 일본 해군이 러시아와의 정세가 긴박해짐에 따라 1902년까지 함정 건조를 마쳤으며, 실제 건조된 함정의 수는 106척이라고 주장함으로써 로스뚜노프 외 러시아 전사연구소의 수치(80척) 및 쿠로파트킨의 수치(100척)와 오차를 보이고 있다. 그러나 로스뚜노프가 주장하는 일본 해군의 총 배수량(displacement) 26만 톤은 토다카 가즈시게(戶高一成)가 주장하는 25만 톤과 대략 일치하고 있다.
② 러시아 극동해군 - 로스뚜노프 외 전사연구소/김종헌 옮김, 전게서, 90, 97; Richard Connaughton, 전게서, 29; 쿠로파트킨/심국웅 옮김, 전게서, 100. 러시아 태평양 함대의 보유함정 수에 대해 로스뚜노프는 63척, 쿠로파트킨은 62척이라고 주장했다.
③ 일본 육군 - 로스뚜노프 외 전사연구소/김종헌 옮김, 전게서, 92; 戶高一成, 전게서, 179, 183. 일본 육군은 러일 개전 직전 제1 · 2 · 4군(3개군, 예하 13개 사단)으로 편성되어 있었으나, 여순항 폐색(閉塞)작전이 성과를 올리지 못하자 육상 공격으로 전환하여 1904년 5월 29일부로 제3군을 신설했다. 각 군의 책임구역은 1945년 8월 15일 패전 당시 일반집단군(general army group) 및 군(army) 사이의 경계선을 참조하여 추정/도식한 것이다.

98 Ian H. Nish, "Japan and Sea Power," *Naval Power in the Twentieth Century edited by N.A.M. Rodger* (Annapolis: Naval Institute Press, 1996), 78; David C. Evans and Mark R. Peattie, *Kaigun: Strategy, Tactics and Technology in the Imperial Japanese Navy, 1887~1941* (Annapolis: Naval Institute Press, 1997), 49.

에 전쟁을 종식시킬 수 있고, 해군의 제해권 장악이 불확실할 경우 육군은 한반도 점령에 집중하면서 청국의 조선에 대한 영향력을 제거하며, 해군이 제해권을 상실할 경우 육군은 일본 본도에 잔류하면서 청국군의 본도 공격을 격퇴할 준비를 하는 것이었다.[99]

세계의 거의 모든 해역에 식민지 및 해군기지를 보유했던 글로벌 파워였던 영국과 달리 일본은 청일전쟁(1894~1895)에서 승리한 뒤에야 겨우 동북아에 국한된 지역적 패권국(regional power) 역할을 했다. 하지만 전쟁 후 확인된 해군력의 중요성과 관련하여, 일본 정부는 많은 논의를 거친 끝에 육군으로부터 해군을 독립시켜 해군이 육군과 대등한 입장에서 국가의 대전략을 논의하게 했다. 더 나아가 일본 정부는 해군이 스스로 자체의 임무를 발전시킬 뿐 아니라, 함대의 편성 및 소요 능력을 결정할 수 있게 하였다.[100]

일본 해군은 청일전쟁의 결과로 청국 군함 11척을 노획하여 손에 넣었고, 그 외에 전쟁 중 구입한 후지(富士)와 야시마(八島)가 있었으나, 이것으로써 서구 일류 해군과 어깨를 나란히 하고 있는 러시아 함대와 힘의 균형을 맞출 수 없었다. 그리하여 일본 정부는 의회의 가결을 통해 해군 확장계획(1896~1905)을 추진했다. 이 계획에 의거 일본 해군은 10년 간 철갑전함 4척(아사히[朝日], 시키시마[敷島], 하세[初瀬], 미카사[三笠]), 일등순양함 6척(야쿠모[八雲], 아즈마[吾妻], 아사마[淺間], 도키와[常磐], 이즈모[出雲], 이와테[磐手]), 이등순양함 3척(사사기[笠置], 지토세[千歳], 다카사고[高砂]), 그 외 삼등순양함 2척, 수뢰포함(水雷砲

---

99 David C. Evans and Mark R. Peattie, 전게서, 44; Jeremy Black, 전게서, 79-80.
100 US Marine Corps Command and Staff College, *The Russo-Japanese War: How Russia Created the Instrument of Their Defeat* (Seattle: CreateSpace Independent Publishing Platform, 2016), 12-13.

艦) 3척, 수뢰모함(水雷母艦) 겸 공작선 1척, 구축함 12척, 일등수뢰정 16척, 이등수뢰정 37척, 삼등수뢰정 10척, 합계 94척 및 기타 잡선 584척을 건조하려 했다. 그 경비 총액 2억1,310만 엔은 청일전쟁 전체 전비에 필적하는 거액이었다.

러시아와의 정세가 긴박해 짐에 따라, 일본 정부는 이 계획에 따라 예정보다 빠른 1902년 함정의 준공을 거의 끝냈다. 최초 계획과 약간 달리, 전함과 일등·이등순양함은 계획대로, 삼등순양함은 3척(니타카 [新高], 쓰시마[對馬], 오토와[音羽])을, 수뢰포함은 지하야(千早) 1척을 만들었으며, 수뢰모함은 만들지 않았고, 구축함은 두 배인 23척을 제작함으로써 결국 도합 106척을 건조했다.[101] 청일전쟁 당시 일본 해군이 불과 26척의 함정을 보유한 것에 비교한다면 약 4배가 증가한 것이다. 그리고 이러한 전함들은 적정 규모의 함대를 편성하는 데 사용되었고, 황해에서는 사세보(佐世保)·나가사키(長崎)·시모노세키(下關) 등의 일급군항에, 동해에서는 마이즈루(舞鶴) 일급군항에, 태평양에서는 요코하마(橫濱)·도쿄(東京) 등의 항구에 배치되었다.[102]

3. 군사력의 운용

1) 전략 목표 및 군사력의 지향 방향

느슨하게 형성된 메이지 유신 연립정부는 대내적으로 정치적 불안정성 및 지방 군벌의 할거성(割據性)을 조속히 극복하고, 명실상부

---

101 藤原彰/서영석 옮김, 전게서, 145-146.
102 로스뚜노프 외 전사연구소/김종헌 옮김, 전게서, 115-116.

한 천황의 권위를 확립해야 했다. 유신 정부는 시베리아 횡단철도 건설이 결정된(1887) 이후로 대외적으로 가시화되기 시작한 러시아의 극동지역 진출에 대해 위협을 느꼈다. 일본 정부는 한반도·만주를 세력권으로 확보할 목적으로 청일전쟁을 도발하여 승리함으로써 대외적 위협에 대비했을 뿐 아니라 대내적 목적도 달성했다. 그러나 러시아·프랑스·독일의 3국이 주도한 군사·외교적 간섭행위는 아직 산업 경제력이나 군사력 수준에서 서구 선진국가들을 능가할 여력이 없었던 일본으로 하여금 요동반도를 포기하도록 만들었다.

　　일부 일본 학자들은 일본 국민들이 러시아에 대한 복수전을 단행하기 위해 와신상담(臥薪嘗膽)의 각오로 부국강병을 위해 매진했다고 호도(糊塗)하고 있다. 하지만 국가 잠재력을 놓고 볼 때 러시아와 전쟁을 할 능력이 절대 부족했던 당시 일본 정부는 전략 목표가 모호했을 뿐 아니라 상반되는 전략적 선택의 문제를 놓고서 고심했다. 즉, 러시아를 주적(chief enemy)으로 간주하여 반러시아 전선(anti-Russian front)을 유지하고 있는 섬나라 영국과 동맹을 체결한 뒤 러시아와 전쟁을 벌여 한반도와 만주를 탈환하거나, 또는 '만주를 러시아의 세력권으로 인정하는 대신 러시아로부터 한반도를 일본의 세력권으로 인정받는 조건(韓滿交換論)으로' 러시아와 타협하는 방안 사이에서 고민한 것이었다. 결국 친영반러 노선의 주전론자(主戰論者)들 대 친러반영의 비전론자(非戰論者)들의 상충되는 전략 노선을 놓고서 양분된 일본의 정계는 서로 대립했으므로 전략 목표 역시 명확하지 않았다.

[표 24] 19세기 일본 군사력 지향 방향의 변화추이

구 분	지향 방향	비 고
메이지 유신(1868) 이전	본도(本島)	쇄국(鎖國)
메이지 유신(1868) 이후 육·해군성 창설(1872)까지		무력의 중앙집권화
육·해군성 창설(1872) 이후 청일전쟁 (1894~1895)까지	한반도·만주·대만	이익선(利益線) 확보
청일전쟁(1894~1895) 이후 영일동맹 (1902) 직전까지	한반도	이익선 축소, 한만교환론
영일동맹(1902) 이후 러·일 개전 (1904.2.8) 직전까지	한반도·만주	이익선 확장(만주 포함)

　　1901년 6월 2일 이토 히로부미의 4차 내각이 종식되면서 새로이 등장한 카츠라 타로(桂太郞)의 내각(1901.6.2~1906.1.7)은 무쓰히토 천황에게 친영반러 정책을 상주했고, 영일동맹 대 러일동맹의 전략적 선택의 갈림길에 섰던 천황은 1901년 12월 7일 어전회의(御前會議)에서 전자를 선택했다. 이어서 천황은 주영(駐英) 공사 하야시 다다스(林董)에게 훈령을 보내 영일동맹 체결을 위한 협상 교섭을 계속 진행하고, 외유(外遊) 중이던 이토 히로부미(伊藤博文)에게 러시아와의 교섭을 전면 중지할 것을 타전하도록 명했다.[103] 결국, 불분명했던 일본 정부의 전략 목표는 영일동맹에 의존한 러시아와의 결전(決戰) 전략으로 급선회하였다. 풍부한 전쟁 가용자원의 동원이 가능했던 러시아와의 전쟁 수행을 위한 국가적 역량이 절대적으로 부족했던 일본은 이 전쟁에 임하여 승리하기 위해 동맹국 영국의 지원이 절대적으로 필요했다.[104]

---

103 하야시 다다스(A.M. 풀리 엮음/신복룡·나홍주 옮김, 전게서, 170; 戶高一成, 전게서, 100.
104 당시 영국 군사정보국(MI: Military Intelligence) 니콜슨 국장(Arthur Nicholson)은 "전쟁에서 일본이 이길 가능성이 아주 희박하다"고 보았다(전홍찬, 전게서, 144).

한편, 1868년 샷조동맹(薩長同盟)을 기반으로 하여 달성된 유신정변(military coup)은 근대 일본의 역사 전개과정에 있어서 거대한 분수령을 이루는 사건이었는바, 이 사건을 전후로 봉건적 막부체제와 서구화·근대화를 추구하는 메이지 유신체제가 구분되었다. 메이지 유신 이전에는 도쿠가와 막부의 쇄국정책이, 그 이후 육·해군성이 창설(1872)될 때까지는 지방 번벌(藩閥) 세력에 대한 중앙정부의 통제력 강화 정책이 추구되었으므로, 당연히 이 기간 중 군사적 관심은 일본 내부 문제로 지향될 수밖에 없었다.

1872년 육군성 및 해군성이 창설되고 이듬해 징병령(徵兵令)이 공포된 이후부터 청일전쟁(1894~1895)이 종료될 때까지, 일본은 타이완(臺灣) 침공(1874), 강화도 침공 및 조선의 개항 강요(1875~1876), 류큐(琉球)분쟁(1877~1881) 등을 도발하였다. 일본은 북쪽으로 한반도·만주를, 남쪽으로 대만·류큐열도를 장악함으로써 이익선(利益線)을 확장하기 위한 팽창정책으로 일관했다.

청일전쟁 종료 직후 시작된 러시아·프랑스·독일 삼국의 해군력을 앞세운 정치적 간섭행위는 강화협상 문제로 여전히 요동반도에 주력을 유지하고 있었던 일본 육군의 해상병참선을 위협했다. 이에 군사적으로 대응하는 것이 불가능하다는 것을 절감한 일본은 삼국의 요구를 수용하지 않을 수 없었다. 이후 일본은 영일동맹(1902) 체결 시까지 줄곧 이익선을 한반도~대만 동측의 공간으로 제한하였고, 러시아에게 만주를 주는 대신 한반도를 독점하기 위한 외교적 흥정, 즉 한만교환(韓滿交換, give Manchuria and take Korea) 정책을 추진하였다.[105]

---

105 러시아는 청일전쟁이 한창 진행 중이었던 1894년 말부터 해군력을 극동으로 집중시켰고, 1895년 3월에는 지중해 전대를 극동으로 파견했으며, 4월에는 만주 침공을 위하여 러시아 극동지방의 지상군을 동원하기 시작했다. 세모노세키 조약이 비준될

1902년 체결된 영국과 일본의 군사동맹은 본질적으로 유라시아 전역을 대상으로 한 영국의 반러(反露) 봉쇄선을 고수하는데 일본이 참여하게 되었음을 의미했다. 일본은 동북아지역의 봉쇄선이 붕괴되는 것을 심각하게 우려한 영국의 전폭적 지원을 받았으므로, 당연히 영국과 긴밀히 연계하여 제반 군사적 노력을 강구할 수 있었다.

국가 존립의 사활적 이익이 달린 인도(印度)를 방위하는 데 최우선적 노력을 견지했던 영국의 입장에서 볼 때, 러시아와 일본이 전쟁으로 돌입할 경우 러시아가 서투르키스탄 지방으로부터 인도를 침공할 가능성이 더욱 낮아질 수밖에 없었다. 따라서 영국의 대일(對日) 지원은 적극적일 수밖에 없었고, 영일동맹에 의해 대러 전쟁 결행의 저력을 얻은 일본 정부는 다시 한반도를 넘어 남만주까지 이익선을 확장함으로써 러·일은 전쟁으로 치닫게 되었다. 영일동맹의 힘에 의존하여 러시아와 결전을 치러 남만주 및 한반도를 탈취하려 했던 일본정부의 전략 목표는 무모하고 도박적인 경향이 강했으나 신격화(神格化)된 무쓰히토 천황의 결단에 의거 채택되었고, 일본 내각·군부·국민은 이 문제를 공론화하지 않고 수용했다.

러시아와의 전쟁을 결정한 일본 정부는 한반도 및 만주를 포함하는 확장된 이익선 내부에서 군사력을 운용하고자 했다.106 구체적으

무렵에는 30척의 전함이 태평양 해역에 이미 전개되어 일본이 아시아 본토의 그 어떤 부분도 병합하지 못하게 지속적으로 방해했다. 그 대신 러시아는 일본의 영토 획득 동기(acquisitive impulses)를 남쪽의 타이완으로 돌렸다(deflect)(SCM Paine, 전게서, 286).

106 청일전쟁을 통해 육군 및 해군의 통합 운용의 중요성 및 방법을 체득한 일본 정부는 이 전쟁이 종료된 이후부터 해군을 육군으로부터 독립시켜 육군과 대등한 위치에서 해양 전략 및 작전을 구상하도록 했다. 해군의 해상 수송능력 및 제해권 보장이 없다면, 본도 외부로의 육군 전투력 투사는 실현될 수 없었다. 반면, 일본 본도에 설비된

[표 25] 러 · 일 개전 직전 일본에게 요망되었던 군사력 운용의 우선순위

해군	황해	동해	동중국해	태평양 연안	
	2	3	1	4	
육군	하얼빈 방향 공격		제해권 상실 시 일본 열도 방어		하얼빈 방향 공격
	요동반도(뤼순-평티엔-하얼빈)	우수리강 남부(블라디보스토크-하얼빈)	타이완 · 류큐제도	본도(本島)	아무르강(카바로프스크-하얼빈)
	1	2	4	3	5

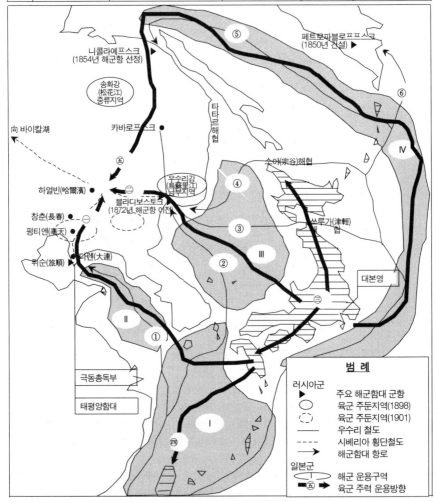

[그림 27] 러 · 일 개전 직전 일본에게 요망되었던 군사력 운용방향 · 우선순위

로 일본은 러시아가 랴오양(遼陽) 또는 하얼빈(哈爾濱)에서 자국 군대에 대해 결전을 치를 것으로 판단했다.[107] 하얼빈을 군사력의 최종 지향점으로 상정한 러시아에 대한 공세를 통해 단기 승부를 보려 했던 일본의 입장에서 볼 때, 일본 해군의 수송능력을 기반으로 한 일본 육군 주력부대의 기동·투입 방향은 다음과 같다: ① 황해-요동반도-하얼빈, ② 한반도의 동해-블라디보스토크-하얼빈, ③ 일본 동측 태평양-쓰루가(津輕)해협-블라디보스토크-하얼빈, ④ 일본 동측 태평양-소야(宗谷)해협-블라디보스토크-하얼빈, ⑤ 일본 동측 태평양-오오츠크해-아무르강-니콜라예프스크-카바로프스크-하얼빈.

그러나 러시아 발트함대 또는 흑해함대가 동북아 해역으로 증원될 경우, 일본의 제해권이 위협을 받거나 본도가 침공을 받을 수도 있었다. 일본으로서는 이와 같은 사태를 방지하기 위해 타이완 근해 및 그 북측의 동중국해 또는 일본 열도 동측의 태평양에 대한 군사적 대비도 철저히 해야 했다.

2) 러·일 개전(開戰) 직전 일본에게 요망되었던 군사력 운용의 우선순위

일본 정부의 입장에서 위의 다섯 가지 군사력 지향 방향의 우선순위를 판단할 경우, 고려할 수 있는 주요 사안은 러시아군의 전략적 의도 및 군사력의 지향 방향, 일본의 전략 목표, 해상 병참선(sea lines of

해군의 군항들은 육군의 보호가 없다면 존립할 수 없었으므로, 외부의 적이 일본 열도에 상륙할 경우, 해군은 육군의 보호를 절실히 필요로 했다.
107 藤原彰/서영식 옮김, 전게서, 153. 랴오양(遼陽)은 펑티엔(奉天)으로 불리기도 했다.

communication)를 이용한 군사력 투사의 용이성, 제해권을 상실할 경우 육군의 본도(本島) 방위 문제 등이다.

첫째, 러시아군의 전략적 의도와 관련하여, 일본 육군은 만주지역의 러시아 육군이 시베리아 횡단철도가 완공될 때까지 시간을 벌면서 공간을 양보하는 지연전을 펴고, 일본군 주력을 하얼빈 방향으로 유인한 뒤 유럽 방면에서 증원된 우세한 전력을 이용하여 격멸할 것으로 판단했다.[108]

또한 1903년 8월에는 뤼순항에 극동총독부가 창설되었고, 알렉세예프가 총독으로 임명되어 극동지역 내 러시아 육·해군 지휘권 및 주변국들에 대한 외교권을 행사했다. 그 이후 펑티엔(奉天) 및 압록강 상류지역으로 전진 배치된 러시아 극동방면 육군은 유사시 지상전투에 대한 대비태세를 강화했다. 또한 러시아 태평양 함대는 뤼순항을 주기지로 운용하였고, 블라디보스토크의 잔여 러시아 해군력은 일본 해군력을 한반도의 동해로 유인·분산시키기 시작했다.[109]

당연히 일본의 입장에서는 극동지역에 배비된 러시아군의 전략적 중심(重心, schwerpunkt)[110]을 뤼순항 및 태평양 함대 그리고 그 북부의 러시아 지상군으로 보는 것이 타당했고, 최우선적으로 신속하게 중심(重心)을 타도하는 데 제한된 육해군 전력을 투입해야만 했다. 그

---

108 藤原彰/서영식 옮김, 전게서, 152-153; 原朗/김연옥 옮김, 전게서, 119; 로스뚜노프 외 전사연구소/김종헌 옮김, 전게서, 100; F. R. Sedgwick, 전게서, 31-32.
109 로스뚜노프 외 전사연구소/김종헌 옮김, 104.
110 클라우제비츠는 일찍이 중심(重心)의 개념을 "모든 것이 좌우되는 전체적 힘과 이동의 중추"라고 정의했다. 따라서 중심에 대한 공격은 모든 작전의 주안이 되어야 한다. 전략적 차원에서 중심은 야전의 작전부대들을 유지시켜 주는 핵심적 자원, 경제구역, 수송능력, 중요지역이 될 수 있고, 전적으로 무형적 요소일 수도 있다(김광석, 전게서, 582-583).

러나 블라디보스토크의 러시아 해군력은 일본 해군력과 이에 의존하는 일본 지상군 부대가 황해-뤼순-펑티엔-하얼빈 방향으로 집중되는 것을 견제하는 저해요인으로 작용했다.

둘째, 러시아군의 전략적 기도(企圖) 및 중심(重心)에 의해 영향을 받을 수밖에 없었던 일본군의 전략 목표는 제해권의 조기 장악 후 랴오양(펑티엔)에서 러시아군의 주력을 격멸하는 단기결전 수행에 있었다. 즉, 구체적으로, 일본군은 전쟁 지속에 필요한 가용 자원이 절대적으로 부족했고 대륙에서의 작전에 필수적인 제해권이 항상 위협을 받았으므로, 우선적으로 뤼순항의 태평양함대 주력과 인천에 전진 배치되었던 두 척의 러시아 전함을 격멸하여 제해권을 확보하고, 이어서 랴오양(펑티엔)을 탈취한 뒤 러시아군의 반격능력을 무력화하고자 했다. 물론 종전 시까지 제해권이 유지된다는 가정이 구현되어야만 이러한 지상작전이 실행될 수 있었다.[111]

셋째, 해상 병참선을 이용한 군사력 투사의 용이성과 관련, 사세보·나가사키·마이즈루·요코스카 등의 군항으로부터 뤼순항 또는 블라디보스토크까지 950~1,200km, 아무르강 하구까지 2,500~2,800km 정도의 거리로서, 일본 해군의 해상 수송 조건은 러시아 해군보다 유리했고 작전 반응 소요시간도 러시아 해군보다 훨씬 짧았다. 일본 해군이 선제기습으로 초전에 제해권을 장악할 경우, 뤼순-하얼빈 또는 블라디보스토크-하얼빈 또는 아무르강하구-카바로프스크-하얼빈 방향으로 육군의 전투력을 투입하기에 용이했다.

---

111 藤原彰/서영식 옮김, 전게서, 152-153. 후지와라 아키라는 러시아군이 결전을 피하면서 일본군을 북방으로 유인하고, 유럽에서 증원되는 병력을 합쳐 랴오양(펑티엔) 부근에서 결전을 수행하려 했으며, 상황이 유리하게 진행되지 않을 경우, 다시 하얼빈 부근에서 일대 결전을 치르려했다고 주장했다.

만일 유럽 방면의 러시아 해군이 극동으로 전환될 경우, 일본 해군은 해상 결전을 통해 러시아 증원 해군 세력을 격멸하여 제해권을 사수함으로써 일본 지상군 전력 및 후속 보급물자를 대륙으로 지속적으로 수송할 수 있는 여건을 보장해야 했다. 최악의 경우, 일본 해군이 러시아 증원 해군 세력을 해상에서 격멸하는 데 실패한다면, 일본 정부는 일본 열도 동측 태평양 연안에 대해 해군력을 집중하여 일본의 수도 도쿄(東京)가 점령당하는 사태를 방지해야 했다.

뤼순항이 위치한 요동반도에는 양호한 항구들이 여럿 있어 상륙작전이 용이했고, 해군은 상륙한 육군 기동부대의 측방을 잉코우(營口)까지 보호할 수 있었으며, 요동반도에 상륙한 주공부대는 한반도를 북상하여 온 조공부대와의 연결 후 행군 방향과 평행한 종격실의 지형 조건을 이용하여 북진할 수 있었다.

반면, 블라디보스토크는 년 중 3~4개월 결빙되는 불모의 해안, 지상부대의 기동방향을 가로막는 횡격실의 산악지형이 중첩되어 지상부대의 행군이 어려웠다. 또 아무르강을 이용한 작전선은 동절기에는 이용이 불가능했고, 러시아군의 배후를 공략할 수 있는 장점이 있었으나 일본 본도로부터 너무 원거리에 있어서 선택하기에는 부적절했다.[112]

[표 26] 러시아 해군 또는 육군의 일본 영토 공략 가능지역 판단

태평양함대(-) (뤼순 주둔)	태평양 분함대(分艦隊) (블라디보스토크 주둔)	유럽·근동 증원해군 (인도양→태평양→ 동북아)	사할린 주둔 육군부대 (소야해협 극복 후)
큐슈·시코쿠 등 일본 남부지방	마이즈루·츠루가 등 일본 중부지방	타이완·류큐열도·본도 등 일본 열도 전역	혹카이도 등 일본 북부지방

112 F. R. Sedgwick, *The Russo-Japanese War: A SKETCH, First Period-The Concentration* (New York: The Macmillan Company, 1909), 30.

일본군으로서는 요동반도-하얼빈 축선(軸線)이 가장 양호한 전투력의 지향 방향이었고, 아울러 제해권을 상실하는 최악의 사태가 발생할 경우, 위 [표 26]과 같이 러시아 해군 또는 육군의 일본 영토 공략 가능성에 대비하여 일본 본도를 사수하는 내륙작전에도 대비해야 했다.

넷째, 위 표에서 제시한 제해권 상실 시 본도(本島) 방위 문제와 관련하여, 러시아의 발트함대나 흑해함대가 영국 해군에 의해 제지당함 없이 동북아 해역으로 증원된 후, 러시아 태평양함대 및 사할린 주둔 육군부대와 협조하여 전 방향에서 일본 열도를 공략할 경우, 일본이 직면하게 될 러시아 육·해군의 위협은 가공(可恐)할만한 것이었고, 일본이 러시아의 식민지로 전락할 것이 뻔했다. 이는 또한 영국이 우려했던 동북아 지역 내 반러전선(anti-Russian front)의 붕괴를 초래하여, 영국의 경제적 보고(寶庫)였던 인도의 동측방이 위협받는 사태를 초래하게 될 수밖에 없었다.

결국, 상기 4개의 주요 쟁점사안을 종합적으로 검토해 볼 때, 위 [표 25] 및 [그림 27]과 같이 러·일 개전 직전 일본에게 요망되었던 군사력 운용에 있어서, 가장 높은 우선순위는 황해·요동반도에 부여되었다고 평가할 수 있다. 이러한 판단은 선전포고 없이 일본 해군이 선제 기습공격을 단행하여 제해권을 장악할 수 있다는 가정하, 일본의 군사력이 러시아군의 전략적 중심인 뤼순항 및 태평양함대에 주력을 지향해야 하고, 러시아 육군의 주력이 펑티엔(奉天)-시핑(四平)-창춘(長春)-하얼빈(哈爾濱) 방향으로 단계적으로 지연전을 펼 경우에도 대비해야 한다는 현실에서 비롯된 것이다.

반면, 일본 해군이 제해권을 상실할 경우 일본 육군이 본도·타이완·류큐열도를 방어할 수 있는 대응역량은 미흡한 것으로 평가되고, 일본 해군이 러시아 육군의 배후를 지향하여 오오츠크해-아무르강 하류의 연해주 북부로 일본 육군을 수송하고, 이 곳에 상륙한 일본 육군이 카바로프스크-하얼빈 방향으로 원거리를 우회하는 경우는 실현 가능성이 낮은 것으로 평가된다.

3) 군사력의 실제 사용

서구식 근대화 기간 및 경험이 일천했던 일본은 메이지 유신(1868) 이래 ─방대한 영토와 자원, 대략 2.7배에 달하는 인구, 상상할 수 있는 규모의 전비(戰費)를 거의 무한정 차용할 수 있는 능력(borrow any imaginable amount of money almost indefinitely)[113]을 지닌─ 러시아와의 군사적 대치 국면에서 주전론 대 비전론으로 나뉘어 있었고 전략 목표 자체도 불확실했다. 인도 방위를 위해 동북아에서의 반러(反露) 봉쇄전략이 절대 필요했던 영국의 일본에 대한 동맹관계 선점(先占) 노력은 수동적 입장의 일본으로 하여금 비전론(非戰論)을 포기하고 영일(군사)동맹에 의존한 대러결전(對露決戰) 전략으로 선회하도록 동기를 부여했다.

한반도 북부 중립지대화 및 대한해협 자유항행권을 주장하는 러시아에 반(反)하여 한반도 전부를 장악하고, 한 걸음 더 나아가 삼국간섭으로 상실한 요동반도까지 탈환하려는 의도를 지녔던 일본 정부는 이토 히로부미 내각을 해체하고 카츠라 타로 내각을 출범시켰으며, 주전론(主戰論)으로 국책을 결정했다. 이에 따라 일본은 러시아측의

---

113 F.R. Sedgwick, 전게서, 9.

ENGLAND—"You take 'im by the horns and I'll catch 'im by the tail."

영국 - "너는 그 놈의 뿔을 잡아. 나는 그 놈의 꼬리를 잡을게"

[그림 28] 러·일 개전 관련 영국의 배후 지원을 받은 일본의 대러(對露) 직접투쟁 풍자화[115]

요구를 일축했으며, 일본의 군사력은 러시아와의 전쟁을 억제(deter)하기보다는 실행(implement)하는 데 활용되었다.

이토 히로부미(伊藤博文), 야마가타 아리토모(山縣有朋) 등의 러일 협상론자들의 정책과 대립되는 카츠라 타로(桂太郎), 고무라 쥬타로(小村壽太郎) 등의 영일동맹론자들의 정책기조가 애초부터 러시아와 전쟁을 염두에 둔 것이었으므로, 일본 외무성에서 영국 외무성에 최초로 제시한 영일(군사)동맹 기본원칙은 "동맹국 중 한 나라가 다른 나라와 전쟁에 돌입할 경우, 동맹에 서명한 상대국은 중립을 지키고, 제3국이 전쟁에 개입하여 다른 동맹국을 공격할 경우, 동맹 서명국은 동맹 상대국을 돕기 위해 마땅히 무력을 행사한다"[114]는 조항을 포함하고 있었다. 이 원칙은 "일본이 어떤 나라, 예를 들어, 러시아와 전쟁을 하게 되면 영국은 중립을 지킨다. 만약 제3국(프랑스)이 러시아에 붙어 전쟁에 끼어들게 되면, 영국은 일본측에 붙어 싸운다는 내용으로서 일본으로서는 상당히 감사할 일이었다."[116]

한반도 및 남만주의 뤼순-하얼빈 축선을 주요 무대로 하여 치러질 전쟁을 실행하기 위해 일본에게 가장 절실히 요구되었던 것은 해군의 제해권 조기 확보, 해군의 수송력에 의존한 만주 내륙으로의 육군 전투력 투사(projection) 능력이었다. 반면, 일본 해군이 제해권을 러시아 해군에게 빼앗길 경우, 일본의 본도가 직접 침공을 당할 위험에 노출될 수밖에 없었다. 이와 같은 지리·군사적 특수성을 감안할 때, 러·일 개전 직전 일본에게 요망되었던 군사력 운용의 최고 우선순위는 황해 및 요동반도에 부여되는 것이 타당했다. 아울러 제해권을 상실할 경우를 상정하여, 동해나 태평양 연안을 통한 러시아 해군의 공격 및 상륙작전에도 대비하는 우발계획을 마련할 필요가 있었다.

러시아와의 개전에 대비하여 대본영은 영국 정부와 정보를 공유했기로 약속했고, 러시아의 발트함대 또는 흑해함대가 동북아해역으로 증원될 경우에 대비한 워게임까지 영국해군과 함께 모의함으로써 대비책을 강구했다. 그러나 러일전쟁이 장기화되어 ① 일본의 전쟁 잠재력이 고갈될 경우, ② 러시아가 발트함대 또는 흑해함대를 동북아로

---

114 하야시 다다스/A.M. 폴리 엮음/신복룡·나홍주 옮김, 전게서, 141.
115 Marshall Everett, *Exciting Experiences in the Japanese Russian War: Including a Complete History of Japan, Russia, China and Korea; Relation of the United States to the Other Nations; Cause of the Conflict* (London: Henry Neil, 1904), 227. 석화정, 전게서, 41에서 재인용.
116 和田春樹/이경희 옮김, 전게서, 47.

증원하지 않고 시베리아 횡단철도에 의존하여 장기 지상전에 집중할 경우, ③ 동북아로 증원되는 발트함대 또는 흑해함대에 의해 영·일 연합해군이 격멸당할 경우, ④ 프랑스가 러불군사협정에 의거 적극적으로 러일전쟁에 개입할 경우 등의 우발사태에 대한 극복대책은 구체적으로 발전되지 못하였다. 설사 극복대책이 구체화된다손 치더라도 이러한 우발사태를 극복할 역량이 영국 및 일본에게는 상대적으로 부족하여 실행될 수 없었을 것이다.

결국, 일본은 영일 군사동맹에 의존하여 러·일 개전 직전 자신에게 요구되었던 군사력 운용의 우선순위에 따라, 뤼순-펑티엔-하얼빈 방향으로 육군 원정부대의 주력을 투입함으로써 러시아군과의 직접 투쟁에 대비했다. 역외세력균형자 영국은 모든 대러(對露) 외교수단이 차단된 상태에서 일본의 대러(對露) 전쟁에 운명을 걸 수밖에 없었고 전쟁당사자 일본과 함께 클라우제비츠가 지적한 바와 같이, 전쟁이라고 하는 고위험 고수익(high risk, high pay-off)의 도박(賭博)을 감행하였다.

제5부

나오면서

19세기 초 나폴레옹 전쟁 ―이 기간 중 영국과 러시아는 프랑스의 혁명군을 격멸하기 위해 상호 협력하였음― 이후, 폴란드 분할문제를 놓고서 적대관계로 돌아선 영국과 러시아의 유라시아에 대한 세력권 대결(great game)의 시대는 러일전쟁(1904~1905)에서 패전한 러시아가 1907년 영국과 영러협정을 체결함으로써 종식되었다.

　국제정치사의 한 획을 그었던 이 시기에는 기존 범선이 석탄의 화력을 이용한 증기선으로 바뀌어갔고, 증기선은 계절풍 및 조류의 변화에 따른 제약요인과 무관히 바닷길을 이용하여 연중 안정되게 운항할 수 있었다. 1869년 개통된 수에즈 운하는 유럽 국가들의 인도양·태평양 진출을 훨씬 수월하게 해준 반면, 영국과 러시아의 함대들로 하여금 지중해의 제해권을 놓고서 이전보다 치열한 각축전을 벌이도록 원인을 제공했다. 또한 유럽의 산업 국가들은 널리 철도를 가설하고 증기기관차로 기차를 견인하게 함으로써 종전 말이 끄는 마차에 의존한 원시적 이동방식을 탈피하였다. 부동항이 부족했던 러시아의 입장에서는 견고한 지반(地盤) 위의 철도를 이용하는 것이 요동치는 바다 위에서 배를 이용하는 것보다 더욱 효율적이었다.

그러나 러시아의 철도 건설행위가 영국의 안보에 미친 위협이 실로 심각하였음을 보여주는 사례는 많이 있다. 그중 한 가지를 예로 들면, 1899년 차르 니콜라이 II가 제안하여 개최된 1차 헤이그 평화회의(Hague Convention of 1899)에서, 차르가 국제적 군비경쟁을 종식시키고 국제분쟁의 평화적 해결을 위한 기구 설치를 제안하자, 영국의 유력 신문들은 러시아가 청국 및 중앙아시아에 대한 철도건설을 먼저 중지해야 한다고 역으로 제안하였다.[1] 다시 말하면, 이는 영국이 러시아의 철도를 단순한 이동수단이라기보다는 전쟁에 중대한 영향을 주는 일종의 무기체계와도 같이 간주했음을 의미하는 대목이다. 여하튼 철도는 함정보다 더욱 유용한 이동수단으로 부상하였고, 이는 영국이 전통적으로 누려왔던 해양력(sea power)의 우세가 철도에 의한 지상력(land power)에 의해 역전당하기 시작했음을 알리는 분수령이 되었다.

아울러 초보적 수준의 전신(電信, telegraph)체계가 지상 및 수중으로 가설되어 멀리 이격된 지역과 실시간 의사소통을 가능하게 했다. 이와 같은 과학기술적 진보는 유라시아 전역을 시공간적(時空間的)으로 더욱 긴밀히 연결시켰을 뿐 아니라, 영국 및 러시아가 지리적 동맹세력을 이용하여 각각 상대방의 세력권 확대를 방해하려 했던 그레이트 게임 구도 속에서, 양국 사이의 갈등 및 긴장을 더욱 심화시키는 한 가지 원인으로 작용했다.

1871년 보불전쟁에서 프로이센이 프랑스에 대해 승리함으로써 군소 영방(領邦)국가로 나뉘어 있었던 독일민족은 프로이센를 중심으로 통일된 민족국가를 탄생시켰다. 신생 독일제국은 산업화에 박차

---

1 John W. Bookwalter, 전게서, 292.

를 가하여 선발 산업국 영국의 지위에 도전하였을 뿐 아니라 세계정책(Weltpolitik)의 기치 아래 해외로 활발히 진출을 도모하기 시작했는데, 이는 영국이 구축해 놓은 식민지 지배체제와 마찰을 일으켰다. 아울러 1891년에는 후발산업국 러시아와 프랑스가 동맹을 체결하여 독일을 견제하기 시작했고, 영국에 대해서도 적대적 성격을 드러냈다.[2]

북미대륙에서는 미국이 내전(1861~1865)을 종식시킨 뒤 산업화의 대열에 가세했고, 동북아시아에서는 일본이 메이지 유신(1868)을 기점으로 국가의 제반 기능을 서구식으로 근대화하기 시작하면서, 미·일 양국은 축적된 국력을 바탕으로 국제무대의 중심부로 진입을 시도했다. 19세기 후반(後盤)에 들어 소위 영국이 주도했던 단중심부 국제체제가 다중심부 국제체제로 변화하기 시작하면서 영국의 지위가 흔들렸고 안보위기가 증폭되기 시작한 것이다. 이에 영국인들은 점차 자신감을 상실하거나 절망감을 느끼기 시작했으며, 백인자치령과 본국을 대영제국(Great Britain)으로 통합하여 유기적인 조세 및 군사 단위체로 결합한다면 1등 국가인 러시아와 미국의 반열에 합류할 수 있을 것으로 생각했다.[3]

광대한 영토 내부에 잘 발달된 철도망을 이용할 수 있었던 내선의 러시아는 불리한 해상 이동수단에 의존했던 외선의 영국에 대해 전략적 주도권을 행사함으로써, 영국이 러시아의 선제적 행동에 수동적으로 대응하지 않을 수 없도록 만들었다. 상대방을 희생시켜서라도 자신의 이익을 최대화하려 하는 합리적·이기적 속성의 국가행위자(state-actor)는 끊임없이 권력을 확대해 나가기 마련인 것처럼, 영국과

---

2 석화정, "露佛同盟과 위떼의 東아시아정책," 한양대학교 박사학위논문(1994), 1.
3 Paul M. Kennedy/김주식 옮김, 354.

러시아는 조금의 양보도 없이 자신의 권력 추구에 방해가 되는 상대방을 쓰러뜨리기 위해 유럽·중동(근동)·중앙아시아·동북아시아에서 처절하게 각축을 벌였다.

황제(차르)의 획일적 전제정치 체제하 러시아에서는 국민을 대표하는 대의제도가 발전하지 못하여 국가의 주인인 국민이 정치에서 배제되었고, 차르가 임의로 임명했던 내각의 대신(장관)들은 차르의 비위를 맞추는 데 여념이 없었으며, 각료들 사이의 알력도 심각하여 국가의 중요 정책을 결정하는 데 있어서 비효율적이었다. 하지만 방대한 영토와 자원, 봉건적이었지만 황제를 경외했던 충직한 국민, 서구와의 교류를 통해 지속적으로 선진 문물을 도입했던 러시아의 관행은 국가 상부구조의 비효율성에도 불구하고 영국인들로 하여금 러시아에 대한 1등 국가 신드롬을 갖게 했다. 러일전쟁 발발 직전, 청국·인도 다음으로 많은 인구를 보유했던 러시아는 유럽, 중동(근동), 중앙아시아, 동북아시아 방향으로 영국에 비해 압도적으로 많은 병력을 철도를 이용하여 꾸준히 투입할 수 있었다. 물론 국가 전략 목표, 외선의 위협, 철도망 개설상태(바이칼호 남부지역 철도 미개통, 동청철도 미완공) 및 인구분포, 군사력의 전환 용이성 등을 고려할 때 당시 러시아로서는 유럽을 중심으로 대비하는 것이 바람직했다.

반면, 1689년 권리장전 채택 후 정착된 의회 및 내각 중심의 입헌군주제도하 영국에서는 민의를 대변하는 대의정치제도가 실현되었고, 교육 및 언론을 통해 국내외 정세를 파악했던 계몽된 국민은 투표를 통해 개인 의사를 정치에 반영했다. 국민은 자발적으로 세금을 부담하여 군대를 유지했으며, 국민의 뜻에 따라 선출된 총리 및 내각은 제국방위위원회(CID: committee for imperial defence)를 통해 제국의 안보문제를 놓고서 긴밀히 논의하여 최적의 정책을 발전시킬 수 있었다. 클라우제비츠가 말하는 소위 전승의 요체인 국민-정부-군대의 삼위일체가 이뤄질 수 있었다. 또한 3대 위협국(러시아·프랑스·독일)의 전략적 공세에 대응해야 했던 영국으로서는 고유의 전략 목표, 해상 교통 여건을 고려한 군사력의 투사 및 전환 운용 용이성, 식민지의 분포상태를 감안할 때, 본도(本島) 및 인도(India)의 방위에 주력하는 것이 절실했다.

전통적 유럽국가인 영국 및 러시아(지리적으로는 동북아까지 영토가 확장되어 있었으나, 인종적·문화적으로는 유럽의 영향을 많이 받았음)의 군사력의 중점적 운용지역이 모두 유럽지역에 편중되어 있었다는 분석은 이 지역에서 양국이 강대강(强對强)의 군사적 대치상태를 유지하고 있었음을 의미했고, 더 나아가 유럽이 바로 대규모 국제전쟁을 촉발시킬 수 있는 화약고였음을 시사했다.

그러나 19세기 말 국제정세를 오판했을 뿐 아니라 일본을 노란원숭이(yellow apes)라고 얕잡아 봤던 차르가 만주 전역 및 한반도를 점유하고자 했던 과욕은 1891년 시베리아 횡단철도 착공, 1895년 삼국간섭, 1896년 러·청 비밀동맹, 1898년 요동반도 조차협정, 1902년 한·러 마산포 조차협정, 1903년 프랑스의 중개를 통한 한·러 경의선 철도 부설 계약 등으로 노골화되었다.

러시아의 만주 및 한반도에 대한 집착은 인근 도서국 일본의 경계심 및 안보 불안감을 고조시켰고, 해군력을 위시한 전반적 군사력의 증강에 박차를 가하게 하는 동기로 작용했다.

삼국간섭으로 인해 청일전쟁의 전리품이었던 요동반도와 한반도를 러시아에게 빼앗긴 일본 사회는 러시아와 일전을 치러 보복하자는 —총

리 카츠라 타로(桂太郎), 외상 고무라 쥬타로(小村壽太郎)를 중심으로 하는— 주전파와, 현실적으로 승산(勝ち目, かちめ)이 없는 전쟁을 감행하기보다 러시아와 협상을 통해 타협하자는 —이토 히로부미(伊藤博文), 이노우에 가오루(井上馨)를 위주로 하는— 비전파로 나뉘어 갈등했다.

시베리아 횡단철도가 개통되지 않았고 동북아지역의 전쟁준비가 미비했던 러시아도 극동에서 일본과 전쟁을 치르는 것이 부담스러웠다. 재상 비테, 육군상 쿠로파트킨, 외상 람스도르프의 삼인방(三人幫, triumvirate)은 일본과의 타협을 주장했다. 반면 1896년 조선 산림회사 설립 협정 체결 후부터 부상하기 시작한 베조프라조프 세력은 일본과의 전쟁 불가피성(inevitability of war with Empire of Japan)을 주장하면서 조선 및 만주에서 일본에 대해 공세적 정책을 취할 것을 촉구했다.[4]

영국은 동북아 지역에서 러시아를 봉쇄하기 위해 일본과의 동맹이 필요했고, 러시아는 궁극적으로 한만교환(韓滿交換)을 조건으로 일본과 타협하고 동북아 국경에 대한 일본의 위협을 제거하기 위해 일본과의 동맹이 필요했다. 일본은 이러한 지정학적 입지 때문에 19세기 말, 20세기 초 국제정치의 총아(寵兒)라고 불리기도 했다.

결국, 일본과의 동맹을 누가 먼저 선점하느냐 하는 영·러의 외교적 경쟁에서 영국이 발 빠르게 행동하여 1902년 1월 30일 영일동맹을 체결하였고, 러시아는 이에 대해 분노하였다. 니콜라이 II는 1903년 5월 대일 강경정책(new course)을 채택하였고 일본이 먼저 도발하기를 기다렸다. 영국의 배후 지원을 약속받은 일본도 대러 강경정책을 표방하면서 한반도를 넘어 만주에서 러시아군대가 철수할 것을 요

---

4 Rotem Kowner, 전게서, 68-69.

Can They Stand the Strain?

그들(영국 · 프랑스)이 무게를 견딜 수 있을까?

[그림 29] 러불동맹 대 영일동맹의 대결구도하 러일전쟁 풍자화[5]

구하였다.

　당연히 러시아의 배후에서 등에 칼을 꽂을 수 있는 위치에 있었던 일본은 영국의 긴요한 조력자였고, 동북아시아까지 해군력을 확장시

---

5 Marshall Everett, 『미국삽화(1904)』, 356. 석화정, 전게서, 60에서 재인용. 결국, 프랑스의 지원을 받는 러시아와 영국의 지원을 받는 일본의 교전이 장기화될 경우, 교전 당사자의 배후에 있는 프랑스 및 영국이 교전에 직접 연루되어 전쟁의 규모가 확대될 수밖에 없었던 현실을 보여준다. 자세한 내용은 붙임 4의 '러일전쟁 대비 영 · 일 연합 워게임(War Game) 결과(추정)' 참조.

독립변수: 19세기 세계체계
- 유라시아 주요 지역의 지리적 연계성 증가
  - ＊증기기관차 · 철도 및 증기선 발명, 수에즈 운하(1869) 개통 등
- 영 · 러 국가전략의 갈등적 상호작용
  - 영국(外線): 지역별 동맹세력 이용, 露 봉쇄
  - 러시아(內線): 지역별 동맹세력 이용, 봉쇄선 돌파, 영국 타도

+

종속변수: 영 · 러 그레이트 게임의 확산
- 露는 중앙아시아로부터 동북아로 군사력 운용 우선순위 전환
  - ＊중앙아시아로부터 인도에 이르는 러시아의 직접적 지상 위협 감소
- 英은 露의 군사력 운용 전환을 내심 환영, 日에 의존하여 동북아 대러 전선(anti-Russian front) 봉쇄 시도

매개변수의 작용

- 英 · 露는 對日 동맹관계 선점 경쟁 (영일동맹 체결, 러일협상 중단)
- 英은 日에 의존하여 對露 역외세력균형전략(OBS) 추진

함수: 露 · 日의 전략적 선택
- 露: 對日 협상 포기, 對日 강경정책(동북아 내 단기 국지전) 선택
  - ＊만주 전역 및 한반도 장악, 국위 선양, 국내 정치불안 해소
- 日: 對露 협상 포기, 對露 강경정책(남만주 내 단기 결전) 선택
  - ＊한반도 및 남만주(뤼순~펑티엔) 장악, 세력권 확대, 삼국간섭 보복

러일전쟁
발발

[그림 30] 영 · 러 세력권 대결(Great Game)과 러 · 일 개전의 관계성

킬 여력이 없었던 영국으로서는 일본의 해군력에 의존하여 러·불 연합해군력에 대해 힘의 균형을 맞추는 역외세력균형 전략(offshore balancing strategy)을 추진하지 않을 수 없었다.

결론적으로, 이 논문에서 제시된 3개의 가정에 기초한 함수관계를 중심으로 진행한 연구 결과를 요약하면 위의 [그림 30]과 같다. 19세기 세계체제하 영·러 그레이트게임 구도 속에서 영국이 취한 역외세력균형 전략은 러시아와 일본으로 하여금 각각 상대방에 대해 전쟁을 불사하는 강경정책을 취하게 만들었다.

요점

이 글은 역사의 빈번한 반복 현상("History often repeats itself")을 감안하여 한반도에서 전쟁을 방지하고, 항구적 평화체제를 이루기 위한 교훈을 얻기 위해 연구·서술되었다.

대한제국이 멸망했던 구한말에는 해양세력 영국 대 대륙세력 러시아가 유라시아 전역을 무대로 하는 세력권 대결(great game, 1815~1907)을 진행하고 있었다. 유라시아 대륙을 바다로 포위하고 있는 형국의 영국은 전 세계의 제해권을 장악했고, 외선外線전략을 취하면서 동유럽·발칸·중동(근동)·서남아시아·동남아시아·동북아시아에서 해당 지역의 세력과 연대하여 러시아를 봉쇄했다. 서西로는 발트해, 동東으로는 태평양, 남南으로는 흑해까지 영토를 확장한 내선內線의 대륙국가 러시아는 19세기에 들어 두 차례나 발칸반도 및 터키해협을 장악하고자 시도했다가 실패한 뒤, 거문도 사건(1885~1887) 이후 시베리아 횡단철도 건설을 결정했다. 러시아는 청일전쟁 패전으로 인해 랴오둥遼東반도를 일본에게 빼앗길 뻔했던 청국이 랴오둥반도를 되찾도록 도와준 대가로 청국으로부터 만주 관통 동청철도 부설권을 얻어냈고, 뤼순旅順 및 다롄大連마저도 조차租借하였다.

인도를 생명줄로 여겼던 영국은 러시아가 부동항 뤼순에 태평양 함대 기지를 건설하고, 극동총독부를 설치하여 정치·군사업무를 총괄하게 하면서 극동지역으로 팽창을 도모하는 행위를 인도를 지향하는 군사적 위협으로 간주했다. 따라서 일본에 의존하여 반러시아 전선anti-Russian front을 유지하려 했던 영국으로서는 역외세력균형 전략의 일환으로 일본과의 동맹을 선점先占함으로써 한반도 및 만주로의 팽창에 집착했던 러시아와 간접적으로 투쟁하는 것이 가장 합리적인 선택이었다.

영국의 극동전략에 의해 강화된 일본의 러시아에 대한 적대적 태도와 관련, 낙후된 국내 정치제도에 대한 혁명세력의 불만을 잠재우기 위해 작고 짧은 전승을 추구했던 러시아의 차르는 얕잡아 보았던 일본에게 쉽게 승리할 수 있으리라는 착각 속에서 일전一戰을 결정했다. 또한 대러협상론 및 영일동맹론으로 나뉘어 국가전략이 유동적이었던 일본 정부는 결국 영일동맹이 체결됨에 따라, 배후에 영국의 지원을 확보한 상태에서 러시아와의 결전을 결정했다. 이처럼 복잡하게 뒤엉킨 국제정치의 난맥상(complex web of international politics)[1]이 러시아와 일본 사이의 전쟁에 불을 붙였다.

---

1 Denis Warner and Peggy Warner, *The Tide at Sunrise: A History of the Russo-Japanese War, 1904~1905* (New York: Frank Cass Publisher, 1974), 629.

표 목 록

그 림 목 록

붙임

붙임 1 _ 제정帝政 러시아의 철도 건설 현황(1836~1903)[1]

구분	개설연도	길이	경로	비고
1. 발트/프스코프-리가 철도 (1545호선)	1857~1893	856km	상트 페테르부르크-베이마른 - ① 탈린-팔디스키; ② 타르투-발가-리가 또는 타르투-프스코프	상트 페테르부르크-피터호프 철도, 발트철도, 프스코프-리가 철도를 통합 ＊現(1991년 소련 해체후)에스토니아, 라트비아 영토 통과
2. 바스춘차크 철도(1546호선)	1882.9.1	76km	블라디미로프카-바스춘차크	바스춘차크의 소금을 볼가강 운하로 수송
3. 벨고로드-수미 철도(1584호선)	1901	156km	벨고로로드-수미	광물자원 수송
4. 바르샤바-비엔나 철도(1164호선)	1845.6.3~15	720km	바르샤바-스키에르니비츠 ① 체스토초와-비엔나; ② 로비츠-블로클라벡-알렉산드로프(이후 프러시아 국경)	■은행가 콘소시움: 최초 말로 끄는 궤도식(軌道式) 도로 구상 (바르샤바를 헝가리 및 독일의 기존 도로망과 연결) ■은행가 콘소시움 파산, 정부가 사업 인수하여 철도 건설 결정, 기관차 공급 지체되어 순연, 1844년 착공 ＊당시, 폴란드는 러시아 지배를 받았음.
5. 블라디카프카즈 철도(1341호선)	1875~1915	2,950km	① 로스토프-티코레츠카야-블라디캅카즈-바쿠 ② 챠리친-티코레츠카야-크라스노다르-노보로시이스크 ※1875~1894: 로스토프-티코레츠카야-벨산-구데르메스-페트로프스크港 개통	1875, 로스토프-블라디캅카즈 1887~1888, 로스토프-티코레츠카야-노보로시이스크 1894, 벨산-구데르메스-페트로프스크港
6. 캐터린 철도 (1549호선)	1872~1904	2,414km	① 콘스탄티노프스카야-니키토프카-도네츠크 ② 리시챤스크-데발체보 또는 루간스크 ③ 돌린스카야-크리프치로그-에카테리노그라드	1872, 쿠르스크-카르코프-아조프 (90km) 1882, 옐레노프스카야-마리우폴(아조프해 인접)

---

1 AD de Pater & FM Page, 전게서, 19-217.

구분	개설연도	길이	경로	비고
			-데발체보-루간스크 또는 옐레노프스카야-마리우폴	
7. 코카서스 횡단 철도(1550호선)	1871~1887	1,683km	① 포티-삼트레디아-티플리스-바쿠 ② 텔라비-카르시 ③ 보르조미-바쿠리아	1871~1872, 흑해 포티로부터 카스피해 바쿠까지 개통 1887, 보르조미-바쿠리아니 지선 개통 1888, 러시아 정부가 전 노선을 국유화 ＊1902~1908, 알렉산드로폴-예레반, 페르시아 영토 내드줄파-타브리즈 노선 연장
8. 쿠르스크-카르코프-세바스토폴 철도(1578호선)	1869~1894	1,701km	쿠르스크-카르코프-알렉산드로프스크-페데로프카-드짜느코이-페오도시아 또는 세바스토폴 (또는 예프바토리아)	1869, 쿠르스크-벨고로드-카르코프-로쯔바야-니키토브카-로스토프(또는 타간로그) 개통 (1878년 러터 전쟁 시 활용, 1890년 국유화, 로쯔바야-세바스토폴 철도, 캐터린 철도와 연결) 1892, 드짜느코이-페오도시아 港 1873, 로쯔바야-세바스토폴 1882, 오보얀-르짜바 ＊1901~1907, 벨고로드-쿠판스크 지선, 카르코프-니콜아이예프 지선 통합
9. 리바우(리에파야)-롬니철도(1395호선)	1871~1877	1,272km	리바우(리에파야)-빌니우스-민스크-즈로린-고멜-체르니코프-바크마호-롬니(상트 페테르부르크, 바르샤바로 환승 가능)	1871, 리바우(리에파야)-카이샤도리스 1873, 카이샤도리스-란드바로포-민스크-즈로빈-고멜-바크마호-롬니 ＊1891, 全 노선 국유화, 키에프로부터 발트해로 수출용 곡물 운송에 이용
10. 로쯔 산업 철도(1553호선)	1865~1886	120km	로쯔-콜루스쯔키(콜리스카)-슬로트비아이(슬로트비치)-로쯔 (순환철도)	＊ 광물자원 및 산업생산품 운송 ＊ 당시 폴란드는 러시아의 일개 공국(公國)에 불과했음
11. 프랑스 사업조합(MAIN회사) 철도	1875~1893	?	① 상트 페테르부르크-바르샤바 철도 ② 모스크바-니즈니 노브고로드 철도 ③ 모스크바-키에브 또는 볼가강 또는 흑해 철도	프랑스사업조합이 러시아 정부로부터 이 사업권을 허락받아 추진 ＊조합명: LA GRANDE SOCIETE DES CHEMINS DE FER RUSSES

구분	개설연도	길이	경로	비고
12. 모스크바-브레스트 철도 (1396호선)	1870~1871	1,100km	모스크바-비아즈마-스몰렌스크-오르샤-민스크-바라노비치-자빈카-브레스트	1897, 전노선 국유화 1910, '알렉산더 철도'로 개칭
13. 모스크바-빈다바(벤트스필스)-리빈스크 철도(1582호선)	1871~1904	466km	상트 페테르부르크-드노-사타라야-볼로고예-손코프-리빈스크	1871~1878, 노보고로드-추도보-드노-스타라야 1870, 리빈스크-볼로고예 1895~1897 노보고로드 철도통합 1897, 차르스코에셀로(상트 페테르부르크-파블로프스크) 철도가 모스크바-빈다바-리빈스크 철도에 통합 1904, 모스크바-빈다바(벤트스필스), 드노-비에브스크 철도 완공·통합
14. 모스크바-카잔 철도(1398호선)	1884~1903	1,868km	① 모스크바-리아잔-루재프카-사란스크-체보카르시-카잔 ② 쿠로프스카야-오레크호포 ③ 루재프카-시즈란-심비르스크	*1900년 이후 계속 연장 (1,369km 추가 건설) 1901~1903, 인자-심비르스크, 티미르야제포-니즈니 노보고로드 1912, 료베르치-아르자메스 1915, 카잔-사라풀 1926, 사라풀-스베르드로프스크
15. 모스크바-키에프-보로네즈 철도(1587호선)	1870~1901	1,691km	모스크바-키에프-쿠르스크-보로네즈	*1900년 이후 지속 연장 (916km 추가건설) 1901, 키에프-폴타바-나블야-코노토프 *1913, 체르카시-오데사(흑해)
16. 모스크바-쿠르스크 철도 (1344호선)	1868	537km	모스크바-서프호프-툴라-고르바체보-오렐-쿠르스크	1896, 국유화, 모스크바-무롬-니즈니 노보고로드 철도와 연계 *빈번한 안전사고, "쇄골(碎骨, Bone Breaker) 철도"이라는 별명이 붙음
17. 모스크바-니제고로드 철도 (1556호선 및 1554호선)	1861~1885	117km	모스크바-코프로프-니즈니노브고로드(또는 무롬)	1880, 코프로프-무롬 1885, 10km 추가 연장 1893, 모스크바-쿠르스크철도에 통합, 국유화
18. 모스크바-야로슬라브-아르칸겔 철도(1588	1870~1899	1,087km	① 모스크바-알렉산드로프-야로슬라브-볼로그다-코노샤-아르칸겔	1870, 모스크바-자고르스크-야로슬라브 1897, 슈야-이바노바 철도 병

구분	개설연도	길이	경로	비고
호선)	1870~1899	1,087km	② 알렉산드로프-슈야-이바노바	합, 국유화 1899, 아르칸겔까지 노선 연장 1899, 우로츠이-볼로그다-아르칸겔 ＊1908, 상트 페테르부르크-비야트카 철도와 통합된 후, 북방(세베르니에) 철도를 형성
19. 니콜라스 철도(1557호선)	1847	887km (볼로고예-바르샤바 노선 제외: 1,231km)	상트 페테르부르크-츄도보-보로비치-볼로고예-니코슬라블-모스크바	1877, 보로비치-우글로프카 1879, 상트 페테르부르크 선착장 철도 개통(바씰리-오스트로) 1885, 포토바야(港灣) 지선 개통 1870~1888, 리코슬라블-코르쪼크-르제프-뱌즈마(1896, 니콜라스 철도에 흡수) ＊볼로고예-벨리키에-네벨-폴로츠크-세들리스-바르샤바 노선(1,231km): 1906~1907년 개통
20. 페름 철도(1583호선)	1878~1899	2,654km	코틀라스-키로프-페름-스베르들로프스크-티우멘 또는 첼리야빈스크	1878, 페름-에카테린부르크 1886년 국유화 1885~1896, 에카테린부르크-티우멘 또는 첼리야빈스크 1899, 페름-키로프-코틀라스 연결
21. 폴레씨안 철도(1560호선)	1887	2,041km	① 비알리스토크-브레스트-자빈카-핀스크-루니네츠-고멜-우네차-브리안스크 ② 빌누스-바라노비치-누리네츠-사르니 ③ 바라노비치-비알리스토크	여러 개의 짧은 노선들을 통합 모스크바-브레스트 철도(1396호선)와 연결 現(1991년 소련 해체 후) 리투아니아, 벨라루스, 폴란드 영토 통과
22. 프리비슬얀스크(비스틀라) 철도(1589호선)	1866~1885	1,240km	① 플라와-바르샤바-루블린-촐름-코벨 ② 바르샤바-시에들체-브레스트-코벨 ③ 시에들체-말키니아	1866, 바르샤바-트레스폴(1896년 국유화) 1885, 이반고로드-돔브로바카(1897년 국유화) 1876, 源비스틀라 철도 개통(1896년 국유화) ＊상기 3개 철도를 통합하여 완성; 現 벨라루스, 우크라이나, 폴란드 영토 통과
			① 리가-드빈스크(두나	6개의 짧은 노선을 통합·완공

구분	개설연도	길이	경로	비고
23. 리가-오렐 철도 (1399호선)	1861~1880	2,124km	베르크, 다우갑필스)-폴로츠크-비텝스크-스몰렌스크-비랴얀스크-오렐 ② 리가-미타우-리바우(리에파야) ③ 리가-투꿈 ④ 주코프카-아쿨리치-브리얀스크	우크라이나 일대의 잉여곡물, 산림자원을 발트해의 부동항 리가로 운송 비텝스크에서 모스크바-빈다바-리빈스크 철도(1582호선)와 연결 ＊폴도스크 철도를 통해 로마니아 전선(前線)으로의 접근을 허용(現 라트비아, 벨라루스 영토 통과)
24. 리아잔-우랄스크 철도(1404호선)	1869~1899	5,063km	① 스몰렌스크-단코프-라넨부르크-볼고야프렌스크-코슬로프-탐보프-아트카르스크-사라토프-그라스니쿠트-바스쿤차크-아스트라칸 ② 리아잔-리아즈스크-볼고야프렌스크-탐보프-발라쇼프-카미런 ③ 펜자-발라쇼프-포보리노 ④ 시즈란-볼스크-사라토프-페트로프-차리스틴	스몰렌스크로부터 모스크바 동남방으로 건설되어 카스피해로 개통, 카스피해를 통해 중앙아시아로 연결 ＊1907, 크라스니 쿠트-아스트라칸 구간(552km) 완공
25. 사마라-즐라토우스트 철도 (1565호선)	1877~1900	1,519km	① 시즈란(볼가강변)-쿠이비세크-키넬-오렌부르크 ② 키넬-크로토브카-치스미-우파-베르드야슈-즐라토우스트-첼리야빈스크	1900, 크로토바-세르기에프스키 구간 연결 1908, 키넬-오렌부르크 구간은 타슈켄트 철도로 이관 ＊오렌부르크는 유럽과 서시베리아 또는 중앙아시아를 연결하는 주요 교차점(head-on junction) 역할 ＊1892년 이전까지 중앙아시아 방향의 철도는 오렌부르크가 종점이었음.
26. 상트 페테르부르크-바르샤바 철도 (1564호선)	1862	1,228km	상트 페테르부르크-루가-프스코프-레제크네-다우갑필스-빌니우스-그로드노-비알리스토크-말키니아-바르샤바	1851, 니콜라스 1세는 상트 페테르부르크와 유럽 교통망을 연결하는 전략노선 건설 승인, 크림전쟁 기간(1853~1956)에는 중단 1856, 알렉산더 2세는 프랑스 사업조합(마인 회사)에게 사업의 일부를 인허, 잔여사업 취소 1862, 전 구간 개통(1895년 국유화, 1907년 발트-프스코프-리가 철도와 통합되어, 서북지역 철도

238 | 제0차 세계대전, 러일전쟁의 기원

구분	개설연도	길이	경로	비고
26. 상트 페테르부르크-바르샤바 철도 (1564호선)	1862	1,228km		형성)
27. 시베리아 철도(1577호선)	1902	3,258km	첼리야빈스크-쿠르간-페트로파블로브스크-옴스크-타타르스카야-노보시비르스크-톰스크-아친스크-나이셰트-이르쿠츠크	1896~1899, 첼리야빈스크-이르쿠츠크 구간을 양분하여 건설(1902년 두 개 구간 연결) *시베리아철도-아무르철도-우수리철도를 연결할 경우 완공될 철도를「시베리아 횡단철도」라고 칭했음[아무르철도는 계획에 불과/미건설, 그 대신 동청철도(東淸鐵道)로 대체], 러일전쟁 시 군용 수송철도 역할 수행
28. 중앙아시아 철도(1579선)	1차 개통: 1880~1888 2차 확장: 1896~1915	1,645km	① 크라스노보드스크-메르브(메어리)-사마르칸드-안디잔 ② 메르브(메어리)-쿠슈카 ③ 사마르칸드-타슈켄트	■1차 개통 - 1880-81, 카스피해 횡단철도로서 개통(투르쿠메니스탄인들에 대한 군사작전용): 크라스노보드스크 부근 미카일灣~키질아라바트 사이를 운행 - 1888, 사마르칸드까지 연장, "중앙아시아 철도"로 개칭 ■2차 확장 - 1896, 서측단: 미카일灣~크라스노보드스크의 深海港口 연결 - 1898, 동측단: 사마르칸드~안디잔 연결, 타슈켄트로 지선(支線) 설치 - 1899, 철도 관할권이 육군에서 운수성으로 이전 - 1900, 메르브(메어리)~쿠슈카(아프간 국경 마을)로 노선 연장 *~1915, 다수의 사설 노선 개설, 곡창지대 곡물 반출
29. 시즈란-뱌즈마(모스크바남부-볼가강) 철도(1408호선)	1890	1,372km	뱌즈마-칼루가-툴라-스코핀-랴즈스크-모르산스크-펜자-시즈란	1867, 랴즈스크-모르산스크 1874, 모르산스크-시즈란 1870, 랴즈스크-스코핀 1873, 스코핀-뱌즈마 *1890, 4개 구간의 철도를 통합/국유화, 시즈란-뱌즈마 단일노선 개통

구분	개설연도	길이	경로	비고
30. 카르코프-니콜라예프 철도 (1568호선)	1869~1900	1,047km	① 드잔코이-케르손-돌린스카야-즈나멘카-크레멘추그-폴타바-메레파-카르코프-수미-보로즈바 ② 즈나멘카-피아티카트키 ③ 폴타바-노조바야	1869, 카르코프-폴타바-크레멘추그-즈나멘카-돌린스카야-니콜라예프 1878, 카르코프-수미-보고즈바, 메레파-보로즈바 1881, 국유화 1900, 폴타바-로조바야, 코리스코브스카-피아티카트키 ＊1907, 쿠르스크-카르코프-세바스토폴 철도(1578호선)와 통합
31. 동남지역 철도(1394호선)	1862~1893	3,494km	① 오렐-베르코베-예레츠-그랴지-포보리노-챠리스틴 ② 보르코베-리브니 ③ 엘레츠-루간스크 ④ 코슬로프-그랴지-밀레로프츠-니카야 ⑤ 카르코프-쿠퍈스크-탈로바야-포보리노-발라쇼프 ⑥ 니키토프카-포파스나야-리카야-크리보무즈긴스카야-챠리스틴	1862,챠리스틴-칼라슈(돈강변 위치), 러터전쟁(1877~1878) 시 군용철도화 1871, 그랴지-보리소그레브시크-챠리스틴 1866, 아크사이-그루셰프스키예-로스토프 1872, 로스토프-밀레로프츠-게오르기우데즈 1869, 보로네즈-그랴지-코슬로프 1871~1876, 코슬로프-보로네즈-로스토프, 베르코베-리브니 1868, 오렐-그랴지 철도(볼가강-발트해 리가항 연결) 개통 1892년 그랴지-챠리스틴 철도는 코슬로브-보로네즈-로스토프 철도와 연결 1893, 상기 철도를 통합, 동남지역 철도 완성
32. 서남지역 철도(1336호선)	1871~1893	3,953km	① 브레스트-코벨-로브노-즈돌분-세페토프카-카자틴-비니트사-즈메린카-오뎃사 ② 파스토프-즈나멘카-발타 ③ 오크니차-모길레프-즈메린카 ④ 우게니-벤더리 ⑤ 노보셀리차-세페토프카	1871, 오데사 철도의 키시네프 지선(벤데리-갈라츠)이 러시아령 베사라비아 국경을 연해 개통; 1874, 우게니로 연장되어 로마니아 정부 철도와 연계(러터전쟁[1877~1878] 시 군용철도화) ~1877, 러터전쟁(1877~1878) 이전 러시아는 터키와의 전쟁에서 승리하기 위해, ① 오스트리아 북측에서는 상트 페테르부르크 또는 모스크바로부터 바르샤바를 경유 비엔나로 부설된 기존

구분	개설연도	길이	경로	비고
32. 서남지역 철도(1336호선)	1871~1893	3,953km		노선에 렘베르크-체르노비츠-야시(라시)철도를 연장시켰고, ② 오스트리아 남측에서 베사라비아-갈라츠-부카레스트-루스추크-바르나(흑해의 항구)까지 철도를 완공 1873~1893, 4개의 주요 철도를 통합하여 서남지역 철도 개통(오뎃사 철도, 키에프-브레스트 철도, 브레스트-그라에보 철도, 다뉴브 구역 철도) ＊대부분의 구간이 독일 및 헝가리 전선을 따라 조성,군사전략적 목적을 위해 다수의 지선 건설 ＊1902, 코벨-사르니-키에프 순환철도 추가
33. 바이칼 횡단철도(1585호선)	1916	3,200km	① 이르쿠츠크-울란우데-치타-타르스카야-퀸가-벨로고르스크-카바로프스크 ② 울란우데-울반바토르 ③ 타르스카야-자바이칼스크	1894, 시베리아 횡단철도는 2개 구간으로 구분(이르쿠츠크-퀸가, 퀸가-카바로프스크) 착공 1901,이르쿠츠크-스베탄스크 개통, 건설 공정(工程)의 난관으로 아무르 강변 철도 착공 지연 1905,치타-자바이칼스크(1792km) 구간 개통 1914, 최초 계획된 철도 착공
34. 동청철도(東淸鐵道)(1339호선)	1904		① 타르스카야-하얼빈-그로데코보-우수리스크-블라디보스토크 또는 나호드카 ② 하얼빈-장춘-키린(지린)-하얼빈	바이칼 횡단철도가 '퀸가' 동측의 난공사 지역에 봉착, 경로를 만주를 통과하도록 조정(카바로프스크에서 우수리 철도와 합류) 1905, 장춘 이남 구간의 철도는 일본이 점령
35. 우수리 철도(1580호선)	1897	765km	카바로프스크-우수리스크-블라디보스토크 또는 나호드카	1897,시베리아횡단 철도의 우단(右端)지역 철도, 만주지역 청국 국경을 연해 설치 ＊1903, 우수리스크-그로데코보-니코린스크(1906, 러시아의 재정후원을 받는 東淸鐵道와 연결) ＊아무르강변 난공사구간(難工事區間, 퀸가-카바로프스크)으로 인해 1916년에 시베리아 횡단철도와 연결
바르샤바 철도(1747호	1917	24km	바르샤바로부터 북측 방향	바르샤뱌 구역철도에 포함

구분		개설연도	길이	경로	비고
	선)				
	게르비-첸스토초보 철도(1758호선)	?	?	오렌슈타인-코펠	러시아령 폴란드 내부에 건설
	그로제크 철도(1759호선)	1898	?	바르샤바-피아세크추오-고라칼와리아	바르샤바 구역철도에 포함
	이리노보 철도 (1590호선)	1891	?	상트 페테르부르크-라도가湖 또는 제프스카야 두브로프카	이렌넨부르크-슐루셀베르크 철도라고 불리기도 했음
	리바우-하젠포트 철도 (1756호선)	?	31km	리바우(리에파야)-하젠포트	젤가바 도는 마라브예보로 연결
	리노비아 협궤철도 (1720호선)	?	?	?	궤간(軌間): 750mm, 현 에스토니아 영토 내 위치
36.기타소구간철도	멜레케스 철도(1709호선)	1902	577km	울야노프스크-멜레케스-부굴리마-치슈미	사마라-즐라토우스트 철도와 연결
	리야잔-블라디미르 철도(1786호선)	1899	150km	리야잔-블라디미르	궤간(軌):750mm(1920, 1524mm로 확대)
	노보집스코프 철도 (1748호선)	1899	80km	노보고로드 북측으로부터 폴레씨안 철도 연결지점까지	고멜-브리얀스크 사이에 위치
	페트로코프스크-슐리프 철도 (1778호선)	1902	?	페트로코프스크-슐리프	궤간(軌間): 750mm
	상트 페테르부르크-세스트로리예츠 철도 (1779호선)	1876	?	세스트로리예츠-라크타-세스트로리예츠驛 또는 핀란드 驛	1876~1884, 운행 중단 1893, 운행 재개 ＊네바江 북안을 따라 건설
	스타로두브 철도(1731호선)	1901	35km	스타로두브-우네차(폴레싸안 철도 통과지점)	고멜-브리얀스크 사이에 위치, 궤간(軌間): 914mm
	2차 노선의 1구간 철도 (1411호선)	1904	?	페르노프-레발(탈린) 스비츠얀스크 구간, 유지노 구간	현 에스토니아 및 라트비아 영토 내 위치
	상트바실섬-오스트로	?	?	항구도시 상트 페테르부르크 내부	-

구분	개설연도	길이	경로	비고
시가지 기차 (1780호선)				
제3 상트 페 테르부르크 시가지 기차 (1781호선)	?	?	모스크바驛-알렉산드로	-
마리키 철도 (1761호선)	?	?	마리키-라드지민	바르샤바 지역 궤간(軌間): 800mm

붙임 2 _ 영국 전쟁성(육군성)에서 파악한 제정 러시아 육군 전투서열
(1882년 4월 기준)

● 러시아령 유럽지역(우랄산맥 서측, 코카서스 · 투르키스탄 북측 지역)

구분(본부)	구성 및 주둔지역	비고
근위(近衛) 군단 (상트 페테르부르크)	■ 보병 3개 사단, 기병 2개 사단, 포병 3개 여단(각 보병사단 지원), 교도(教導)부대 ■ 상트 페테르부르크, 바르샤바, 헬싱포르, 가트치나, 페터호프, 크레체비체, 오라비엔바움, 피플리스, 바블로브스크	근위보병 1 · 2 · 3사단 근위기병 1 · 2사단 근위포병 1 · 2 · 3여단
정예 보병군단 (모스크바)	■ 정예보병 3개 사단, 정예포병 3개 여단(각 정예보병 사단 지원) ■ 모스크바, 칼루가, 툴라, 트베르, 탐보프, 모란스크, 리아잔	정예보병1 · 2 · 3사단 정예포병1 · 2 · 3여단
제1군단 (상트 페테르부르크)	■ 보병 3개 사단, 기병 1개 사단, 포병 3개 여단(각 보병사단 지원), 마견(馬牽)포병 2개 포대(기병 사단 지원) ■ 노브고로드, 스타라인 루사, 구르지노, 얌부르크, 나르바, 레벨, 오크호타, 파보프, 코론슈타트, 트베르, 르제프, 모스크바, 가트치나, 셸리슈트첸스크	보병 22 · 24 · 37사단 기병 1사단 포병 22 · 24 · 37여단 마견포병 1 · 2포대
제2군단 (빌나)	■ 보병 3개 사단, 기병 1개 사단, 포병 3개 여단(각 보병사단 지원), 마견(馬牽)포병 2개 포대(기병 사단 지원) ■ 고르드노, 비엘스크, 코브린, 빌나, 샤블리, 코브노, 포네비예즈, 볼코비슈키, 마리암폴, 수발키, 아우구스토보, 빌코미프	보병 26 · 27 · 28사단 기병 2사단 포병 26 · 27 · 28여단 마견포병 3 · 4포대
제3군단 (리가)	■ 보병 2개 사단, 기병 1개 사단, 포병 2개 여단(각 보병사단 지원), 마견 포병 2개 포대(기병 사단 지원) ■ 뒤나부르크, 비바파, 미타파, 로시에니, 코브노, 로르니, 비테브스크, 리가, 케이다니	보병 25 · 26사단 기병 3사단 포병 25 · 26여단 마견포병 5 · 6포대
제4군단 (민스크)	■ 보병 2개 사단, 기병 1개 사단, 포병 2개 여단(각 보병사단 지원), 마견 포병 2개 포대(기병 사단 지원) ■ 모힐레프, 비테브스크, 보브로이스크, 민스크, 비엘로스토크, 스로님, 네아비즈, 리다, 고멜	보병 16 · 30사단 기병 4사단 포병 16 · 30여단 마견포병 7-8포대
제5군단 (바르샤바)	■ 보병 2개 사단, 기병 1개 사단, 포병 2개 여단(각 보병사단 지원), 마견 포병 2개 포대(기병 사단 지원) ■ 코세니체, 라돔, 콘스크, 키엘찌, 노보민스크, 바르샤바, 라바, 로비치, 코닌, 블로탈라브스크, 칼리슈, 베른, 세이라드쯔, 시에라드쯔, 쯔둔스카야 볼류	보병 7 · 8사단 기병 5사단 포병 7 · 8여단 마견포병 9 · 10포대
제6군단 (바르샤바)	■ 보병 3개 사단, 기병 1개 사단, 포병 3개 여단(각 보병사단 지원), 마견 포병 2개 포대(기병 사단 지원)	보병 4 · 6 · 10사단 기병 6사단

구분(본부)	구성 및 주둔지역	비고
		포병 4·6·-10여단 마견포병 11·12포대
제7군단 (세바스토폴)	■보병 2개 사단, 기병 1개 사단, 포병 2개 여단(각 보병사단 지원), 마견 포병 2개 포대(기병 사단 지원) ■심페로폴, 테오도시아, 에카테리노슬라브, 파블로그라드, 노보 게오르기에브스크, 노보 미르고로드, 엘리자베트그라드, 니콜라이에프, 테르손, 노브로도드카, 노보슈타로두브	보병 13·34사단 기병 7사단 포병 13·34여단 마견포병 13·14포대
제8군단 (오뎃사)	■보병 2개 사단, 기병 1개 사단, 포병 2개 여단(각 보병사단 지원), 마견 포병 2개 포대(기병 사단 지원) ■키시니에프, 아케르만, 벤다르, 니콜라이에프, 케르손, 이스마일, 소로키, 보즈네센스크, 비엘트시	보병 14·15사단 기병 8사단 포병 14·15여단 마견포병 15포대 돈 코사크 마견포병 1포대
제9군단 (오렐)	■보병 2개 사단, 기병 1개 사단, 포병 2개 여단(각 보병사단 지원), 마견 포병 2개 포대(기병 사단 지원) ■코젤레츠, 체르니고프, 글루코프, 보르즈나, 보로네즈, 엘레츠, 시에프스크, 오렐, 롬니, 루브니, 프릴루키, 코롤, 니에진, 미첸스크, 릴스크	보병 5·36사단 기병 9사단 포병 5·36여단 마견포병 16포대 돈 코사크 마견포병 2포대
제10군단 (카르코프)	■보병 2개 사단, 기병 1개 사단, 포병 2개 여단(각 보병사단 지원), 마견 포병 2개 포대(기병 사단 지원) ■폴타바, 오보야프, 크렘츄크, 콘스탄티노그라드, 쿠르스크, 슈타리 오스콜, 슈미, 아크티르카, 츄구예프, 카르코프, 폴타바, 비엘고로드, 이슘	보병 9·31사단 기병 10사단 포병 9·31여단 마견포병 17포대 돈 코사크 마견포병 3포대
제11군단 (지토미르)	■보병 2개 사단, 기병 1개 사단, 포병 2개 여단(각 보병사단 지원), 마견 포병 2개 포대(기병 사단 지원) ■두브노, 크레메네츠, 루츠크, 코벨, 체르카씨, 자슬라블, 크레메네츠, 두브노, 루츠크, 키에프, 로브노, 베르디체프, 세페토브카, 클레반,	보병 11·32사단 기병 11사단 포병 9·31여단 마견포병 18포대 돈 코사크 마견포병 4포대
제12군단 (키에프)	■보병 2개 사단, 기병 1개 사단, 포병 2개 여단(각 보병사단 지원), 마견 포병 2개 포대(기병 사단 지원) ■슈타로 콘스탄티노프, 프로스쿠로프, 브라일로프, 메지부예, 키에프, 카메네츠코 포돌스크, 프로스쿠로프, 비니챠, 키에프, 슈나브니챠, 골로스코보	보병 12·33사단 기병 12사단 포병 12·33여단 마견포병 19포대 돈 코사크 마견포병 5포대
제13군단 (모스크바)	■보병 3개 사단, 기병 1개 사단, 포병 3개 여단(각 보병사단 지원), 마견 포병 2개 포대(기병 사단 지원) ■스몰렌스크, 니즈니 노브고로드, 슈야, 블라디미르, 야로슬라블, 리빈스크, 코스트로마, 그쟈스트스크, 콜롬나, 무롬, 비아즈마, 파블로브스카야, 로스토	보병 1·3·35사단 기병 13사단 포병 1·3·35여단 마견포병 20포대 돈 코사크 마견포병 6포

구분(본부)	구성 및 주둔지역	비고
	브, 쟈라이스크	대
제14군단 (루블린)	■ 보병 2개 사단, 기병 1개 사단, 포병 2개 여단(각 보병사단 지원), 마견 포병 2개 포대(기병 사단 지원) ■ 메지레츠예, 셰들레츠, 브레아트 리토브스크, 오폴예, 크라느노챠프, 쟈모스티예, 슈타셰프, 핀쵸프, 첸스토코프, 미예보프, 비엘라, 키엘타이, 필리챠	보병 17·18사단 기병 14사단 포병 17·18여단 마견포병 21포대 돈 코사크 마견포병 7포대
제15군단 (카잔)	■ 보병 2개 사단, 포병 2개 여단(각 보병사단 지원) ■ 심브리스크, 치아토폴, 사라토프, 사마라, 펜자	보병 2·40사단 포병 2·40여단
독립군단	■ 보병 1개 사단(헬싱포르스, 타파스투스, 프리드리히스함, 비보르그) ■ 기병 1개 사단(토마쇼프, 자모스티예, 야노프, 비엘고라이) ■ 포병 1개 여단(보병사단 지원)	보병 23사단 제1 돈 코사크 기병사단 포병 23여단
러시아령 유럽지역 내 주둔하였으나 육군의 군단에 편성되지 않은 부대		
소총여단	■ 1·2·3·4·5 소총여단 ■ 블로트슬라브스크, 스케르네비타이, 로스티닌, 쿠트나, 노보 라돔스크, 볼로르즈, 첸스트크호프, 툴쩐, 라디진, 네미로프, 오뎃사, 빌나, 레지챠, 스콜카, 스베챠니	각 여단은 4개 대대로 편성
공병여단	■ 1·2·3·4 공병여단 ■ 상트 페테르부르크, 메드비에드, 페터호프, 리가, 미타바, 그리드리히슈타트, 쟈콥슈타트, 키에프, 고라 칼바리아, 노보 게오르기에프스크, 바르샤바, 포미에코보, 쟈크로침	축성, 철도건설, 부교설치, 전신(電信)가설 임무 수행
특수부대	군 죄수(罪囚) 노역자 여단(케르치), 헌병(빌나, 바르샤바, 키에프, 오뎃사	
코사크부대	■ 기병: 제19·20 돈 코사크 연대(핀란드 아보, 노보체르카스크), 아스트라칸 코사크 연대(카자체부크 로브스카야), 제5·6 오렌부르크 코사크 연대(우파, 오르스크), 제1 우랄 코사크 연대(우랄스크), 크림 타타르 사단(심페로폴), 바슈키르 타타르 연대(오렌부르크) ■ 포병: 제2 오렌부르크 마견포병 포대(오렌부르크), 제6 오렌부르크 마견포병 포대(트롤츠크)	코사크: 러시아령 유럽지역 남부 거주 슬라브인으로 편성된 정예 기병

● 러시아령 코카서스지역(우랄산맥 남측, 흑해·카스피해 사이 지역)

구분(본부)	구성 및 주둔지역	비고
제1코카서스 군단(티플리스)	■보병: 코카서스 정예보병 사단, 코카서스 보병 1개 사단, 코카서스 기병 1개 사단 ■포병: 코카서스 정예보병 사단 예하 포병여단, 보병 사단 지원포병 1개 여단, 코사크 마견(馬牽) 포병 2개 포대 ■망글리스, 이엘리, 클리우츠, 쿠타이스, 아크할치크, 아르다한, 고리, 퍄아티고르스크, 모즈도크, 볼쇼이 크라글리스, 아랄리크, 쿠타이스	제38 코카서스 보병사단·포병38여단 제1 코카서스 기병사단 코사크 마견포병 4·5포대
제2코카서스 군단(티플리스)	■보병 2개 사단, 기병 1개 사단, 포병 2개 여단, 마견 포병 2개 포대 ■알렉산드로폴, 가키스만, 카르스, 니즈니 사리카미슈, 라고데키, 칸 켄디, 델리쟌, 미카일로프스코예, 타르스키예 콜로드찌, 쿠타이스, 카라쿠르트, 올티, 고리, 키디스파비, 아크할칼라키	야전포병 39·41 포대 코사크 마견포병 1·2포대
코카서스 육군 예하부대로서 코카서스 군단에 편성되지 않는 부대		
보병부대	제19 보병사단(세바스토폴), 제20 보병사단(블라디카브카즈), 제21 보병사단(페트로프스크-다게스탄구역), 코카서스 제3 기병사단(엘리사베트폴)	
포병부대	제19, 20, 21 야전포병 여단, 테레크 코사크 마견 포병 1포대	세바스토폴, 블라디캅카즈, 테미르 칸 슈라, 날치크
소총부대	코카서스 소총여단(티플리스, 4개 소총대대), 카스피해횡단지역 소총여단(카스피해 우측지역, 6개 소총대대)	
공병부대	코카서스 공병여단(티플리스, 축성·전신·철도건설 대대)	
쿠반 코사크여단	테만, 에카테리노다르, 우루프 지역 관할 코사크 기병	카스피해 우측지역, 마이코프, 모즈도크, 아르돈스카야, 그로즈니
테레크 코사크여단	킬즐리아 그레벤스크, 블라디캅카즈, 순쟈 지역 관할 코사크 기병	
코사크 포병	제2 테레크 마견 포병 포대(에센투크스카야), 제3 쿠반 마견 포병 포대(마이코프)	
요새지 보병	알렉산드로폴 요새지 대대	에리반
헌병	제5 헌병 간부 파견대	티플리스

● 러시아령 투르키스탄 지역(우랄산맥 남측, 카스피해 우측 지역)

구 분	구성 및 주둔지역	비 고
보병(소총)	4개 투르키스탄 소총대대(타슈켄트, 비에르노에, 카라콜), 17개 투르키스탄 前線대대(비에르노에, 코칸드, 사마르칸트, 오슈, 페트로 알렉산드로프스크, 나망한, 카티 쿠르간, 쿨자(伊犁), 코팔, 마르길안, 안디잔, 타슈켄트), 1개 서시베리아 前線대대(타슈켄트)	
코사크 기병	4개 오렌부르크 코사크 연대(페트로 알렉산드로프스크, 타슈켄트, 마르길안), 1개 우랄 코사크 연대(사마르칸트), 2개 시베리아 코사크 연대(쿨자, 보로쿠드지르), 1개 세미레치아 코사크 연대(비에르노에)	
포병	2개 투르키스탄 야전포병 여단(타슈켄트, 비에르노에), 2개 오렌부르크 코사크 포병 마견 포대, 1개 산악 포병 마견 포대(마르길안, 쿨자)	
공병	투스키스탄 축성 대대 일부(투르키스탄)	

● 러시아령 서(西)시베리아 지역

구 분	구성 및 주둔지역	비 고
보병	4개 서시베리아 전선대대(자이산스크, 세미팔라틴스크, 타슈켄트)	
기병	1개 시베리아 코사크 연대(자이산스크)	
포병	1개 서시베리아 야전포병 포대(자이산스크)	

● 러시아령 동(東)시베리아 지역

구 분	구성 및 주둔지역	비 고
보병	4개 동시베리아 소총대대(노보 키에브스카야, 카바로브카, 니콜스카야), 4개 동시베리아 前線대대[블라디보스토크, 블라고비에슈첸스크(아무르州), 카바로프카(沿海州), 니콜라이예프스크]	동아시아 주둔 러시아 海軍의 主港 이전: 페트로파블로프스크→니콜라예프스크(1854)→블라디보스토크(1872)
코사크 보병	2개 바이칼횡단지역 코사크 대대(치타, 카라鑛山), 아무르 코사크 대대 일부(미차일로 세모노브스카야), 우수리 코사크 대대 일부(카멘 리바로프)	
코사크 기병	제1 바이칼횡단지역 기병연대(치타), 아무르 코사크 기병연대(블라로비에슈첸스크), 2개 우수리 소트니스 기병연대(카멘 리바로프)	
포병	동시베리아 야전포병 여단(카바로프카), 2개 바이칼	

구 분	구성 및 주둔지역	비 고
	횡단지역 마견 포병 포대(셀렌긴스크, 치타)	
공병	동시베리아 축성 중대(블라디보스토크)	

● 예비부대

군구(軍區)	구성 및 주둔지역		비고
	예비 보병사단 (전시 예비 基幹대대를 증원하여 편성)	예비 포병여단 (전시 6개 예비 基幹여단으로부터 충원)	
상트 페테 르부르크	제42 · 43 보병사단	■ 제42 · 43 · 44 · 45 야전포병 여단: 제1예비 기간여단으로부터 충원 ■ 제46 · 47 · 48 · 49 야전포병 여단: 제2예비 기간여단으로부터 충원 ■ 제50 · 51 · 52 · 53 야전포병 여단: 제3예비 기간여단으로부터 충원 ■ 제54 · 58 · 59 · 63 야전포병 여단: 제4예비 기간여단으로부터 충원 ■ 제55 · 56 · 57 야전포병 여단: 제5예비 기간여단으로부터 충원 ■ 제60 · 61 · 62 · 64 야전포병 여단: 제6예비 기간여단으로부터 충원	러시아령 유럽 지역에 배치(현 핀란드 및 폴란 드 포함)
핀란드	제44 보병사단		
빌나	제45 · 46 · 47 보병사단		
뱌르샤바	제48 · 49 · 50 · 51 보병사단		
키에프	제52 · 53 보병사단		
오뎃사	제54 · 55 · 56 보병사단		
카르코프	제57 · 58 · 59 보병사단		
모스크바	제60 · 61 · 62 보병사단		
카잔	제63 · 64 · 65 보병사단		

● 전시 편성 보충부대

구 분	보병 보충대대	기병 보충여단	포병 보충여단	마견(馬牽) 포병 포대
부대규모	164개 대대	8개 여단	6개 여단	3개 포대
병영위치	■ 우랄산맥 서측: 161개 대대 배치(유럽, 코카서 스 방향 투입 용이) ■ 우랄산맥 동측: 3개 대 대 배치 *73대대(볼챤스크, 산맥 동측인접), 93대 대(얌부르크, 현 북극 해 옵江 하류), 132대 대(젠코프, 현 키르기 즈스탄 접경지역)	리아잔, 오스트로 고즈스크, 비류츠, 보브로프, 파블로 프스크, 보구챠르, 졸로토노샤, 세바 스토폴	모라비예프, 뒤나 부르크, 스몰렌스 크, 쿠라크, 타간로 그, 모스크바	콜롬나, 구로프카, 상트 페테르부르크
비고	전 대대의 99%가 우랄 산맥 서측에 위치	흑해 북방(7개 여 단) 및 상트 페테르 부르크 인근 (1개 여단)에 중점배치	모스크바 및 서북 부, 흑해 연안 중점 배치	모스크바 남측 인 근, 우랄산맥 서측 인근

● 포병 집결 주둔지

구 분	러시아령 유럽지역	러시아령 코카서스 지방
사단 신속이동 포병 집결지의 물자를 보유한 간부단(幹部團) 주둔	41개 주둔지(11개소)에 배치 ＊상트 페테르부르크, 타바스투스, 뒤나부르크, 보브뤼스크, 노보 게오르기에프스크, 베르스트 리테프스크, 키에프, 티라스폴, 쿠라크, 브로니찌, 칼루가	7개 주둔지(6개소)에 배치 ＊티플리스, 그로즈니, 페트로바크, 아나무르, 오크타 오글리, 우스트 리우빈스카야
포병 집결지의 물자를 보유한 기병·소총 연합 간부단(幹部團) 주둔	기병간부 20개 주둔지, 소총간부 6개 주둔지에 배치(8개소) ＊상트 페테르부르크, 빌나, 노보 게오르기에프스크, 베르스트 리테프스크, 키에프, 티라스폴, 쿠르스크, 브로니찌	3개 주둔지(1개소)에 배치 ＊코카서스
비고	중앙아시아 및 동아시아 방면에는 미배치	

붙임 3 _ 영국 전쟁성(육군성)에서 파악한 제정 러시아 해군 전투서열 (1882년 4월 기준)

● 러시아 해군의 구성 및 근무인원 분포

구분	본부	정원(定員)	가용인원	보유 함정수(隻)
발트함대				
근위대	상트 페테르부르크	2,205	1,936	회전포함(turret ship/vessel): 8 고속함(frigate): 4 포함(battery ship): 3 저현(低舷)철갑함, Monitor): 10 철갑순양함(belted cruise): 2 철갑고속함(belted frigate): 2 고속호위함(corvette): 7 소형쾌속선(clipper): 13 순양함(cruise): 4 증기고속함(steam frigate): 4 원양증기함(ocean steamer): 3
제1구분대	크론슈타트	2,787	2,346	
제2구분대	크론슈타트	2,481	2,322	
제3구분대	크론슈타트	1,878	2,035	
제4구분대	크론슈타트	2,035	2,167	
제5구분대	크론슈타트	2,244	2,178	
제6구분대	크론슈타트	2,003	1,972	
제7구분대	크론슈타트	2,220	2,018	
제8구분대	상트 페테르부르크	2,425	2,279	
핀란드 구분대 (기간편성)	헬싱포르스	–	2	
레발(Reval) 감편 구분대	레발	557	509	
핀란드 해군 승무원단	헬싱포르스	143	155	
아르칸겔 해군 승무원단	아르칸겔	218	214	
기타		?	?	어뢰정(torpedo launches): 97 연안포격함(gun boat): 21 증기쾌주선(快走船, steam yacht): 11 자경(自警)함대(volunteer fleet): 8
발트함대 소계		**21,211+?**	**20,133+?**	**197**
흑해함대				
제1흑해 구분대	니콜라예프	1,998	2,109	순회함(cirular ship): 2 저현(低舷)철갑함, Monitor): 2 고속호위함(corvette): 4
제2흑해 구분대	니콜라예프	1,927	2,305	
흑해함대 소계		**3,915**	**4,414**	**8**
카스피해 전대	바쿠	1,499	1,074	기뢰설치/어뢰선(lodka): 3

구분	본부	정원(定員)	가용인원	보유 함정수(隻)
(戰隊)				증기선(steam ship): 4 범장선(帆裝船, schooner): 1 소형선박(barkasse): 3 쌍동선(雙胴船, catter): 2 소계: 13
아랄해 감편 전대(戰隊)	카잘라	617	331	증기선(steam ship): 5 소형선박(barkasse): 1 소계: 6
시베리아 전대 (戰隊)	블라디보스 토크	1,926	2,244	소형쾌속선(clipper): 1 범장선(帆裝船, schooner): 3 수송선(transport): 2 기뢰설치/어뢰선(lodka): 4 증기선(steam ship): 4 소계: 13
총계		29,168	28,196	237

붙임 4 _ 러일전쟁 대비 영·일 연합 워게임War Game 결과(추정)

● 英·露 세력권 대결 구도하 露 日의 군사관계

구분		TSR(시베리아 횡단철도) 개통 이전			TSR 개통 이후
		1期 작전	2期 작전		3期 작전
			1단계	2단계	
일본군 작전계획	목표	■동북아 制海權 장악 ■한반도 군사적 점령	■동북아 制海權 유지 ■遼陽 점령	■동북아 制海權 유지 ■旅順要塞 監視 또는 奪取 ■露軍 반격 無力化, 유리한 조건하 終戰	■동북아 制海權 유지 ■露軍 증원 및 반격 無力化 유리한 조건하 終
	개념	해군: 선전포고 없이 露 태평양함대 기습 격멸 제1군: 인천·진남포 상륙, 압록강 부근으로 진출 제2군: 요동반도 상륙, 제1군과 연결 준비 後備 제2사단: 元山 상륙, 우수리江 남부지역 공격 제13사단: 알렉산드로프스크·코르사코프 상륙, 사할린 공격	해군: 동-서해를 통한 원활한 보급/수송체계 유지; 유럽/근동 방면 露 증원 해군 격멸 제1군: 압록강 도하, 鳳凰城 지역 점령, 遼陽-旅順 간 露 병참선 위협 제2군: 金州 지역 점령, 旅順 포위, 遼陽 공격·탈취 後備 2사단: 우수리江 남부지역 露軍 견제 제13사단: 사할린 점령	해군: 서해를 통한 원활한 보급·수송체계 보호; 유럽 방면 佛 증원 해군 격멸 제1·2군: 상호 협조하 遼陽 일대에서 방어선 固守, 의명 奉天(瀋陽, 무크덴) 방향 공격 특임부대: 해군의 여순항 내 露 함대 격멸 여부에 따라 編造, 필요시 旅順港 주변의 감제고지 탈취 제13사단: 사할린 확보	해군: 서해를 통한 원활한 보급·수송체계 보장 제1·2군: 遼陽 일대 방어선 固守, 의명 奉天(瀋陽, 무크덴)-哈爾濱 방향으로 공격 특임부대: 여순항 탈취, 내부 露 함대 격멸, 의명 제1-2군 지원 준비 제13사단: 사할린 확보
露軍 작전계획	목표	■동북아 북위 39도선 이북 制海權 유지 ■일본군의 군사적 행동 注視하면서 제한적 대응	■동북아 북위 39도선 이북 制海權 유지 ■극동지역 육군 配備 重點을 북만주→남만주로 조정	■동북아 북위 39도선 이북 制海權 유지 ■남만주 내 守勢 유지, 증원 능력 구비 시까지 遲延戰	■동북아 制海權 탈환 ■만주 내부 일본군 주력 격멸, 일본 本島 공략하여 유리한 조건하 終戰
	개념	해군: 일본해군이平壤-元山線 이북 海域으로 진입할 경우 반격 육군: 일본이 먼저 군사행동을 시작하도록 방임; 일본군이 한반도 점령으로 전쟁목표 제한시 무대응; 시베리아 횡단철도를 신속	해군: 발트 또는 흑해함대의 전부(또는 일부)를 동북아 해역으로 증원; 일본함대 격멸, 해상병참선 차단 육군: 주력을 遼陽-海城지역으로 집중; 지상증원군 도착시까지 지역방어; 旅順要塞 고수	해군: 동북아 해역 제해권 유지, 필요시 佛 해군 동북아 해역으로 증원 협조 육군: 여순요새 고수; 遼陽-哈爾濱 구간에 대한 지연 작전 수행	해군: 동북아 해역 제해권 유지, 일본 本島 침공 지원 육군: 증원/재배치된 극동지역 육군으로 遼陽-哈爾濱 구간에서 일본군 주력 격멸; 4개 도서(北海島-本州·四國·九州) 상륙·점령; 사할린 탈환

		히 개통하여 유럽→동북아 지상 증원능력 강화; 사할린 방어 포기			

↓

일본군 행동	해군	여순·인천항 내 露艦隊 기습	동·서해 해상병참선(S-LOC) 보호	유럽·근동 해역 露 해군 동북아 해역 전환 방지	佛 함대의 동북아 해역 露 함대 증원 감시
	육군	한국 서·동해안 상륙 작전	신속히 旅順·遼陽 탈취	旅順·遼陽 확보, 露殘敵 소탕	哈爾濱 일대 확보, 종전 모색

↓

露軍 대응	해군	일본 해군의 기습 방지·반격	북위 39도선 이북 해역 제해권 탈환 위하여 유럽·근동 해역의 함대를 동북아 해역으로 신속히 전환	유럽·근동 해역 露 해군 동북아 해역 전환 방지, 일본 해군 격멸, 동북아 제해권 탈취	露佛同盟하 佛 해군증원전력 이용, 제해권 재탈환
	육군	무대응(放任)	遼陽 決戰 대비 극동 지역 육군 배비 조정 (북만주→남만주)	지연전; TSR 개통 후 哈爾濱 결전 준비	증강된 육군전력으로 攻勢移轉, 남만주 탈환

↓

일본군 역대응	해군	가용전력 집중, 露艦隊 신속히 격멸	영국과 협조하 유럽·근동 해역 露 함대 전환 지연 또는 저지	英해군 증원전력 이용, 露 해군 격멸, 제해권 재탈환	佛 해군 증원 시 해상결전제해권 유지
	육군	제1-2군의 만주 내륙 작전	露 증원전력 참전 이전 露 육군 주력 격멸	지상 병참선 유지, 哈爾濱 결전 수행, 전투력 消盡 방지	전투력 消盡 현상 극복, 영국 지상전력 지원 요청

● 英·露 세력권 대결 구도하 영국의 對日 지원

영국정부 행동	외교	영일동맹 조약에 의거, "露의 영·일의 이익 위협에 대응한 일본의 개전, 英의 엄정 중립 이행"을 대외적으로 홍보; 佛과 和親條約 체결 노력	유럽·근동 해역 露 함대 전환 지연 또는 차단(영제국 보호령과 협조, 露 함대 수에즈운하/홍해 사용 및 아프리카서해안·인도양·남중국해 해안 整備/貯炭시설 이용 방해); 佛과 和親條約 체결	영일동맹의 "1개국 이상의 열강이 어느 한 체약국에 대한 적대행위 가담 시, 다른 체약국은 상대방을 지원 또는 참전" 조항에 근거, 영 해군의 참전 당위성을 홍보	영불화친조약을 이용, 佛 해군의 동북아 해역 증원 방지 노력
	정보	일본 정부와 국제정세 전반에 관한 상황 공	영불 화친조약에 근거, 佛의 對露 전쟁 지	국제사회에 영국의 참전 당위성 홍보, 支持	영불화친조약 대 러불동맹의 대립관계를이

		유; 국제사회에 전쟁의 당위성 홍보, 支持 유지	원 축소 협조	유지	용, 전자의 정당성을 국제사회에 홍보
군사	일본 軍府와 비밀 군사정보 교류	露증원함대의 위치·상태 관련 군사정보를 일본측에 제공	증강된 露 태평양함대를 압도할 규모의 英 함대 파병	佛 참전 관련, 露佛연합함대에 대한 결전 대비
금융	일본의 전쟁 소요자금 貸與	佛의 對露 차관 공여 제한 협조	일본의 추가 戰費 貸與	일본의 추가 戰費 대여 (미국 금융권 협조)

붙임 5 _ 하야시 다다스林董 비밀회고록에 근거한 영일동맹 체결 과정

시기	내용	비고
1895.6~7	林董, 駐淸 공사 재직 시 영·일 간 모종의 협정 필요성 관련 여론 조성	時事新報에 관련 기사 게재
1898.3	영국 植民相(조셉 챔벌린), 駐英 일본공사에게 상호 협정 체결 희망 의사 표명	
1900.3	林董, 북경 주재 영국 기자들과 교류 시작, 자신의 영일동맹 복안 전달	林董, 1900년 후반부터 영국에 常住
1901.3~4	駐英 독일 대리대사, 일본측에 '英·日·獨' 3국동맹 체결 제안	보어전쟁(1899~1902) 관련 英獨 관계가 악화되어 독일은 동맹에 불참
	林董, 영국 외상(헨리 랜즈다운) 방문, 극동평화 유지위해 영일 간 영구 협정 필요성 언급	랜즈다운, 영·일 외 제3국 포함 주장
	林董, 일본 정부에 영일동맹 관련 기본 원칙 보고 ① 청국 문호개방·영토보전 ② 공개된 조약에 의거 청국이 旣承認한 영토를 초과하는 영토 소유권을 청국으로부터 획득하는 것 불허 ③ 일본의 한국 내 행동의 자유 허용 ④ 동맹국 중 한 나라가 타 국가와 전쟁 시 다른 나라는 중립, 제3국이 이 전쟁에 개입하여 다른 동맹국 공격 시 동맹 서명국은 무력행사 ⑤ 청국에 대한 英·獨의 기존 협정은 유효 ⑥ 동맹은 동아시아에만 적용	親露·反英 伊藤博文 내각은 林董에게 영국과 독일 간 양해 및 합의 여부 파악 보고하도록 지시
5.15	林董, 親露·反英 伊藤博文 내각 해산 (1901.5.10) 이후 對英 접촉 재개	
7.15	林董, 駐日 영국 공사(클라우드 맥도날드) 접견, 영국 총리의 견해 접수 ① 영국 왕 에드워드 7세, 영일 상호 이해 필요 당부 ② 솔즈베리 총리, 2개 이상의 적국으로부터 被擊 시, 동맹국은 상호 지원 규정은 타당하다는 입장 표명 ③ 솔즈베리 총리, 영일동맹 교섭이 지체되는 동안 露-日 간 모종의 동맹 체결 가능성에 대해 우려	林董, 영국 정치인들이 露日協定 체결에 대해 두려움을 느끼고 있다고 결론; 영국 및 러시아는 일본과의 동맹관계를 先占하기 위해 상호 경쟁
8.8	일본 親英·反露 桂太郎 內閣, 林董에게 '영일동맹 체결을 위한 협상 시작'을 電報로 訓令 ① 영국 정부의 제안 인지, 영국 외상과의 대화내용 인정 ② 동맹 체결 관련 영국의 태도 파악 요망 ③ 駐英 공사(林董)의 판단에 동맹 협정의 성패가 좌우	林董은 이 시점까지 영국정부와 협상을 진행할 전권을 일본정부로부터 위임받지 못했음

시기	내용	비고
8.24	일본, 潮音閣(桂太郎의 별장) 논의 결과 영일동맹 관련 원칙 결정 ＊伊藤博文, 山縣有朋, 井上馨, 松方正義, 林董 협의, 영일동맹을 일본 외교정책의 기초로 인정	동맹조약 포함 문구, 기타 사안 논의
10.8	林董, 일본정부로부터 영일동맹 체결 관련 영국 정부와의 협의를 위한 全權 受任	9.21, 小村壽太郎 외상 취임, 露日 교섭 제의
11.6	영국 정부, 일본에게 1차 동맹조약 초안을 전달 ＊3~4월 林董이 제시한 동맹관련 기본원칙에 제3국의 조선 병합 방지 조항 추가, 영・독의 기존 협정 관련 조항 삭제, 동맹의 적용범위 삭제	영국은 영일동맹이 印度에 대한 영국의 이익문제도 취급할 수 있도록 적용 범위의 확대를 제안
11.14	林董, 조선 문제 관련 露・日 간 갈등 중재를 위해 상트 페테르부르크 방문 길에 오른 伊藤博文을 파리에서 만나 對英 협상 과정 보고 ＊伊藤博文, 滿韓交換論에 기초한 露・日 간 타협 희망했으나, 급속히 진행된 英・日 간 교섭 상태에 당황; 영일 간 교섭 상태 철회 불가함을 깨닫고 영일동맹 지지로 입장을 조정; 상트 페테르부르크에서는 영일동맹 체결에 지장을 주는 언행 삼가 약속 ＊伊藤博文, 露佛日 동맹(3국협정)을 선호; 신임 駐露 공사 栗野愼一郎, 3국협정 교섭 예정 ＊영국 외상(랜스다운), "영국과 교섭이 진척되고 있는 동안 러시아와의 협약이나 조약의 체결을 교섭하려는 것이 일본 정부의 의도라면 영국 정부는 크게 분노하게 될 것"이라고 경고	伊藤博文은 桂太郎, 山縣有朋, 井上馨의 주문에 따라 미국 예일대학 명예 법학 박사 학위 수상 후, 귀국 길에 露・日 간 갈등 해결을 위한 논의차 프랑스 경유 러시아 방문; 이후 베를린-런던-파리 경유 귀국
11.19	桂太郎 內閣, 林董에게 영일동맹 체결을 위해 對英 교섭 추진 지시 ＊林董, 桂太郎 內閣의 先 영일동맹 체결 원칙 확인	伊藤博文에게 先 영일동맹 체결 원칙 전달
11.30	桂太郎 內閣, 영 측 1차 동맹조약 초안에 대한 검토안을 林董에게 지시 ＊용어의 수정 및 구체화, 동맹 유효기간(5년) 및 특별규정(영국은 조선에 대한 일본의 권리 인정) 조항 추가	遠東→極東, 청국→청제국, 한국→대한제국
12.3	주영 일본공사관 서기(松井慶四郎), 상트 페테르부르크에 파견, 伊藤博文에게 암호전문 전달 ＊일본 내각은 영국 정부 제의한 조약 초안을 약간 수정 후 수락하기로 결정	井上馨, 伊藤博文에게 독일과 러시아의 관계 주의 깊게 검토하라고 충고; 林董, 獨露同盟 문제가 英日同盟 문제와 無關하다고 판단
12.7	伊藤博文, 松井慶四郎에게 일본정부안 검토 후 의견 제시 의사 표명; 일본 御前會議는 영일동맹이 러일협약보다 유리한 것으로 만장일치 합의 ＊明治天皇은 영일동맹 교섭을 촉진시키기 위해 伊藤博文을 영국에 대한 하나의 도구로 이용	메이지 천황은 露日協定과 英日同盟 체결의 갈림길에서 후자를 선택
12.11	伊藤博文, 영일동맹 조약안 검토 후 반대의견 제	林董, 伊藤博文이 영일동맹을 지

시기	내용	비고
	시: 先 러일 협정, 後 영일 교섭 ＊조선문제는 露日 양국이 해결할 사안이지 영국이 개입할 문제가 아님; 영국이 일본과 동맹을 맺기로 결정한 이유는 자국의 부담을 일본에게 전가하고, 일본을 이용하려는데 있음; 유럽 열강 간의 국제관계를 깊이 검토 후 동맹 추진(露日同盟 가능성이 희박해질 때까지 영일동맹을 위한 모든 교섭 중단; 露는 日에 대해 유화적 태도 견지(차르 니콜라이 II는 알현 허락했고, "露日 화합 및 합의가 필요"하다고 언급); 조선 내 패권다툼이 양국 간 난제이므로 조선 내 일본의 상업적·산업적·정치적 재량 발휘 허용하고, 민란 발생 시 파병/질서 회복 권리 인정 요구; 露日 간 공식협상 통로가 개설되어 있고, 그 전망은 순조로움; 영국과의 협약 체결은 시기상조; 12월 7일 어전회의 결정(영일동맹이 로일협정보다 유리)은 납득 곤란	지한다고 해놓고 상트 페테르부르크 방문 시 露日協定 가능성을 타진한 행위를 비난; 伊藤博文의 변덕은 일상적인 것이라고 비판("한 쪽으로는 찬성하고 또 한 쪽으로는 반대하는 自家撞着的 인물") ＊伊藤博文, 영일동맹 조약을 비밀로 유지할 것을 건의
12.12	林董, 천황이 勅裁한 英日同盟 檢討案을 영국정부에 제시 ＊"대영제국은 한국 내 일본의 특권을 인정한다"는 특별규정 삽입; 동맹의 영향범위를 동아시아로 한정	
12.16	林董, 천황이 勅裁한 英日同盟 檢討案 관련 영국 외상과 논의 ＊영국 외상, 한국 문제로 인한 露日 마찰 유발은 모든 열강 간의 전쟁으로 비화될 가능성이 있으므로 일본의 한국 내 행동과 관련하여 사전 영국과 상의 요구; 양자강 유역에 대한 영국의 이익은 한국에 대한 일본의 이익보다 적다고 불평 ＊일본정부, 林董에게 다음과 같이 지시: 조약 전문에 한국 관련 규정을 기술하는 것은 부자연스러울 수 있으므로, 그 대신 "일본이나 영국이 한국에 대해 어떤 야심이나 계략을 가지고 있지 않으나, 영국은 조선에 대한 일본의 이해관계를 보호하고, 이를 위해 일본이 필요한 단계적 조치를 취할 특권을 인정"함을 선언하는 외교각서의 교환을 영국측에 요구 ＊林董, 영국의 양자강 유역 교역량 및 해당 지역 반란 발생 시 일본의 지원가능성을 이유로 들어 영국 외상의 불평을 否認; 일본의 對韓정책은 로젠-니시협정과 일치할 것이라고 설득	
12.19	桂太郎 內閣, 林董에게 영국 내각회의가 개최되기 전 '일본의 한국 내 행동의 자유를 한국에 대한 침략수단으로 이용하지 않을 것'이란 원칙 관련, 영국 외상 설득 지시(일본정부는 유사시 영국의	일본은 영국과 교섭을 진행하는 동안, 伊藤博文을 상트 페테르부르크에 파견하여 對露協商을 병행하였고, 栗野愼一郎을 신임 駐露 公

시기	내용	비고
	자문을 받아야 할 경우 통신·의사소통 문제로 인해 대응시간 부족 우려하며, 한국 내 소란 발생 시 신속한 대응이 필요하다고 주장) ＊영국 내각, 일본측의 한국 관련 특별규정은 영국이 일본의 한국 침략을 지원하겠다는 의미로 해석 가능함을 문제시; 일본의 대한 침략정책으로 인한 타국과의 전쟁에 영국이 휘말리게 하는 句節("어느 때나 어떤 외국에 의한 침략의 위협이 있을 때") 삭제 요구 ＊일본정부, 林董에게 "청국 및 한국 내 국내소란 발생 가능성" 관련 구절을 조약안에 포함하도록 지시 ＊영국외상, 국내소란 관련 조항은 독립국가의 내정간섭으로 간주되므로 포함하기 곤란하다는 입장 표명 ＊林董, 청국·한국은 다른 주권국가의 범주에 있지 않으며, 빈번한 국내 소란이 발생; 영일동맹은 예측불가한 모든 소란을 처리 가능; '어떤 외국에 의한 침략' 관련 침략자를 규정하는 것은 현실적으로 불가능하고, 이 규정을 포함하지 않을 경우 동맹의 기본목적 성취가 곤란할 것이라고 경고	使로 임명하여 露佛日 삼국협정을 교섭하겠다는 정치적 gesture를 통해 영국정부를 심리적으로 압박
1902.1.24	영국 내각, 林董에게 새로운 조약 초안 제시 ＊"어느 때든지 이러한 이익이 다른 외국에 의해 위태롭게 될 위험이 있거나 혹은 동맹국 국민의 생명과 재산을 보호하기 위해 간섭할 필요가 있는 경우, 두 동맹국은 각국이 필요한 단계적 조치를 취하는 것을 허용한다."	영국, 12월 19일 삭제를 요구한 구절("어느 때나 어떤 외국에 의한 침략의 위협이 있을 때")을 사실상 수용했고, 일본 측은 영일동맹 조약 제1조의 모든 난제를 해결했다고 자평
1.30	영일동맹 조약에 署名	영국: 외상, 일본: 특명전권공사 林董
2.11~12	일본정부, 영일동맹 조약이 어느 한 국가를 적국으로 선정한 것이 아니고, 청국 영토 보전 및 청국에 관한 모든 열강의 균등한 기회보장 원칙에 기초하므로 대외적으로 공포 희망 ＊이 조약을 비밀로 할 경우, 추측성 억측 발생 가능성 및 동맹국 이익 침해 가능성 배제; 사실상 영국의 지원을 확보했으나, 러시아 및 기타 유럽 열강의 존경심을 상실; 영국정부, 이 조약의 비밀 유지의 곤란성을 감안, 12월 12일 양국이 함께 公布하는 데 동의	영국은 12월 12일 하원·정부의 公務 처리가 불가하여 11일에 공포 일본은 12월 12일에 공포; 일본과의 협상을 기대한 러시아는 심각한 모독감을 느꼈고, 영일동맹에 대해 분노, 對日 혐오감 심화

붙임 6 _ 연대순年代順으로 나열한 주요 협정·선언 등
(삼국간섭 이후 러·일 개전)

시기	명칭	관련국가	주요내용	비고
1896.5.14	베베르-고무라 협정(京城 議定書)	러시아, 일본	러·일은 서울·부산·원산에 200명 이하의 중대를 각각 배치; 조선의 치안 회복 시 철수	
1896.6.3.	러·청 비밀동맹 (李-로바노프 조약)	러시아, 청국	러·청은 청국·조선·러시아에 대해 일본이 공격 시, 상호 원조; 청은 러에게 만주 관통 철도부설권 제공	
1896.6.9.	로바노프-야마가타 협정(모스크바 議定書)	러시아, 일본	조선 내 치안이 위기에 처할 경우, 러·일은 각각 군대를 조선에 파병; 양국군 사이에 완충지대 부여	고종(高宗) 아관파천(俄館播遷), 러시아 영향력 밑에 놓임
1896.6	조·러 비밀협정	러시아, 조선	러는 조선 국왕의 신변 보호; 군대 교관을 서울에 파견	
1896.9.10	조선 산림회사 설립 협정	러시아, 조선	조선은 러시아 상인 브리네르에게 두만강-압록강유역 및 울릉도에 대한 산림사업(벌목·가공·수출 등), 압록강-두만강 유역에 도로 건설 허용	
1896.9.30	카시니 협약	러시아, 청국	청은 러에게 山海關-奉天 또는 山海關-牛莊-旅順·大連 구간 철도 부설권 허용; 러는 만주에 군대 주둔 당위성 확보	
1897.8. 2~11	페테로프 구두협약	러시아, 독일	러는 독일의 자오저우완(膠州灣) 점령 요청에 동의	
1898.3월 이전	자오저우완(膠州灣) 조차협정	독일, 청국	청은 독일에게 99년간 膠州灣 조차(철도건설·채광)	청국영토 분할현상 가속화
	웨이하이웨이(威海衛) 조차협정	영국, 청국	청은 영국에게 25년간 威海衛 조차(러시아에 대항)	
1898.3.27	랴오둥(遼東)반도 조차협정 (파블로프 협약)	러시아, 청국	청은 러에게 25년간 旅順·大連 조차, 南滿支線 건설권 부여	
1898.4.25	로젠-니시 협정 (東京 議定書)	러시아, 일본	러·일은 한국의 완전독립 및 주권 인정, 한국 정부를 위한 군사교관·재정고문을 미임명, 러는 한국 내 일본의 상공업 발전을 방해하지 않음	영·러·일 동북아 세력권 분할 타결
1899.4.28.	영·러 협약 (스콧-무라비요프 협정)	러시아, 영국	러는 영의 양쯔강 유역 세력권을, 영은 러의 만주지방 세력권을 상호 인정; 山海關은 양국 간 세력권의	

시기	명칭	관련국가	주요내용	비고
			경계	
1898.7월 이전	광저우완(廣州灣) 조차협정	프랑스, 청국	청은 프랑스에게 廣州灣을 99년 간 조차 ※ 이 사건은 영국의 구룡·신계(九龍·新界)조차 행위(1898.7.1) 유발	백일유신에 이은 무술정변(1898), 의화단 배외운동(1898. 10~1901.9), 러시아 만주 점령
1900.3.29	한·러 마산포 (馬山浦)조차 협정	러시아, 한국	한국은 마산포 소재 해안지대를 러 정부의 완전한 거류권(居留權) 밑에 놓음	
1900.10.16	영·독(英獨) 양자강 협정	영국, 독일	영·독은 청국의 영토보전, 문호개방 정책 유지	
1900.11.26	알렉세예프- 증기(增棋) 협약	러시아, 청국	러시아 군대는 청국의 치안 여부에 따라 일시적으로 만주 점령	
1901.2.27	람스도르프- 양유(楊儒) 협약	러시아, 청국	러는 동청철도 개통 시까지 청국군의 만주 주둔 금지	
1901.9.7.	신축조약 (북경의정서)	淸, 英美日露獨佛墺伊白西和	청은 독일·일본 등에 사죄사 파견, 배외운동 금지. 청은 배상금 지급, 북경 공사관 구역의 치외법권 승인하고 각국 수비대 주둔 승인	
1902.1.30	영일(군사)동맹	영국, 일본	영·일은 청국·한국의 독립 인정하고 침략하지 않음; 체약국 중 한 국가가 제3국과 전쟁 시, 다른 체약국은 엄정중립, 타 열강의 동맹국에 대한 적대행위 가담을 방해; 1개국 이상의 열강이 어느 한 체약국에 대해 적대행위 시, 다른 체약국은 상대방을 지원 또는 같이 전쟁을 수행	영·일 대러 (對露) 경고
1902.3.19	러·불 선언	러시아, 프랑스	러불은 제3국의 공격적 행위 발생 시, 러불동맹·군사협정의 적용범위를 극동으로 확대	러·불 대일 (對日) 경고
1902.4.8	러·청 만주철병조약	러시아, 청국	러는 청에게 만주 통치권을 반환; 6개월 간격으로 3단계에 걸쳐 만주 주둔 부대를 철군	
1903.후반	한·불/러·불(韓佛/露佛) 경의선 철도 부설 계약	한국, 러시아, 프랑스	러시아는 프랑스의 중개를 통해 경의선 철도부설권 간접 획득	
1904.1.11	한국 전시중립 선언	한국		

붙임 7 _ 협정 및 조약들의 세부 내용

● 베베르·고무라小村 협정(1896.5.14, 京城 議定書)[1]

1. 왕(고종)의 환궁 문제는 전적으로 그의 재량에 맡기되, 러·일 양국 대표는 그의 안전에 대한 모든 의혹이 소멸되는 대로 왕에게 환궁을 권고한다. 이 경우 일본 대표는 일본인 장사(壯士)를 가장 완벽하고 효과적으로 단속할 효과적인 조치를 취한다.

2. 현 내각의 각료들은 왕 자신의 자유의지와 선택에 의해 임명되었고, 그들 대부분은 지난 2년 동안 각료나 기타 고위직에 재직한 바 있는 관대하고도 온건한 인물로 알려져 있다. 양국 대표는 왕이 관대하고도 온건한 인물을 각료로 임명하고, 그의 신민에게 후의를 보이도록 권고한다.

3. 러시아 대표는 일본 대표와 다음의 사실을 합의한다. 한국(대한제국)의 현 상황은 부산과 일본 사이의 전신선 보호를 위해 수비병의 주둔을 필요로 할 수 있다. 3개 중대의 군인들로 구성된 이 수비병은 가능한 조속히 철수하고, 대신 헌병으로 대체하되 대구에 50명, 가흥에 50명, 부산과 서울 사이의 10개 중간지점에 각 10명씩 배치한다. 이 배치는 바뀔 수 있지만 헌병의 총수는 절대 200명을 초과할 수 없다. 그리고 이들 헌병도 한국 정부에 의해 안녕과 질서가 회복되는 지역으로부터 점차 철수할 것이다.

---

1 이성주, 『러시아 vs 일본 한반도에서 만나다』 (서울: 생각비행, 2016), 45-46.

4. 예상되는 한국 민중의 공격에 대항하여 서울 및 각 개항장의 일본인 거류지 보호를 위해 서울에 2개 중대, 부산과 원산에 각 1개 중대의 일본군을 주둔시키되, 1개 중대 인원은 200명을 초과할 수 없다. 이 군대는 거류지 근처에서 숙영하고, 상기한 공격의 위험이 소멸되는 대로 철수해야 한다. 러시아 공사관 및 영사관 보호를 위해 러시아 정부도 상기 각지의 일본군 병력을 초과하지 않는 수의 수비병을 유지할 수 있다. 그러나 그들도 내륙의 평온이 완전히 회복되는대로 철수할 것이다.

● 러 · 청 비밀동맹(1896.6.3. 李-로바노프 조약, 러청밀약, 러청동맹 밀약)[2]

1. 두 체약국은 동아시아에서 러시아, 청국 영토, 혹은 조선에 대해 일본이 공격할 경우 상대국을 원조한다.
2. 청국은 위협받는 지점에 러시아 지상군의 접근을 용이하게 하고, 이 지상군의 생존수단을 확보하기 위해 길림(吉林)과 아무르강 지역의 청국 영토를 가로질러 블라디보스토크로 향하는 철도 노선의 부설에 동의한다. 철도의 부설권과 이용권은 러청은행(Russo-Chinese Bank)에 부여한다.
3. 러시아인 및 경찰은 청국정부로부터 청국 동북지방에 대한 치외법권(extraterritorial jurisdiction) 및 행정통제권(administrative control)을 획득하고, 이 지방에 철도 보호를 위하여 병력을 주둔시킬 수 있다.

---

2 A. 말로제모프/석화정 역, 『러시아의 동아시아 정책』(서울: 지식산업사, 2002), 125-126; Rotem Kowner, *Historical Dictionary of the Russo-Japanese War* (Maryland: Scarecrow Press, 2006), 209-210.

3. 일본에 대한 군사작전을 전개하는 동안 청국의 모든 항구는 러시아
   전함(戰艦)에 개방되어야 한다.

4. 평시에 이 철도로 이동하는 러시아 군대는 '운송 · 수송의 필요'에
   따라 정당하다고 간주될 때에 한해 정차할 권리를 가진다.

5. 이 조약은 15년간 유효하다.

● 로바노프-야마가타(山縣) 협정(1896.6.9, 모스크바 議定書, 러일
협정)3

〈공개조항〉

1. 러 · 일 양국 정부는 조선의 재정난을 구제하기 위해 조선 정부에서
   지출 비용을 절감하는 동시에 그 세출입(歲出入)의 균형을 유지하
   도록 권고한다. 만일 개혁의 결과로 외채가 불가피할 경우, 양국 정
   부는 서로 합의하여 조선에 원조를 제공한다.

2. 러 · 일 양국정부는 조선의 재정 및 경제상태가 허락하는 한 외국의
   원조 없이 국내의 질서를 보전할 수 있는 충분한 수의 군대 및 경찰
   을 창설하고 유지하는 일을 조선 정부에 일체 일임(一任)한다.

3. 조선과의 통신연락을 용이하게 하기 위해 일본정부는 현재 장악하
   고 있는 전신선을 계속 관리한다. 러시아는 서울에서 러시아 국경
   까지 전신선 가설권을 가진다. 이 전신선은 조선 정부가 이를 매입
   할 수 있는 자금을 확보하면 매입할 수 있다.

4. 상기 조항이 보다 더 정확하고 상세한 정의를 요하거나 설명이 필

---

3 박종효, 전게서, 34-35; Berry Gills, *Korea versus Korea: A Case of Contested
  Legitimacy* (Abingdon-on-Thames: Routledge, 1996), 26.

요할 때, 혹은 협의할 문제가 생기면 양국 정부는 이 같은 문제에 대해 우호적으로 협의한다.

〈비공개조항〉

1. 조선의 안녕과 질서가 여하한 국내외적 원인으로 문란해지거나 심각한 위기에 처할 경우, 러·일 양국 정부는 자국민의 안전 및 전신선의 보호에 불가피한 인원 이상의 군대를 파견하고, 조선의 관헌(官憲)을 원조할 필요가 있다고 인정할 때에는 양국 군대 간의 제반 충돌을 예방하기 위해 완충지대를 두어 각국 군대의 주둔지역을 확정한다.

2. 본 의정서의 공개조항 2조 관련, 조선에 필요한 군대가 창설될 때까지 베베르와 고무라가 합의한 "조선에서 러·일 양국은 군대 주둔권을 갖는다"는 각서는 그대로 유효하다. 조선국 국왕의 경호는, 특히 경호 임무를 담당할 조선인 경호대가 창설될 때까지, 현재의 상태(주: 러시아군의 보호)와 같이 유지한다.

※ 야마가타는 러시아에게 북위 39도선에서 한반도를 분할하여 이 선의 이남은 일본의, 이북은 러시아의 영향권하에 두자고 제안했으나 러시아 측은 시모노세키조약(1895)에서 일본이 조선을 독립국으로 승인한 것을 이유로 들어 거절했음; 이 협정은 조선을 완충국가로 보존하기 위한 목적에 따른 러-일의 묵시적 조선 공동보호령화(a tacit co-protectorate maintained by both Japan and Russia)를 통한 조선의 독립과 만주 및 러시아 연해주 지방 내 러시아의 이익을 사실상 보장했음.

● 조·러 비밀협정(1896.6, 모스크바, 조선사절 민영환閔泳煥·차르 니콜라이 II)[4]

1. 러시아는 조선 국왕이 러시아 공사관에 있는 동안, 그리고 환궁한 뒤 국왕에 대한 보호를 약속한다.
2. 군대의 교관문제를 해결하기 위해 향후 경험 있는 고급장교를 서울에 파견한다. 이 장교는 국왕의 경호대 창설문제를 의제로 채택한다. 조선의 경제상황 조사와 그에 필요한 재정적 조치를 취하기 위해 경험을 갖춘 인물을 러시아에서 파견한다.
3. 위에서 언급된 인물들은 서울 주재 러시아 공사관 지시 아래 조선 국왕의 자문관으로 활동한다.
4. 조선에 대한 차관은 조선의 경제적 상황 및 필요조건이 결정되는 대로 고려될 것이다.

※ 민영환은 차르와의 사적인 회동에서 조선을 러시아의 보호령(保護領)으로 삼을 것을 요구하여 차르의 약속을 받았음.

● 조선 산림회사 설립 협정(1896.9.10, 조선 외부대신 이완용 및 농상부대신 조병직·러시아 상인 유리 I. 브리네르)[5]

1. 조선 국왕은 유럽식의 올바른 산림업 및 목재가공 방법을 도입하고자 러시아인 블라디보스토크 1급 상인 유리 이바노비치 브리네르

---

4 A. 말로제모프/석화정 역, 전게서, 136.
5 박종효, 전게서, 106-108.

에게 '조선 산림회사' 설립을 허가한다.

2. 이 회사는 20년 기한 동안 두만강, 울릉도, 압록강 유역에서 산림사업을 추진할 권리를 갖는다.

3. 이 회사는 위 지역 내 도로·철도·마차길을 건설하고, 목재 수송을 위한 도강(渡江)사업, 가옥·제재소·공장 건설에 필요한 과업을 추진할 권리를 갖는다.

4. 이 회사는 임업대학을 졸업한 러시아 전문 산림관 및 러시아인 조수를 고용하여 유지한다.

5. 이 회사는 목재 가공을 위해 두만강변 러시아 지역 또는 조선 내 편리한 곳에 증기제재소를 설치할 수 있다. 가공한 목재는 외국으로 반출하거나 현지에서 판매할 수 있다.

6. 이 회사의 산림관은 실습을 통해 조선인을 교육한다. 주로 조선인이 노동자로 고용되어야 하지만, 이들이 파업 시 러시아인 또는 청국인 노동자로 대체할 수 있다.

7. 산림 벌채를 위해 필요한 식료품, 제재기계 등은 외국에서 무관세로 들여오고, 외국으로 반출하는 목재에도 관세를 부과하지 않는다.

8. 조선 정부는 이 회사 전 재산의 1/4을 소유하고, 회사 순이익의 1/4을 수령할 권리가 있으며, 세금을 전혀 징수하지 않는다. 순이익 중 조선 정부 배당금은 매년 서울에 있는 러·청은행을 통해 지불한다.

9. 회사 본부는 블라디보스토크에, 지부는 서울 또는 제물포에 둔다.

10. 계약 체결 후 1년 동안 산림사업을 시작하지 않을 경우, 계약은 효력을 상실한다. 브리네르는 이 계약을 다른 성실한 러시아인 또는 러시아 회사에 양도할 권리를 갖는다.

● 카쎄니 협약(1896.9.30)[6]

1. 러시아는 협약에 의거 시베리아 횡단철도 건설을 허락받았고, 샨
   하이관(山海關)-펑티엔(奉天 또는 瀋陽 또는 무크덴), 샨하이관(山海
   關)-뉴우창(牛莊)-뤼순(旅順)·다롄(大連) 사이의 청국철도는 러시
   아측의 보편적 규정에 따라 건설된다.
2. 만일 청국이 필요하다고 인정할 경우, 러시아는 러시아 군대로써
   해당 노선들을 위한 재원공급·건축·보호를 지원하는 데 동의한다.
3. 만일 러시아가 이러한 노선들에 대한 재원공급 및 부설을 담당한다
   면, 이 노선들을 러시아에 의해 운영되고, 청국은 15년 이내에 이
   노선들을 구입할 수 있다.
4. 이러한 동향은 일본에게 경제적 측면뿐 아니라 국방 측면에서 직접
   적 위협으로 감지되었다.
5. 러시아는 자국 함정들을 정박시킬 부동항 그리고 만주 내 러시아
   군대 주둔의 당위성을 확보하고, 이 군대에 대한 재보급을 위한 철
   도를 설비하고 있는 중이다.
6. 이러한 조치는 일본의 야심에 직접적으로 대치(對峙)된다.

    ※ 이 협약 초안은 재상 비테 및 외상 로바노프의 훈령을 받은 주미
    (駐美) 러시아 공사 카쎄니가 만주 관통철도 건설을 위해 청국 총리
    아문과 교섭에 대비하여 작성한 사전보고용 계획으로서 1896년 10
    월 30일 North China Herald에 불법적으로 복사·게재된 것임(논

---

6 Kan Ichi Asakawa, *The Russo-Japanese Conflict: Its Causes and Issues* (Shannon
  Ireland: Irish University Press, 1904), 88-89; A. 말로제모프/석화정 역, 전게서,
  122, 130.

리적 순서 미준수, 언어가 짧고 조잡함). 이 협약이 러시아의 진정한 의
도를 핵심적으로 대변한다는 국제여론이 형성됨.

● 페테로프Peterof 구두협약(1897.8.2~11, 독일 카이저 빌헬름 II ·
러시아 차르 니콜라이 II)[7]

1. 빌헬름 II의 독일의 교주만(膠州灣) 점령 요청
2. 니콜라이 II는 빌헬름 II의 요청에 무조건 동의

※ 1897.11.2, 산동에서 두 명의 독일 선교사 피살 사건 발생 후, 빌
헬름 II는 니콜라이 II에게 페테로프 협약에 근거하여 아래의 내용을
전보로 통보하였고, 러시아는 묵인했음: ① 독일 가톨릭 중앙당의 선
교단 보호 의무를 이행하기 위해 습격자 응징이 필요, ② 교주(膠州)
가 습격자들에 대한 대항작전을 펼 수 있는 유일한 항구, ③ 독일 함
대의 교주(膠州) 이동을 러시아가 승인해 줄 것.

● 교주만膠州灣 · 위해위威海衛 · 요동遼東반도 · 여순/대련旅順/大連 ·
광주만廣州灣 · 구룡/신계九龍/新界 조차 조약(1898, 독일-청국, 영국-청
국, 러시아-청국, 프랑스-청국)[8]

---

7 A. 말로제모프/석화정 역, 전게서, 145-148.

8 http://terms.naver.com/entry.nhn?docId=1787490&cid=49340&categoryId=
49340 (검색일: 2018.1.30); F. R. Sedgwick, *The Russo-Japanese War: A SKETCH,
First Period - The Concentration* (London: Swan Sonnenschein Company, 1909),
4; 傅樂成/辛勝夏 譯, 『中國通史 下』 (서울: 宇鍾社, 1981), 810-811.

1. 청, 독일에게 교주만 99년 간 조차, 膠濟철도(青道-濟南) 건설권 및 철도 연변지구의 채광권 부여
2. 청, 영국에게 위해위 25년 간 조차, 러시아와 대항할 수 있는 군항 부여
3. 청, 러시아에게 여순·대련 25년 간 조차, 동청철도의 남만지선(南滿支線) 건설권 부여

   ※ 1898.3.27, 북양대신 리홍장(李鴻章)과 러시아 공사 파블로프 사이에서 체결, 파블로프 협정 또는 여대조지조약(旅大租地條約)으로 불림.

4. 청, 양광·운남 지방을 타 국가에 미할양하는 조건으로 프랑스에게 광주만(廣州灣) 99년간 조차
5. 청, 프랑스의 광주만 조차가 홍콩의 안전을 위협한다고 주장하는 영국에게 구룡·신계 99년간 조차

● 로젠-니시 협정(1898.4.25, 東京 議定書, 親露 性向의 이토 히로부미 伊藤博文가 입안하여 露側과 타결)[9]

1. 러시아제국과 일본제국 정부는 대한제국의 완전독립과 주권국가의 권리를 최종적으로 인정하며, 쌍방은 대한제국의 국내 문제에 직접적인 간섭을 하지 않는다.
2. 앞으로 오해의 소지를 피하기 위해 러시아제국과 일본제국 정부는 대한제국이 러시아나 일본에 조언과 지원을 요청할 경우, 양국은

---

9 박종효, 전게서, 32-33, 35; A. 말로제모프/석화정 역, 전게서, 164, 171; 최문형, 『러시아의 남하와 일본의 한국 침략』(파주: 지식산업사, 2007), 295.

이에 대한 사전합의 없이 그 어떤 군사교관이나 재정고문을 임명하지 않는다.

3. 러시아제국 정부는 대한제국에서 일본의 상공업 발전과, 대한제국에 거주하는 다수의 일본인을 고려하여, 일본과 대한제국 간의 상공업 발전을 방해하지 않는다.

※ 러시아는 여순·대련 조차 정책을 추진하였고, 일본은 만한교환론(滿韓交換論)으로 대응; 로젠-니시 협정으로 사실상 한반도에 관한 한 러·일의 대립은 종결된 상태였음.

● 스콧-무라비요프 협정(1899.4.28, 영·러 협약)[10]

1. 영국은 양자강 유역의 철도 세력권을 러시아에게 인정받고, 그 대신 러시아는 만주의 세력권을 영국에게 인정받는다.

2. 러시아는 영국의 신디케이트 차관 및 샨하이관(山海關)-신민툰(新民屯) 철도를 영국이 부설하고 운영하는 것을 용인한다. 영·러 간의 세력권은 샨하이관을 기준으로 구분한다.

3. 몽골 및 청국령 투르키스탄을 포함한 만리장성 이북의 모든 청국 영토를 러시아 세력권에 포함한다.

※ 이 협정에 따라 영국과 러시아는 철도 이권의 경계를 획정했고, 청국은 영·러 양국이 비밀리 자신을 분할하게 될 것을 두려워했음.

---

10 A. 말로제모프/석화정 역, 전게서, 170-171, 174-175; Evgeny Sergeev, 전게서, 290-291.

● 한 · 러 마산포馬山浦 조차 협정(1900.3.29, 주한 러시아 대리공
사 파블로프 · 대한제국 외부대신 박제순)[11]

한국 외부대신과 주한 러시아 대리공사는 러시아 태평양 함대의
평화적 수요 충족에 필요한 저탄소(貯炭所), 진료소, 부대시설(附帶施
設) 등을 적당한 장소에 건립하는 문제와 관련 아래와 같은 사항에 합
의했다.

1. 한국 정부는 러시아 정부와 우호적으로 협조하여 마산포에 위치하
   는 해안지대를 수용(收用)하고, 이 지대를 러시아 정부의 완전한 거
   류권(居留權) 밑에 둔다.
2. 언급된 구역과 그 경계는 현지에서 결정하고 말뚝을 박아 표지하
   며, 마산포 주재 러시아 영사와 한국 관리가 공동으로 도면에 명기
   하고, 일치된 의정서를 작성 · 서명한다.
3. 선정된 구역 내 사유지 또는 건축물이 있을 경우, 한국 정부는 이들
   을 구매하여 러시아 정부에게 양도하기 이전 거주자 및 소유자를
   외부로 이사시킨다.
4. 위 의정서에 서명한 시점으로부터 1개월 이내 선정된 구역을 러시
   아 정부에게 완전히 양도하고, 2개월 이내 거주자 · 소유자를 이사
   시킨다.
5. 위 사유지 및 건축물 매입 및 묘지 이장 경비는 러시아 정부가 한국
   정부에게 지불하고, 토지보상 총액 및 연간 토지세는 한 · 러 관계관
   이 현지에서 합의하여 결정한다.

---

11 박종효, 전게서, 75-76.

6. 러시아 정부가 제공받을 구역 내 함대 비품 적하(積下) 및 보관, 상품의 수출입, 기타 문제는 현지 조약의 상응한 규정에 따른다.

   ※ 1900.4.12., 한국 정부는 러시아가 원하는 토지를 러시아 정부에 공식 양도했고, 러시아 태평양 함대는 저탄소-제빵공장-목욕탕 등의 건립을 추진했음. 영국은 러시아의 李-라디겐스키 조약(1887) 의무 위반을 비난했고, 일본은 베베르-고무라 협정(1896) 위반을 지적했음. 영-러의 항의 · 문제 제기로 인해 러시아 정부는 마산포 점유 및 전략적 활용 의도를 포기.

   ※ 러시아의 마산포(馬山浦) 조차 시도는 다음과 같은 배경하에 취해졌음: 1899년 가을 산동(山東)지방에서 시작된 의화단 사건이 직예성(直隷省)으로 확산되어 무질서 상태가 심해졌고, 3월 말에 이르러 유럽 국가들은 위기가 다가오고 있음을 민감히 의식하기 시작했음. 유럽 국가들은 자국의 동아시아 함대를 보강하는 증원 해상세력을 급파했음. 북경 주재 영국 공사 맥도날드(MacDonald)는 북경 주재 러시아 공사 기르스(Giers)를 의도적으로 제외한 채, 미국 · 독일 · 프랑스 · 이태리 동료들의 지원을 받아 의화단 진압을 요구하는 공문을 청국 정부에 제시했음(A. 말로제모프/석화정 옮김, 전게서, 181-182).

● 영 · 독英獨 양자강揚子江 협정(1900.10.16~1901.3.15)[12]

1. 영국과 독일은 청국의 영토 보전을 유지하는 데 합의하고, 청국의

---

12 최문형, 전게서, 302; 권성순, 전게서, 44; Kan Ichi Asakawa, 전게서, 157-161.

문호개방 정책을 유지한다.

2. 청국의 강 및 연안의 항구에서의 합법적 경제활동의 자유는 보장되어야 한다.

3. 타 열강이 청국 내 소요를 이용하여 영토와 관련된 여하한 형태의 이득을 취하려 할 경우, 두 체약국은 청국 내 자신의 이익을 보호하기 위한 궁극적 조치에 대하여 사전 양해를 할 권한을 보유한다.

   ※ 일본은 1900.10.29, 체약국으로서가 아니라 가맹국 자격으로 이 조약에 참여했음. 프랑스·호주 이태리는 위 조항을 인정했음. 비록 두 체약국은 이 협정이 만주와 관련이 있는지 여부에 합의하지 않았으나, 러시아를 제외한 대다수 국가들에 의해 만주와 관련이 있는 것으로 추정되었음.

   ※ 독일 수상 폰 뷜로는 1901년 3월 15일 의회 연설을 통해 양자강 협정에 따라 러시아의 만주 점령에 공동으로 항의하자는 영국의 제의를 거부; 그는 "만주는 영·독 양자강 협정의 적용범위 밖이며, 독일은 만주에 아무런 국가적 이해를 느끼지 않는다"고 연설했음.

● 알렉세예프-증기增棋 협약(1900.11.26. 露 관동군구關東軍區 총독 겸 태평양함대 사령관 알렉세예프·청국 무크덴 장군 증기)[13]

만주 정복을 실현하기 위해 청국과의 단독협정을 구상한 러시아는 아래와 같은 협상안을 무크덴 지역 장군 증기에게 서명하도록 강요했음. 이 협정은 청국정부의 승인을 받지 못했고, 러시아 정부도 청

---

13 A. 말로제모프/석화정 역, 전게서, 217-218, 222.

국에 승인을 강요할 수 없었음.

1. 만주의 의화단 운동은 청국 정규군과 관련되어 러시아의 이익에 가장 치명적 손실을 끼쳤다는 전제하, 만주에서 청국 군대의 무장해제 및 군대해산이 필요하다.
2. 러시아 군대는 일시적으로 만주를 점령하고, 러시아 군대가 주둔할 수 없는 요새를 파괴한다.
3. 러시아의 만주 점령은 청국이 실질적으로 평화를 회복했는지 여부에 따라 좌우될 것이다.
4. 관동(關東)의 러시아 사령관과의 연락업무를 위해 관동군구 총독 저택에 정치적 상주관(常駐官)을 배치한다.

※ 재상 비테는 1900년 7월 서안(西安)으로 피난을 간 청국 조정에 대해 무크덴으로 도피처를 제공하는 방안을 리훙장(李鴻章)에게 제안했으나, 리훙장은 러시아의 제안에 반대했고 러시아의 야욕을 몽골 및 카쉬가르 지방으로 전환하고자 노력.

● 람스도르프-양유楊儒 협약(1901.2.27, 러시아 외상 람스도르프·주러 청국 공사 양유)[14]

1. 러시아는 동청철도 개통 시까지 청국군의 만주 주둔을 금지하고, 훗날 청국군이 만주에 주둔 시 그 병력의 수를 러시아와 협의하여 정한다.

---

14 최문형, 전게서, 301-302.

2. 청국은 만주 · 몽골 · 신강(新疆) · 이리(伊犁) 등지의 광산 개발과 철
   도건설, 기타 이권을 러시아의 승낙 없이 타국에 양도하지 않는다.

   ※ 이 협약은 알렉세예프-증기 협약과 달리 독일 · 프랑스의 양해 아
   래 체결되었음.

● 북경 의정서(1901.9.7, 辛丑條約, 미국 · 영국 · 프랑스 · 독일 · 이
태리 · 오스트리아 · 러시아 · 일본 · 벨기에 · 스페인 · 네덜란드 · 청국)[15]

1. 청나라는 독일 · 일본 등에 사죄사(謝罪使)를 파견하고, 배외(排外)
   운동을 금지한다.
2. 청국은 관세 · 염세를 담보로 한 총 4억5천만 냥(兩)의 배상금을 지
   불한다.
3. 청국은 북경 공사관 소재구역의 치외법권을 승인한다.
4. 청국은 북경공사관 소재구역에 각국의 수비대 주둔을 승인하고,
   북경 주변의 포대를 파괴한다.

   ※ 1900.10월부터 교섭이 시작되어 이듬 해 9월 7일 불평등한 의정
   서가 조인되었음. 8개 연합국은 북경 주변의 경찰권 및 주병권(駐兵
   權)을 장악. 당시 청국은 1년분 국가예산 1억 냥의 4.5배에 달하는
   방대한 배상금을 지불하는 과정에서 채무가 증대되어 피폐해졌고,
   증세로 부담이 무거워진 민중의 나라에 대해 불만이 누적됨. 의화단

15http://terms.naver.com/entry.nhn?docId=1119255&cid=40942&categoryId
=31659(검색일: 2018.1.30); 戶高一成, 『日淸日露戰爭 入門』(東京: 幻冬舍, 200
9), 161.

사건을 계기로 신해혁명(辛亥革命)이 발생하여 청국은 멸망했음.

● 영일동맹(1902.1.30, 런던, 일본 특명전권공사 하야시 다다스 · 영국 외상 랜즈다운)[16]

체약국 쌍방은 동북아의 현상유지와 평화를 목적으로 하고, '청국 및 대한제국의 독립과 영토보전' 및 청 · 한(淸·韓) 두 나라에서 양 체약국의 상공업의 균등한 기회를 갖는 일에 관하여 특별한 이해관계를 가지므로 아래와 같이 약정한다.

1. 양국은 청국과 대한제국의 독립을 인정하고, 두 나라에 대해 그 어떤 침략적인 행위를 취하지 않는다고 선언하였다. 체약국 쌍방은 청국 내 양국의 이익, 한국 내 일본의 이익을 승인한다. 그러나 일본은 대한제국에 대한 통상과 산업관계와 같이 정치적 관계에도 특별히 주목하였다. 만약 다른 열강이 영국과 일본의 이해를 위협하거나 또는 청국이나 한국에서 혼란이 발생하여 그 특별한 이익이 위협을 받게 되고, 체약 당사국 중 어느 일방이 자국 국민의 생과 재산의 보호를 위해 개입을 필요로 할 경우, 체약국 쌍방은 그 이익을 보호하기 위해 필요한 조치를 취할 수 있다.

---

16 박종효, 전게서, 94-95; Richard Connaughton, *Rising Sun and Tumbling Bear: Russia's War with Japan* (London: Cassell, 2003), 20; A.M. Pooley/신복룡 · 나홍주 옮김, 『하야시 다다스 비밀회고록』(서울: 건국대학교 출판부, 1989), 210-211; J.B. Brebner, "Canada, The Anglo-Japanese Alliance and the Washington Conference," *Political Science Quarterly 50*, no. 1(1935), 52; Ian H. Nish, *Alliance in Decline: A Study in Anglo-Japanese Relations 1908~1923* (London: The Athlone Press, 1972), .337, 354, 383.

2. 만약 영국 혹은 일본이 자국의 이해를 보호하는데 있어 제3국과 전쟁을 하게 될 경우, 다른 한 체약국 일방은 엄정중립을 지키며, 타 열강이 동맹국에 대한 적대행위에 가담하는 것을 방해한다.

3. 만약 1개국 혹은 수개 국의 열강이 어느 한 체약국에 대한 적대행위에 가담하게 될 경우, 다른 한 체약국은 상대방을 지원하거나 같이 전쟁을 하고, 상대방과 상호합의하에 평화조약을 체결한다.

4. 동맹국 쌍방은 상호 간의 협약 없이 타방의 이해를 침해할 수 있는 타 열강과의 개별적 협정을 체결하지 않는다.

5. 체약국 쌍방은 위협이 닥칠 모든 경우 솔직하게 타방에게 알려야 한다.

6. 조약의 유효기간을 규정하고 조약의 폐기조건을 미리 설정하였다 (이 협정은 서명한 다음 날로부터 5년간 유효. 체약국 중 어느 일방도 유효기간이 만료되기 1년 전[체약 시점으로부터 4년차 말] 이 협정의 종료 의사를 통보하지 않았을 경우, 이 협정은 체약국 중 어느 일방이 협정의 폐기를 선언한 날로부터 1년 동안 유효).

※ 일본은 인도에 대한 영국의 이익을 방어할 책무가 없다고 하야시 다다스와 랜즈다운은 양해했음. 이 협정을 자구적(字句的)으로 볼 때 영국은 일본의 한국 내 이익으로 인한 러·일 간 분쟁 발생 시 일본을 지원할 책무가 없다고 이해될 수도 있음. 영국은 영일동맹을 러시아에 대한 부드러운 경고(gentle warning)로 간주했고, 일본은 이 동맹에 의해 대담해져서(emboldened by it), 한국 문제에 관한 러시아 측 타협안을 거부했음.

※ 영일동맹은 1905년(일본은 영국의 인도에서의 이익을, 영국은 일

본의 한국에 대한 침략을 상호 허용) 및 1911년 개정. 제1차 세계대
전 중 이 동맹에 의거 일본 해군은 칭타오의 독일군 기지를 공격했고,
유틀란드 해전 및 말타 근해 해전에 참가. 영국의 황화(黃禍)에 대한
두려움 및 영연방 소속 캐나다 · 호주의 영일동맹 철회 요구, 워싱톤
해군 군축회의에서 조성된 일본의 영국에 대한 불신감 및 美-英-日-
佛 4개국조약(four powers treaty)으로 인해 1921년 사문화(死文
化, defunct), 1923년 4개국 조약이 비준됨으로써 영일동맹은 공식
적으로 종식(終熄).

● 러불선언(1902.3.19)[17]

※ 러불동맹(1891) 및 후속 러불군사협정(1893.12.30, military
convention)의   연장선에서   영국과   일본이   동맹을   체결
(1902.1.30)함에 따라 청국에서 러시아와 일본 간 분쟁 발생 위험이
고조된 상황을 배경으로 함.

1. 러시아와 프랑스는 제3국의 공격적 행위 또는 청국 내부의 새로운
   분쟁거리가 프랑스 또는 러시아의 이익을 위협할 경우, 두 동맹국
   은 대응방법을 논의하는 한도에서 러불동맹 · 군사협정의 적용범위
   를 극동으로 확대한다.
2. 러시아와 프랑스는 동북아 내 현상유지 및 공동평화, 한국 · 청국의
   독립 보호와 통상 및 산업을 전 세계에 개방한다.

---

17 J.A.S. Grenvill and Bernard Wasserstein, T*he Major International Treaties of the Twentieth Century: A History and Guide with Texts(Volume One)* (London: Routledge, 2001), 39; 박종효, 전게서, 101-102.

3. 청국에서 무질서한 상황이 발생할 경우 양 동맹국 정부는 이익을
   보호하기 위해 상응한 조치를 취한다.

   ※ 영국의 The Daily News는 "열강의 두 그룹이 지금 동북아에서
   서로 얼굴을 맞대고 있다. 그것은 심각하고 위협적인 상태이다"라고
   보도; 대전쟁(大戰爭)으로 귀결될 수 있는 영일조약이 그 원인이 되
   었고, 일본은 한국을 완전히 지배할 목적으로 러시아와 군사적 대결
   을 염두에 두고 영국 및 미국을 등에 업고 군비증강에 몰두하면서 전
   쟁의 구실을 찾았음.

   ● 러·청 만주철병조약(1902.4.8, 만주 반환에 관한 러·청 조약)[18]

1. 러시아는 러시아군에 의해 점령되기 이전의 상태로 만주 통치권을
   청국에 반환한다.
2. 만주 내 철도 및 러시아 국민이 청국으로부터 보호를 받는 조건하
   6개월 간격으로 3단계에 걸쳐 러시아 군대를 만주로부터 철수하
   고, 행정을 즉각 청국에 양도한다.
   가. 조약 조인 후 6개월 사이에 무크덴(瀋陽, 奉天) 서남부 요하(遼
       河)에 이르는 지방의 러시아군을 철수하고 철도를 청국에 반환
       한다.
   나. 다음의 6개월 동안 무크덴 잔여 부분과 길림성(吉林省)에 있는
       군대를 철수시킨다.

---

18 A. 말로제모프/석화정 역, 전게서, 238-239, 241; Richard Connaughton, 전게서,
   21; 로스뚜노프외 전사연구소/김종헌 옮김, 전게서, 31-32.

다. 그다음의 6개월 동안 다른 열강의 행동이 그곳에 방해되지 않는다는 조건하, 흑룡강성(黑龍江省)에 주둔하는 러시아군을 철수시킨다.

3. 청국은 제한된 수의 청국 군대를 각 성에 주둔시킨다.

4. 러시아는 청제국 북부철도(山海關-營口-新民屯)를 반환하고, 이전의 행정상태로 환원시킨다.

5. 만일 새로운 분규가 발생하거나 여타 열강의 행동이 러시아의 실행을 방해하지 않는다면 러시아는 이 조치를 이행할 것이다.

※만주철병계획은 "러시아의 유일한 목적은 일본과의 전쟁을 피하는 것이고, 만주 문제 해결을 위해 어떠한 정치적 의도도 포기해야 하며, 그곳에서 러시아의 이익은 사기업으로서 동청철도의 이해를 보호하는 것으로 제한해야 한다"고 주장한 재상(財相) 비테가 구체화했음. 더 나아가 비테는 "만일 일본이 한국 점령을 요구한다면 적절한 방법으로 국제적 차원에서 그 문제를 제기하고, 설사 일본이 한국을 강탈한다고 하더라도 러시아는 그 것을 전쟁의 사유(casus belli)로 간주해서는 안 된다"고 주장했음.

※1903년 1일 외상 람스도르프가 주관한 회의(재상 비테, 육군상 쿠로파트킨, 해군 대신 티르토프, 한국·청국·일본 주재 공사 3명 참석)에서 쿠로파트킨은 조약에 정해진 기한까지 철병을 지연시키고, 철병지역을 무크덴만으로 한정하며, 길림성 및 흑룡강성에는 청국의 동의하 일정 수의 러시아군대를 주둔시킬 것을 제안. 이 회의는 쿠로파트킨의 제안을 수용했음.

※러시아는 1단계 철병 이후 조약을 미준수; 2단계 철군 개시일

(1902.10.9)로부터 20일이 경과한 날(러시아 전사연구소는 1903년 4월 6일이라고 주장), 러시아는 청국에 만주 할양을 위한 7개 요구안을 제시: ① 청국에게 반환된 영토의 어떤 부분도 또 다른 국가에게 절대 양도 불가, ② 몽골의 통치체계 불변동, ③ 러시아에게 통보하지 않고 만주 내 신규 항만이나 도시를 개발 또는 개방하지 않음, ④ 러시아의 동의 없이 외국 영사의 주재를 불허하고, 청국 정부에 근무하는 외국인들은 북만주에서 권한 미행사, ⑤ 요동반도와 북경을 연결하는 전신선 확보, ⑥ 우장(牛庄, 뉴추앙)이 청국에 반환될 때 관세는 러청은행에 계속 지불, ⑦ 러시아의 국익 또는 러시아 국민에 의해 확보된 권리는 계속 유지.

※ 영 · 미 · 일의 지지를 받은 청국 정부는 러시아의 요구를 거부.

● 한불韓佛 · 러불露佛 경의선 철도 부설 계약[19](1903년 후반, 한국정부-프랑스 宮內府 技士 · 프랑스 宮內府 技士-러시아 산림회사 서울 지사장)

〈한 · 불 경의선 철도 부설 계약〉

1. 한국 정부 궁내부 기사 라삐이에르는 대부(貸付) 방식에 의해 대한제국 궁내부에 1,250만 프랑을 서울 · 의주 간 첫 구간의 도로건설비로 제공한다. 이자는 연간 6%이다.
2. 이 대부금 중 375만 프랑으로 프랑스에 철도자재를 주문하고, 자재 경비 지불을 위해 파리 은행에 예금한다.
3. 나머지 875만 프랑은 6개월 간격으로 2회에 걸쳐 궁내부에 불입한

---

19 박종효, 전게서, 89-90.

다. 이 금액은 환율에 따라 은 또는 금으로 불입한다.

4. 대부금은 도로 건설에만 지출되어야 하고, 6년에 걸쳐 완불되어야 한다. 서울·의주 간 철도, 부대시설, 토지, 수익, 평양의 탄광은 대부금의 담보가 된다.

〈러·불 경의선 철도 부설 계약〉

1. 러시아 산림회사 서울 지사장 긴츠부르크는 라삐이에르가 한국과의 계약을 이행하고, 한국 정부에 대한 지불금액을 적기에 지불하도록 통고한다.

2. 라삐이에르는 한국 정부와의 계약에 의거 보유한 모든 권리를 긴츠부르크 또는 러시아 산림회사에 이양한다.

3. 라삐이에르는 한국 정부로부터 대부금을 수령한 뒤 궁내부 기사 직책을 사임하고, 기술감독관 및 대부금 통제관 자격으로 러시아 산림회사로부터 일정한 연봉을 받는다.

4. 대부금 통제관은 모든 경우에 있어서 실질적 채권자인 러시아 산림회사의 비밀지시에 따라 행동한다.

*한국 정부는 로젠-니시 협정에 근거하여 경의선 철도부설권을 장악하고자 했던 일본의 압력에 굴복했음. 로젠-니시 협정에 근거한 일본 측의 반발을 우려한 러시아는 한·불/러·불 계약을 통해 간접적이며 실질적으로 부설권을 획득하려고 했음. 러일전쟁 발발 시까지 한·불 경의선 철도부설 계약은 유효했음.

● 한국 전시중립 선언(1904.1.11)[20]

1. 1904.1.11, 고종은 청국 산동성 지부(芝罘, 지금의 烟臺)에서 프랑스 공사관의 도움으로 "러·일 간 평화 결렬 시 엄중중립을 준수한다"고 선언했으나 러시아·일본·미국은 이 선언에 대해 무반응.

2. 1904.2.8, 고종은 재차 중립을 선언했으나 일본은 이를 무시.
   *1900.8.7. 고종은 특명전권공사 조병식을 일본에 파견하여 외상 아오키 슈조(靑木周藏)에게 "한국을 스위스·벨기에와 같이 중립화하는데 동의해 줄 것"을 요청; 아오키는 이 제의를 거절.
   *1900.12.2. 러시아 재상 비테는 열강 보증하 한국 중립화안을 일본 외상 가토 다카아키(加藤高明)에게 제시했으나 일본은 한국 중립화를 전제로 만주 중립화도 동시 진행해야 한다고 회답.
   *1903.8~1904.2 러일교섭 기간 중, 고종은 차르 니콜라이 II에게 밀서(密書)를 발송하여 러시아를 지원하겠다고 약속했다가, 다시 전시국외중립(局外中立) 보장을 러·일 양국에게 요청; 후일 고종은 주한 러시아 공사 파블로프에게 "일본의 압력과 위협을 고려하여 중립 선언을 했으나 실제로는 러·일이 결렬될 경우 러시아의 동맹국임을 선언할 것"이라고 해명; 고종(高宗)은 표면적으로는 일본의 압력에 굴복하는 척하면서 내면적으로는 강력한 친러 반일정책을 취했음.

---

20 육군본부, 『한국군사사』 9권 (서울: 경인문화사, 2012), 398-401, 405; 와다 하루키/이경희 역, 『러일전쟁과 대한제국』 (서울: 제이앤씨, 2011), 57-59; 하라 아키라/김연옥 역, 『청일·러일전쟁 어떻게 볼 것인가』 (파주: 살림출판사, 2015), 115.

참고문헌

국내

〈단행본〉

궈팡(郭方)/남은성 옮김.『일본사』. 고양: 느낌이있는책, 2015.

_____/이정은 옮김.『러시아사』. 고양: 느낌이있는책, 2015.

김광석.『용병술어연구』. 고양: 을지서적, 1993.

김용구.『세계외교사』. 서울: 서울대학교 출판문화원, 2006.

김학준.『러시아사』. 서울: 대한교과서주식회사, 1991.

대한민국 육군본부.『청일전쟁(1894~1895): 19세기 국제관계, 주요전투, 정치적 결과를
        중심으로』. 계룡: 국군인쇄창, 2014.

듀프이, R. 어네스트 & 트레버 N. 듀프이(R. Ernest Dupuy & Trevor N. Dupuy)/허중권 역.
        『세계군사사 사전』(The Harper Encyclopedia of Military History from 3500
        B.C. to the Present). 서울: 학연문화사, 2009.

로스뚜노프(I. I. Rostunov) 외 러시아 戰史연구소/김종헌 옮김.『러일전쟁사』. 서울: 건국
        대학교 출판부, 2004.

마스지마 도시유키 외/이종수 옮김.『일본의 행정개혁』. 파주: 한울아카데미, 2002.

말로제모프, A./석화정 옮김.『러시아의 동아시아 정책』(Russian Far Eastern Policy
        1881~1904: with special emphasis on the causes of the Russo-Japanese War).
        서울: 지식산업사, 2002.

베일리스, 존·스티브 스미스·퍼리리샤 오언스/하영선 옮김.『세계정치론』. 서울: 을유문
        화사, 2012.

박종효.『한반도 分斷論의 基源과 露日戰爭』. 서울: 도서출판 선인, 2014.

석화정.『풍자화로 보는 러일전쟁』. 파주: 지식산업사, 2007.

안정애.『중국사 다이제스트 100』. 서울: 가람기획, 2012.

와다 하루키/이경희 역.『러일전쟁과 대한제국』. 서울: 제이앤씨, 2011.

원태재.『영국 육군개혁사: 나폴레옹전쟁에서 제1차 세계대전까지』. 서울: 도서출판 한원,
        1994.

육군본부.『야전교범 1-1 군사용어』. 계룡: 국군인쇄창, 2017.

육군본부.『한국군사사 9권』. 서울: 경인문화사, 2012.

이성주.『러시아 vs 일본 한반도에서 만나다』. 서울: 생각비행, 2016.

전지용.『러시아의 역사』. 서울: 새문사, 2016.

조르주 비고·芳賀徹·清水勳·酒井忠康·川本皓嗣 編.『비고-素描 콜렉션3 ― 明治의
        事件』. 東京: 岩波書店, 1989.

차크스, R.D./박태성 편역. 『러시아사』 (서울: 역민사, 1991).

최문형. 『러시아의 남하와 일본의 한국 침략』. 파주: 지식산업사, 2007.

케네디, 폴 M.(Paul M. Kennedy)/김주식 옮김. 『영국 해군 지배력의 역사』(The Rise and Fall of British Naval Mastery). 서울: 한국 해양전략연구소, 2009.

Kuropatkin, Alexei Nikolaievich/심국웅 옮김. 『러시아 군사령관 쿠로파트킨 장군 회고록: 러일전쟁』. 서울: 한국외국어대학교 출판부, 2007.

펑쥔(彭俊)/하진이 옮김. 『영국사』. 고양: 느낌이있는책, 2015.

하라 아키라(原朗)/김연옥 역. 『청일·러일전쟁 어떻게 볼 것인가』 (파주: 살림출판사, 2015).

하야시 다다스/A.M. 폴리 엮음/신복룡·나홍주 옮김. 『하야시 다다스(林董) 비밀회고록』. 서울: 건국대학교 출판부, 1989.

한국정신문화연구원. 『한국민족문화대백과 제24권(한국가스-호은유고)』. 서울: 삼화인쇄주식회사, 1994.

홉커크, 피터/정영목 옮김. 『그레이트 게임: 중앙아시아를 둘러싼 숨겨진 전쟁』. 파주: 사계절출판사, 2008.

후레청(傅樂成)/신승하 옮김. 『중국통사』. 서울: 우종사, 1981.

후지와라 아키라(藤原彰)/서영석 옮김. 『日本軍事史 上』. 서울: 제이앤씨, 2012.

〈논문〉

강광수. "일본 통치구조의 할거성(割據性)에 관한 연구: 내각제도의 형성과정을 중심으로." 「대한정치학회보」 17집 3호(2010.2).

권성순. "러일전쟁에 작용한 황화론 연구: 독일·영국·일본의 외교정책을 중심으로." 부산대학교 대학원 정치학 석사학위 논문(2012).

김태욱. "영일동맹의 형성요인에 관한 연구." 고려대학교 대학원 석사학위 논문 (2002).

박승희. "동인도회사를 통해서 본 J.S. Mill의 식민지 인식." 계명대학교 대학원 석사학위 논문(2012).

서인애. "한국과 일본의 초등사회과 교과서의 러일전쟁 서술 비교." 서울교육대학교 석사학위논문(2016).

석화정. "露佛同盟과 위떼의 東아시아정책." 한양대학교 박사학위논문(1994).

원태재. "빅토리아시대 영국 육군 개혁에 관한 연구, 1854-1874." 단국대학교 대학원 박사학위논문(1991).

이영석. "19세기 영제국과 세계." 「역사학보」 제217집(2013.3).

이주천. "러일전쟁 110주년을 기념하여: 과거 10년 동안 연구동향을 중심으로." 「서양사학연구」 제33집(2014.12).

이한종. "소련 군사전통의 역사적 이해." 중앙대학교 대학원 박사학위논문(1984).

전홍찬. "영일동맹과 러일전쟁 - 영국의 일본 지원에 관한 연구." 「국제정치연구」 제15집제2호, 2012.12.

정시구. "일본 초기 의원내각제의 태정관제(太政官制)." 「한국행정사학지」 제25호 (2009).

최준용. "外交史的으로 본 韓末政局과 巨文島事件." 「法學研究」 제9권(1967.4).

국외

〈단행본〉

Badsey, Stephen. *The Franco-Prussian War 1870~1871*. Oxford: Osprey Publishing, 2003.

Black, Jeremy. *DK World History Atlas: Mapping The Human Journey*. New York: Dorling Kindersley Publishing Inc., 2005.

Black, Jeremy. *War in the Modern World Since 1815*. Abingdon-on-Thames: Routledge, 2013.

Blum, Jerome. *Lord and Peasant in Russia: From the Ninth to the Nineteenth Century*. Princeton: Princeton University Press, 1971.

Bookwalter, John W. *Siberia and Central Asia*. London: FB &c Ldt., 2015.

Clements, Frank. *Conflict in Afghanistan: A Historical Encyclopedia*. Santa Barbara: ABC-Clio, 2003.

Connaughton, Richard. *Rising Sun and Tumbling Bear: Russia's War with Japan*. London: Cassell, 2003.

Davidson, James W. *The Island of Formosa, Past and Present: History, People, Resources, and Commercial Prospects. Tea, camphor, sugar, gold, coal, sulphur, economical plants, and other productions* (London: Macmillan, 1903).

de Pater, A. D. & F. M. Page. *Russian Locomotives Volume 1, 1936~1904*. West Midlands: Retrieval Press, 1987.

Donaldson, Robert H. & Nogee, Joseph L. *The Foreign Policy of Russia: Changing Systems, Enduring Interests*. New York: M.E.Sharpe, 2005.

Emmons, Terence & Wayne S. Vucinich. *The Zemstvo in Russia: An Experiment in Local Self-Government*. Cambridge: Cambridge University Press, 2011.

Evans, David C. and Mark R. Peattie. *Kaigun: Strategy, Tactics and Technology in the Imperial Japanese Navy, 1887~194.1*(Annapolis: Naval Institute Press, 1997.

Everett, Marshall. *Exciting Experiences in the Japanese Russian War: Including a Complete History of Japan, Russia, China and Korea; Relation of the United States to the Other Nations; Cause of the Conflict*. London: Henry Neil, 1904.

Figes, Orlando. *A People's Tragedy: The Russian Revolution 1891~1924*. London: The Bodley Head, 2015.

Figes, Orlando. *Crimea: The Last Crusade*. London: Allen Lane, 2010.

Fremont-Barnes, Gregory. *The Royal Navy 1793~1815*. Oxford: Osprey Publishing, 2007.

Gover, Brett R. & Ford, Anne. *Classic World Atlas*. Skokie: Rand McNally and Company, 2005.

Gow, Ian & Hirama, Yoich. *The Military Dimension: The History of Anglo-Japanese Relations, 1600~2000*. London: Palgrave Macmillan, 2003.

Grove, Eric J. *The Royal Navy Since 1815: A New Short History*. New York: Palgrave Macmillan, 2005.

Harries, Meirion & Harries, Susie. *Soldiers of the Sun: The Rise and Fall of the Imperial Japanese Army*. New York: Random House, 1994.

Heffer, Simon. *Power and Place: The Political Consequences of King Edward VII*. London: Weidenfeld & Nicholson, 1998.

Howe, Christopher. *The Origin of Japanese Trade Supremacy, Development and Technology in Asia from 1540 to the Pacific War*. Chicago: University of Chicago Press, 1996.

Hsü, Immanuel C. Y. *The Rise of Modern China*. New York: Oxford University Press, 2000.

Johnson, Franklyn Arthur. *Defence by Committee: The British Committee of Imperial defence 1885~1959*. London: Oxford University Press, 1960.

Judd, Denis and Keith, Surridge. *The Boer War: A History*. London: I.B. Tauris, 2013.

Kowner, Rotem. *Historical Dictionary of the Russo-Japanese War*. Maryland: Scarecrow Press, 2006.

Kuropatkin, Alexei Nikolaievich. *The Russian Army and the Japanese War - Being historical and critical comments on the military policy and power of Russia and on the campaign in the far east*, trans. by captain A.B. Lindday. London: John Murray, 1909.

Langer, William Leonard. *The Diplomacy of Imperialism: 1890~1902*. New York: Alfred A. Knopf, 1960.

Langer, William Leonard. *The Franco-Russian Alliance 1890~1894*. New York: Octagon Books, Inc., 1967.

Longford, Elizabeth P. *Victoria R. I.* London: Weidenfeld & Nicolson, 1964.

Mackinder, H. J. *Democratic ideals and reality: a study in the politics of reconstruction*. London : Constable and Company, Ltd., 1919.

Magnus, Philip. *King Edward The Seventh*. London: John Mary, 1964.

Marsh, Peter T. *Joseph Chamberlin: Entrepreneur in politics*. Connecticut: Yale University Press, 1994.

Matzke, Rebecca Berens. *Deterrence through Strength: British Naval Power and Foreign Policy Under Pax Britannica*. Nebraska: University of Nebraska Press, 2011.

McAleavy, Henry. *Black Flags in Vietnam: The Story of Chinese Intervention*. London: Allen & Unwin, 1968.

Michon, Georges. *The Franco-Russian Alliance 1891~1917*, trans. by Norman Thomas. New York: Howard Fertig, 1969.

Nish, Ian H. "Japan and Sea Power," *Naval Power in the Twentieth Century edited by N.A.M. Rodger*. Annapolis: Naval Institute Press, 1996.

_____. *The Anglo-Japanese Alliance: The Diplomacy of two Island Empires 1894~1907*. London: Bloomsbury Publishing Plc, 2012.

Nussbaum, Louis-Frederic & Käthe, Roth. *Japan Encyclopedia*. Cambridge: Harvard University Press, 2005.

Paine, SCM. *The Sino-Japanese War of 1894~1895: Perceptions, power, and primacy*. New York: Cambridge University Press, 2003.

Palmer, Alan. *Alexander I: Tsar of War and Peace*. New York: Harper and Row, 1974.

Papastratigakis, Nicholas. *Russian Imperialism and Naval Power: Military Strategy and the Build-Up to the Russo-Japanese War*. London: I.B.Tauris & Co Ltd, 2011.

Pierre, Andre. *Journal Intime de Nicholas II*. Paris: Payot, 1925.

Pooley, Andrew M. *The Secret Memoirs of Count Tadasu Hayashi*, G. C. V. O. Sydney: Wentworth Press, 2016.

Radzinsky, Edvard. *Alexander II: The Last Great Tsar*. Washington DC: Free Press, 2005.

Radziwill, Catherine. *Nicholas II, The Last of the Tsars*. London: Cassell And Company Ltd., 1931.

Raugh, Herold. *The Victorians at War, 1815~1914: An Encyclopedia of British Military History*. Santa Barbara: ABC-CLIO, 2004.

Roberts, Andrew. *Salisbury: Victorian Titan*. London: Weidenfeld & Nicholson, 1999.

Royle, Trevor. *Crimea: The Great Crimean War, 1854~1856*. London: Palgrave Macmillan, 2000.

Schencking, Charles J. *Making Waves: Politics, Propaganda, and the Emergence of the Imperial Japanese Navy, 1868~1922*. Redwood: Stanford University Press, 2005.

Searle, G. R. *A New England?: Peace and War 1886~1918*. Oxford: Oxford University Press, 2005.

Seaton, Albert. *The Russian Army of the Crimea*. Oxford: Osprey Publishing, 1973.

Sedgwick, F. R. *The Russo-Japanese War: A SKETCH, First Period-The Concentration*. New York: The Macmillan Company, 1909.

Sergeev, Evgeny. *The Great Game 1856-1907: Russo-British Relations in Central and East Asia*. Washington DC: Woodrow Wilson Center Press, 2014.

Silbey, David J. *The Boxer Rebellion and the Great Game in China*. New York: Hill and Wang, 2012.

Sondhaus, Lawrence. *Naval Warfare, 1815~1914.* New York: Routledge, 2001.

Spector, Ronald H. *Eagle Against the Sun.* New York: Free Press, 1985.

Stearns, Peter. *World Civilizations: The Global Experience.* New York: Pearson Education, 2007.

Steinberg, John W. *All the Tsar's Men: Russia's General Staff and the Fate of the Empire, 1898~1914.* Washington, DC: Woodrow Wilson Center Press, 2010.

Steinberg, Mark D. & Nicholas Valentine Riasanovsky. *A History of Russia.* Oxford: Oxford University Press, 2005.

Suessmuth, Rita. *Question on German History: Path to Parliamentary Democracy,* attachment #1 (Prussian hegemony and constitutional change in the German Empire after 1871). Bonn: German Bundestag Public Relations Division, 1998.

Sumida, Jon Tetsuro. *In Defence of Naval Supremacy: Finance, Technology and British Naval Policy, 1889~1914.* New York: Routledge, 1993.

Takekoshi, Yosaburo. *Japanese rule in Formosa.* New York: Longmans, 1907.

Tzhou, Byron N. *China and international law: the boundary disputes.* Connecticut: Greenwood Publishing Group, 1990.

United Nations. *Demographic Yearbook 1952, Fourth Issue.* New York: Statistical Office of the United Nations, 1952.

US Marine Corps Command and Staff College. *The Russo-Japanese War: How Russia Created the Instrument of Their Defeat.* Seattle: CreateSpace Independent Publishing Platform, 2016.

Vincent, John A. *Selection from the Diaries of Edward Henry Stanley, 5th Earl of Derby(1826~93) between September 1869 and March 1878.* London: The Royal Historical Society, 1994.

War Office Intell. Div. *The Armed Strength of Russia - Primary Source Edition.* London: Her Majesty's Stationery Office, 1882.

Ward, Sir A. W. and Prothero, Sir G. W. and Leathes, Sir Stanley K.C.B. *The Cambridge Modern History,* Volume 12. London: Macmillan, 1910.

Warth, Robert D. *Nicholas II, The Life and Reign of Russia's Last Monarch.* Connecticut: Praeger Publishers, 1997 .

Wolmar, Christian. *To the Edge of the World: The Story of the Trans-Siberian Express, the World's Greatest Railroad.* New York: Publick Affairs, 2013.

有賀傳.『日本陸海軍の 情報機構とその活動』. 東京: 近代文藝社, 1994.

戶高一成.『日淸日露戰爭 入門』. 東京: 幻冬舍, 2009.

〈논문〉

Alef, Gustave. "Reflections on the Boyar Duma in the Reign of Ivan III." *The Slavonic and East European Review* 45(104) (1967).

Baker, Kenneth. "George IV: a Sketch." *History Today* 55(10) (2005).

Clark, Andrew. "The Army Council and Military Medical Administration." *The British Medical Journal* 1 (2251) (20 February 1904).

Grenville, J. A. S. "Goluchowski, Salisbury, and the Mediterranean Agreements, 1895-1897." *Slavonic and East European Review* 36(87).

H. M. & Field Officer and Hozier, A. "England and Europe. 1-The Bulwarks of Empire." *The Fortnightly Review* No. CCXX, New Series (April 1, 1885).

James, Paul. "Arguing globalizations: Propositions towards an investigation of global formation." *Globalizations* Vol. 2, Iss. 2 (2005).

Layne, Christopher. "The End of Pax Americana: How Western Decline Became Inevitable." *Atlantic Monthly* (April, 2012).

Mohl, Raymond. "Confrontation in Central Asia." *History Today* 19 (1969).

Nitobe, Inazo. "Japan as a Colonizer." *The Journal of Race Development* 2(4) (1912).

Phillips, Walter Alison. "Alexander I." *Encyclopedia Britannica* 1 (11th ed.). Cambridge: Cambridge University Press, 1911.

〈인터넷〉

1. http://stylemanual.natgeo.com/.
2. http://100.daum.net/encyclopedia/view/b20j0227b.
3. http://www.unc.edu/depts/diplomat/AD_Issues/amdipl_14/sempa_mac1.html.
4. http://www.kronoskaf.com/syw/index.php?title=Colonial_conflicts_and_competition_between_European_countries.
5. http://terms.naver.com/entry.nhn?docId=1108565&cid=40942&categoryId=31659.
6. http://terms.naver.com/entry.nhn?docId=1101334&cid=40942&categoryId=31659.
7. https://www.britannica.com/topic/Cyprus-Convention-of-1878.
8. https://en.wikipedia.org/wiki/Khanate.
9. https://en.wikipedia.org/wiki/Convention_of_Peking.
10. https://www.loc.gov/resource/g7822m.ct002999/.
11. https://en.wikipedia.org/wiki/William_IV_of_the_United_Kingdom.
12. http://100.daum.net/encyclopedia/view/24XXXXX67872.
13. http://alphahistory.com/russianrevolution/tsarist-government/.
14. http://100.daum.net/encyclopedia/view/b08b3271a.

〈기타〉

이학수. "해양강대국의 해양전략: 피셔 제독과 영국 해군 개혁." 국립중앙도서관 영상자
　료.

Patel, Dinyar. "Viewpoint: How British let one million Indians die infamine." *BBC News*.

The New York Times (1862. 1. 3).

Imperial Gazetteer of India Vol. III (1907).